LARGE MODELS AND
GENERAL ARTIFICIAL INTELLIGENCE
TECHNOLOGY

"大模型与
通用人工智能技术"
丛书

LARGE LANGUAGE MODEL APPLICATION DEVELOPMENT:
BASED ON LANGCHAIN AND DEEPSEEK

大模型应用开发：基于LangChain和DeepSeek

周涛 编著

化学工业出版社
·北京·

内容简介

本书系统讲解了基于 LangChain 和 DeepSeek 的大模型应用开发知识。全书以循序渐进的方式，从基础知识到进阶实践，带领读者深入了解大模型的核心原理、构建方法和高效开发策略。

第 1、2 章介绍了大模型的原理以及 LangChain 和 DeepSeek 的核心概念与使用方法。第 3 章深入探讨 LangChain 的数据增强技术，包括提示模板、示例选择器和聊天模型。第 4 章介绍了输出解析器的使用，使模型的输出结果更加可解释和实用。第 5 ～ 7 章聚焦 RAG、模型组合以及与主流大模型的集成应用，通过实例介绍大模型的组合和应用技巧。第 8 ～ 11 章提供了多个完整的项目实战，涵盖自然语言处理、信息检索和智能问答等多种应用场景。

本书适合人工智能工程师、AI 产品经理以及希望转型 AI 领域的技术人员阅读，也可用作高等院校相关专业的教材及参考书。

图书在版编目（CIP）数据

大模型应用开发 ： 基于LangChain和DeepSeek / 周涛编著. -- 北京 ： 化学工业出版社， 2025. 10.
（“大模型与通用人工智能技术”丛书）. -- ISBN 978-7-122-48852-7

Ⅰ. TP18

中国国家版本馆CIP数据核字第20252L79K3号

责任编辑：要利娜
文字编辑：吴开亮
责任校对：李雨晴
装帧设计：王晓宇

出版发行：化学工业出版社
（北京市东城区青年湖南街 13 号　邮政编码 100011）
印　　装：河北延风印务有限公司
787mm×1092mm　1/16　印张 19　字数 483 千字
2026 年 3 月北京第 1 版第 1 次印刷

购书咨询：010-64518888　　售后服务：010-64518899
网　　址：http://www.cip.com.cn
凡购买本书，如有缺损质量问题，本社销售中心负责调换。

定　　价：99.00元　

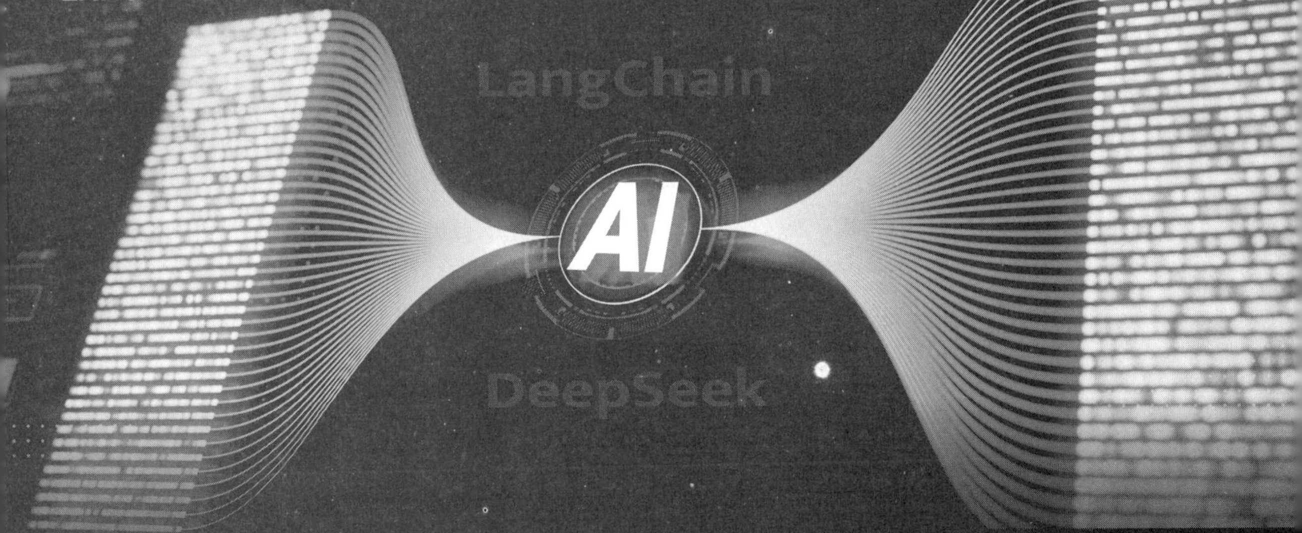

Preface 前言

近年来，随着人工智能技术的迅猛发展，尤其是大语言模型（LLM）的突破性进展，基于大模型的智能应用逐渐成为科技创新和产业变革的核心驱动力之一。从 ChatGPT 到 DeepSeek，这些大模型展现了强大的自然语言处理和语义理解能力，在对话生成、知识问答、文本摘要、情感分析等领域取得了显著成果。在此背景下，如何高效利用这些大模型进行智能应用开发，成为众多开发者和技术企业面临的重要课题。LangChain 作为一款创新性的开发框架，凭借其模块化设计和强大的组合能力，逐渐成为大模型应用开发的重要工具。与此同时，DeepSeek 作为新一代大模型，凭借其在上下文理解、动态响应和文本生成方面的优势，正在迅速崛起。

为了帮助开发者快速掌握基于 LangChain 和 DeepSeek 的大模型应用开发技术，本书从基础原理入手，结合大量实战案例，系统讲解了如何构建、部署和优化大模型驱动的智能应用，致力于为读者提供理论与实践并重的学习体验。

本书特色

（1）内容丰富，全面覆盖 LangChain 和 DeepSeek 技术

本书从大模型的基础原理入手，逐步引入 LangChain 和 DeepSeek 的核心概念、安装配置、数据增强、输出解析器以及检索增强生成（RAG）等关键技术，帮助读者从零开始全面掌握大模型应用开发的各个环节。

（2）理论结合实践，实战项目贯穿全书

本书不仅讲解基础理论，还通过多个完整的实战项目，让读者在真实场景中掌握 LangChain 和 DeepSeek 的应用，包括：

- 基于 DeepSeek 大模型的聊天系统（DeepSeek V3 + LangChain + Transformers）；
- 多 PDF 问答系统（DeepSeek R1 + LangChain + Streamlit + Kaggle）；
- 本地自适应 RAG 助手（LangGraph + DeepSeek R1 + LangChain + Streamlit + Ollama）；
- 基于本地知识库的 AI 问答系统（DeepSeek + LangChain + RAG + Streamlit）。

（3）紧跟技术前沿，聚焦国产大模型应用

本书涵盖 DeepSeek、ChatGLM、百度千帆、阿里通义千问等主流国产大模型，并详细讲解如何将这些大模型与 LangChain 高效结合，帮助读者掌握最新的大模型开发技术。

（4）详尽的代码示例，方便上手和实践

每个核心技术和实战项目都配有完整的代码示例，代码风格简洁清晰，关键步骤均有详细注释，方便读者快速理解和上手实践。

（5）面向多层次读者，兼顾基础和进阶

本书适合大模型开发初学者学习，也能帮助有经验的开发者进一步提升技能。无论是想快速入门大模型应用，还是希望深入掌握 LangChain 和 DeepSeek 的高级技巧，均能从本书中受益。

在本书的编写过程中，我得到了出版社各位专业编辑的悉心指导与大力支持。正是他们严谨、耐心和高效的态度，确保了本书能够在有限的时间内顺利出版。对此，我深表感谢。

同时，也衷心感谢家人在整个写作期间给予我的巨大支持与理解。他们的陪伴与鼓励是我坚持完成本书的重要动力。

由于个人水平有限，书中难免存在不足之处，恳请广大读者不吝赐教，提出宝贵的意见与建议，以便在后续版本中不断完善与改进。

最后，感谢您选择并阅读本书。希望它能成为您技术探索路上的有力向导，并助您在学习与实践中不断进步！祝您阅读愉快！

编著者

Contents 目录

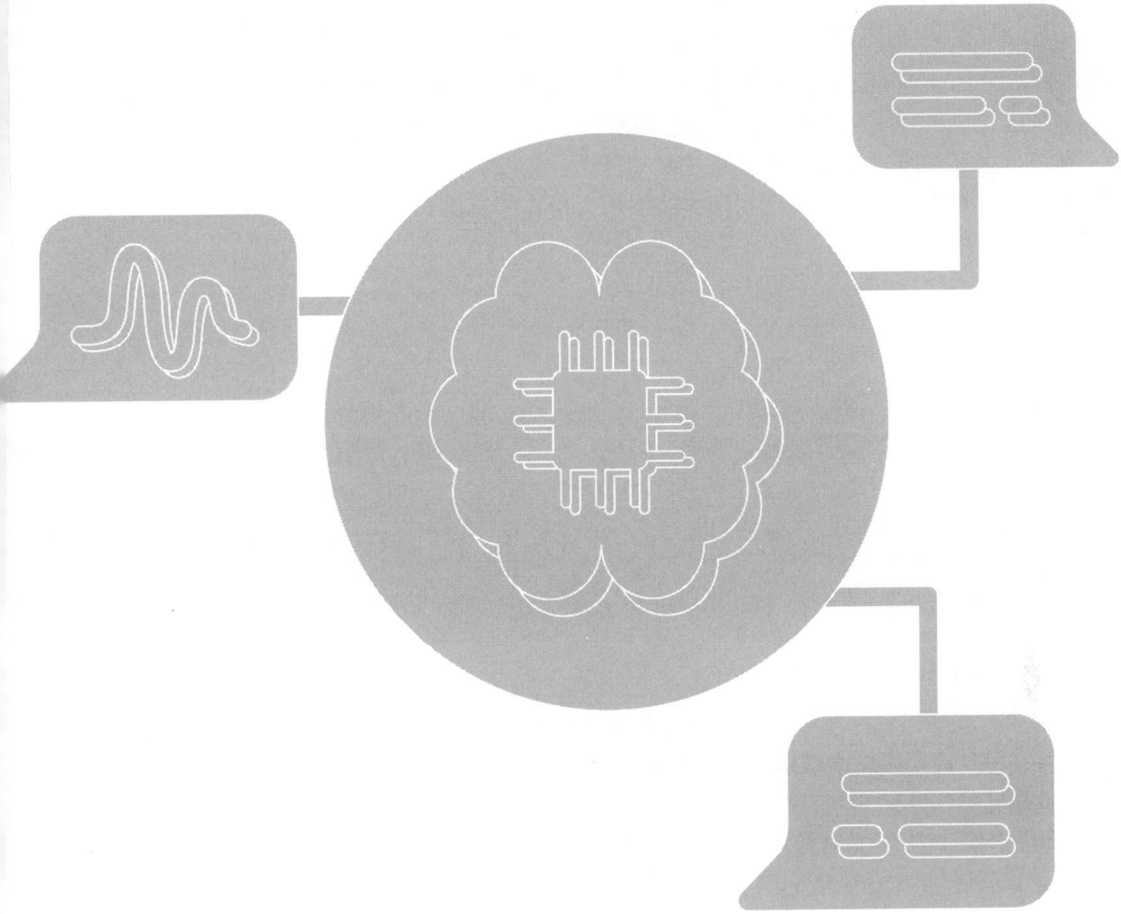

第 1 章 大模型开发基础

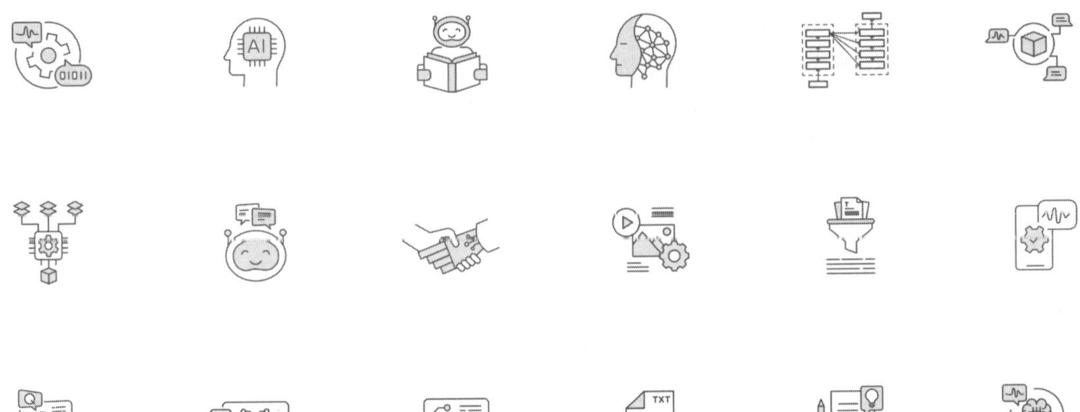

“大模型”（large language model，LLM）是指在机器学习和人工智能领域中，具有大量参数和复杂结构的神经网络模型。这些模型通常有数以亿计的参数，可以用来处理更复杂、更多样化的任务和数据。大模型的出现主要得益于计算能力的提升、数据集的增大以及算法的不断优化。在本章的内容中，将向大家讲解大模型的基础知识，为读者步入本书后面知识的学习打下基础。

1.1 大模型介绍

大模型是近年来人工智能领域的一个热门发展方向，通过引入更多参数和复杂性，它们在处理更复杂任务时取得了显著的进展，但也引发了一些伦理、可解释性和环境等方面的问题。以 GPT 为例，它是一个非常著名的大语言模型产品，其中 GPT-3.5 大模型具有约 6600 亿个参数，GPT-4 大模型具有约 100 万亿个参数，这使得它在各种自然语言处理任务中表现出色，可以生成流畅的文本、回答问题、编写代码等。然而，由于大模型需要大量的计算资源和数据来训练和部署，因此它们可能会面临成本高昂、能源消耗大等问题。

1.1.1 大模型的作用

大模型在机器学习和人工智能领域中具有重要作用，它们能够处理更复杂、更多样化的任务，并在各种应用领域中取得显著的进展。大模型的主要作用如下。

（1）提高性能和准确性

大模型通常具有更多的参数和复杂性，能够学习更多的数据特征和模式。这使得它们在许多任务中能够达到更高的性能和准确性，如图像识别、语音识别、自然语言处理等。

（2）自然语言处理

大语言模型能够更好地理解和生成自然语言，可以用于文本生成、翻译、问答系统等任务。它们在生成流畅、准确的文本方面表现出色。

（3）复杂决策

大模型在强化学习领域中可以用于处理更复杂的决策问题，如自动驾驶、金融交易、游戏策略等。它们能够通过学习大量数据来制定更智能的决策。

（4）个性化和推荐

大模型可以分析大量用户数据，为个人用户提供更准确的推荐和定制化体验，这一点在广告推荐、社交媒体内容过滤等方面具有重要作用。

（5）医疗和生命科学

大模型能够处理大规模的医疗数据，提供更准确的诊断、预测疾病风险等，它们在药物研发、基因组学研究等领域也有应用。

（6）创意和艺术

大模型可以用于音乐生成、艺术创作等领域，拓展了创意和艺术的可能性，它们能够模仿和创造各种类型的创意内容。

（7）科学研究

大模型在科学研究中可以用于复杂的数据分析和模拟，例如天文学、生物学等领域。

（8）快速迭代和实验

大模型可以通过大量数据进行训练，从而能够更快地进行实验和迭代，加速研究和开发过程。

注意：使用大模型也面临一些挑战，包括计算资源需求、能源消耗、模型的可解释性和对隐私的影响等。因此，在利用大模型的同时，也需要综合考虑这些问题。

1.1.2　数据

数据是指收集到的事实，观察、测量或记录的信息的集合。在计算机科学和信息技术领域，数据通常以数字、文字、图像、声音等形式存在，可以用来描述某个对象、现象或事件的各种特征和属性。

根据现实项目的需求，可以将数据划分为不同类型。

• 定性数据（qualitative data）：这种数据用于描述特性或属性，通常是非数值的。例如，颜色、性别、品牌等。

•定量数据（quantitative data）：这种数据以数值形式表示，用于表示数量或度量。例如，温度、年龄、价格等。

• 连续数据（continuous data）：连续数据是一种定量数据，它可以在一定范围内取任何值。例如，身高、体重等。

• 离散数据（discrete data）：离散数据是一种定量数据，它只能取特定的、不连续的值。例如，家庭成员人数、汽车数量等。

• 结构化数据（structured data）：这种数据以表格、数据库或类似结构存储，每个数据字段都有明确定义的含义。例如，数据库中的表格、电子表格中的数据等。

• 非结构化数据（unstructured data）：这种数据没有固定的格式，通常包含文本、图像、音频和视频等。例如，社交媒体帖子、照片、录音等。

• 时序数据（time series data）：时序数据是按照时间顺序排列的数据，用于分析和预测时间上的变化。例如，股票价格、气温变化等。

在机器学习和人工智能中，数据是训练模型的关键要素。模型使用数据来学习模式、规律和关系，从而在未见过的数据上进行预测和推断。高质量、多样性的数据对于训练出性能良好的模型非常重要，同时数据的隐私和安全问题也需要得到妥善处理。

1.1.3　数据和大模型的关系

数据和大模型在机器学习和人工智能领域中密切相关，它们之间的关系可以从如下角度来理解。

• 数据驱动的训练：数据是训练模型的基础，机器学习模型通过观察和学习数据中的模式和关系来提高性能。更多的数据通常能够帮助模型更好地学习任务的规律。

• 训练大模型需要大数据：大模型通常需要大量的数据来训练，因为这些模型具有大量的参数，需要足够的样本来调整参数，以便能够泛化到未见过的数据。

• 泛化能力：丰富的数据有助于提高模型的泛化能力，即在新数据上的表现。大模型通过在大数据上训练，可以学习到更广泛的特征和模式，从而在不同数据上表现得更好。

• 过拟合和欠拟合：模型在训练数据上表现得很好，但在测试数据上表现不佳时，可能是出现了过拟合。数据量不足可能导致模型过拟合，而有足够的数据可以减轻这个问题。相反，欠拟合是模型没有捕捉到数据中的模式，可能是因为模型太简单或数据太少。

• 预训练和微调：大模型通常采用预训练和微调的方法。预训练在大量文本数据上进行，使模型学习通用的语言或特征表示。随后，在特定任务的数据上进行微调，使模型适应具体任务。

• 数据质量与模型效果：数据的质量对模型效果有重要影响。低质量的数据可能引入噪声，影响模型的性能。同时，数据的多样性也很重要，因为模型需要能够应对各种情况。

总之，数据和大模型之间的关系是相互依存的。大模型需要大量数据来进行训练和调整，而高质量、多样性的数据能够帮助大模型更好地学习任务的规律并提高性能。同时，大模型的出现也促进了人们对数据隐私、安全性和伦理等问题的关注。

1.1.4 大模型特点

大模型是自然语言处理（natural language processing，NLP）领域的一项重要技术。这些模型通常由深度学习算法驱动，能够处理和生成自然语言文本。大模型的主要特点如下。

• 预训练（pre-training）：大模型通常在大量的文本数据上进行预训练，这些数据可能包括书籍、文章、网页等。预训练使模型能够学习语言的模式和结构。

• 参数数量（parameter count）：大模型拥有大量的参数，这些参数可以是数十亿甚至数千亿。参数的数量是模型能力的一个重要指标，更多的参数通常意味着模型能够捕捉更复杂的语言特征。

• 深度学习架构（deep learning architectures）：有些模型基于深度学习架构，如变换器（transformers），它们使用注意力机制来处理序列数据。

• 微调（fine-tuning）：在预训练之后，大模型可以在特定任务上进行微调，以提高其在特定领域的性能。微调过程涉及在特定任务的数据集上进一步训练模型。

• 多任务学习（multi-task learning）：一些大模型能够执行多种 NLP 任务，如文本分类、情感分析、机器翻译、问答等，而无需针对每个任务单独训练。

• 生成能力（generative abilities）：大模型不仅能够理解输入的文本，还能够生成新的文本。这使得它们在创意写作、对话系统等领域具有广泛的应用。

• 上下文理解（contextual understanding）：这些模型能够理解上下文中的信息，从而生成与上下文相关的响应或文本。

• 可扩展性（scalability）：随着计算资源的增加，大模型可以变得更大、更复杂，从而提高性能。

• 商业和研究应用（commercial and research applications）：大模型被广泛应用于商业产品和研究项目中，包括搜索引擎、推荐系统、虚拟助手、教育工具等。

随着人工智能技术的发展进步，大模型正在不断进化，它们在理解和生成自然语言方面的能力也在不断提高，为人工智能领域带来了新的可能性。

1.1.5 主流大模型介绍

截至 2025 年一季度，市面上主流的大模型及其特点如下。

（1）国际主流大模型

① OpenAI 的 GPT 系列。

• 特点：GPT 系列是目前最知名的大语言模型，具有强大的文本生成和多语言处理能力，广泛应用于聊天机器人、内容创作、代码生成等领域。其最新版本在性能和效率上都有显著提升，推理成本也大幅降低。

• 应用：智能客服、内容创作、教育辅助等。

② Google 的 Bard 和 PaLM 系列。

• 特点：Google 的大模型以强大的多语言支持和知识图谱整合能力著称，能够提供更丰富的上下文理解和信息检索功能。

• 应用：搜索引擎优化、知识问答、学术研究辅助等。

③ Meta 的 LLaMA 系列。

• 特点：LLaMA 系列注重模型的轻量化和高效训练，适合在资源受限的环境中运行，同时保持较高的性能。

• 应用：移动设备端的智能助手、轻量级内容生成等。

（2）国内主流大模型

① 百度的文心一言。

• 特点：文心一言是国内最早推出的大模型之一，具备强大的中文理解和生成能力，广泛应用于百度搜索、智能云等业务。

• 应用：智能搜索、企业数字化转型、智能客服等。

② 阿里的通义千问。

•特点：通义千问在多模态融合方面表现出色，能够处理文本、图像等多种类型的数据，适用于电商、金融等领域的复杂任务。

• 应用：内容生成、教育、科研、电商推荐、金融风险预测、智能办公等。

③ 腾讯的混元大模型。

• 特点：混元大模型参数规模庞大，超过千亿，专注于自然语言处理和多模态任务，已在腾讯的社交、游戏等业务中落地。

• 应用：游戏内容生成、社交平台智能推荐、数字人交互等。

④ 华为的盘古大模型。

• 特点：盘古大模型以强大的算力支持和高效的训练架构为优势，适用于工业、能源等领域的复杂任务。

• 应用：内容生成、教育、科研等。

⑤ DeepSeek。

• 特点：由杭州深度求索公司开发，结合了主动学习和迁移学习，能够在较低算力下完成高质量的模型训练。DeepSeek 采用开源策略，支持多语言和多模态能力，能够实现文本、图像等多种内容的生成与理解。

• 应用：智能机器人、内容生成、教育、科研等领域。

上面列出的这些主流大模型正在不断推动人工智能技术的发展，并在各个领域展现出广泛的应用潜力。

注意：本书将以 DeepSeek 模型为主，其他模型为辅，介绍基于 LangChain 实现大模型开发的知识。

1.2　DeepSeek 介绍

1.2.1　DeepSeek 对人工智能市场的影响

（1）技术创新与成本降低

DeepSeek 通过算法优化和高效的模型训练方法，显著降低了人工智能模型的开发和运行成本。其 R1 模型在性能上可与 OpenAI 的 GPT-4 相媲美，但训练成本仅为其一小部分。这一突破使得更多企业和开发者能够负担得起先进的 AI 技术，促进了 AI 的普及和应用。

（2）市场竞争格局的变化

DeepSeck 的成功挑战了美国科技巨头在 AI 领域的主导地位，其高性价比的 AI 模型引发了全球市场的关注，导致 NVIDIA 等公司的股价大幅下跌。例如，NVIDIA 的市值在短短一天内蒸发了约 5890 亿美元，创下历史纪录。

（3）投资与产业链重塑

DeepSeek 的崛起促使全球投资者重新评估 AI 产业链的价值和风险。传统的 AI 硬件供应商面临新的竞争压力，投资者开始关注 AI 模型的效率和应用场景，而不仅是硬件性能。这种转变可能导致资金流向更具创新性的 AI 软件和服务领域。

（4）政策与地缘政治影响

DeepSeek 的成功引发了对美国对华芯片和 AI 技术限制政策有效性的质疑，其在有限的资源下取得的成就，显示出技术封锁可能无法阻止中国在 AI 领域的快速发展。这可能促使美国政府重新评估其对华科技政策，影响未来的国际科技合作与竞争格局。

综上所述，DeepSeek 的崛起不仅在技术层面带来了创新突破，也在市场竞争、投资策略和国际政策等方面引发了深刻的变革，推动了全球人工智能产业的发展。

1.2.2 DeepSeek 的主要产品和开源信息

（1）产品介绍

① 自然语言处理产品。

• DeepSeek LLM：2023 年 11 月 29 日推出，参数规模达到 67B，性能接近 GPT-4，旨在与其他大模型竞争，其聊天版本为 DeepSeek Chat。

• DeepSeek-V2：2024 年 5 月发布，据《金融时报》报道，价格低于同类产品，每百万输出标记仅需 2 元人民币，被滑铁卢大学 Tiger Lab 的排行榜列为 LLM 排名的第七位。

• DeepSeek-V2.5：在主要的大模型排行榜上表现出色，在 AlignBench 测试中排名前三，超过 GPT-4 并接近 GPT-4-Turbo 的水平；在 MT-Bench 测试中，与 LLaMA3-70B 不相上下，优于 Mixtral 8x22B，且支持 128K 词元（token）的上下文长度。

• DeepEP：它是一个高效的专家并行通信库，旨在提高大规模分布式训练的效率，特别是在混合专家模型（MoE）中。

② 代码生成产品。

• DeepSeek Coder：2023 年 11 月 2 日发布，是 DeepSeek 推出的首款模型，免费向研究人员和商业用户开放，代码以 MIT 许可协议开源。

• DeepSeek-Math：2024 年 2 月 5 日发布，基于 DeepSeek-Coder-v1.5 7B 模型初始化条件下预训练得到，在竞赛级 MATH 基准测试中接近 Gemini Ultra 和 GPT-4 的性能水平。

③ 多模态产品。

• DeepSeek VL：2024 年 3 月 8 日推出，专为现实世界视觉和语言理解设计，是开源视觉语言模型，具有通用的多模态理解能力，能够处理多种类型的信息。

• DeepSeek-VL2：它是 DeepSeek VL 的升级版，其视觉组件用动态平铺视觉编码策略处理不同分辨率的图像；语言组件借助带多头潜在注意力的 DeepSeek-MoE 模型，压缩键值缓存实现高效推理，在多模态任务中表现卓越。

④ 推理产品。

• DeepSeek-R1：它是 DeepSeek 推出的开源模型，具有 6710 亿个参数的规模，激活参数为 370 亿，支持 128K token 的上下文长度，性能对标 OpenAI 的 o1 模型，成本却仅为后者的几十分之一，还开源了多个蒸馏版本的小型化模型，如 1.5B、7B、70B 等，适配不同算力环境的需求。

• DeepSeek-Prover-V2：2025 年 4 月 30 日发布，是 DeepSeek 推出的定理证明模型，具有强大的数学推理和证明能力，能够高效地处理复杂的数学问题。权威人士证明，DeepSeek-Prover-V2 推理功能强大，为推出 DeepSeek-R2 奠定了基础。

（2）开源信息

① 训练方法。尽管训练数据未完全公开，但 DeepSeek 通过技术报告详细披露了关键算

法，如用于模型训练的专家并行通信库 DeepEP 等，为开发者提供了参考。

② 工具库及文件系统。

• FlashMLA：2024 年 2 月 24 日开源，是针对 NVIDIA Hopper GPU 深度优化的高效多层注意力解码内核，可动态适配变长序列，大幅提升大模型推理效率。

• DeepEP：2024 年 2 月 25 日开源，是首个用于混合专家模型（MoE）的专家并行通信库，提供高吞吐量、低延迟的 all-to-all GPU 通信内核，支持节点内 NVLink 和节点间 RDMA 高速互联。

• DeepGEMM：2024 年 2 月 26 日开源，是面向通用矩阵乘法的轻量级高性能库，支持 FP8 精度，提升大规模矩阵运算的效率。

• Optimized Parallelism Strategies：2024 年 2 月 27 日开源，是一套并行训练优化方案，包括 DualPipe 双向流水线并行算法和 EPLB 专家并行负载均衡，显著提高了大模型分布式训练的效率。

• 3FS 和 Smallpond：2024 年 2 月 28 日开源，3FS 是面向 AI 训练和推理的高性能分布式文件系统，提供极高的数据吞吐量和强一致性支持，Smallpond 是基于 3FS 和 DuckDB 的轻量级数据处理框架。

1.2.3　DeepSeek API 介绍

DeepSeek 官网为开发者提供了 API 接口，允许开发者将 DeepSeek 模型的功能集成到他们的应用程序中。通过 DeepSeek API，开发者可以访问先进的 AI 模型，以实现高精度的搜索、智能数据检索和 NLP 功能，从而提升应用程序的性能和用户体验。

DeepSeek 官网为开发者提供了完整的学习教程，大家可以按照以下步骤获取。

① 登录 DeepSeek 官网主页，如图 1-1 所示。单击右上角的“API 开放平台”链接，即可来到 DeepSeek API 主页。

② DeepSeek API 主页默认显示“用量信息”页面，展示了调用 DeepSeek 模型的价格信息，如图 1-2 所示。

图 1-1　DeepSeek 官网主页

图 1-2　“用量信息”页面

③ 在使用 DeepSeek API 之前，需要先获得 API key（应用程序接口密钥）。API key 是用于身份验证和授权的唯一标识符，通常由一串字符组成。单击开发平台主页左侧导航栏中的“API keys”链接来到“API keys”页面，单击“创建 API key”按钮弹出创建表单页面，如图 1-3 所示。

图 1-3　创建 API key 的表单页面

④ 在表单中输入 API key 的名称，然后单击“创建”按钮完成创建工作。此时在“API keys”页面会显示刚刚创建的 API key，如图 1-4 所示。切记：一定不要泄露自己的 API key，避免被别人盗用。

⑤ 单击开发平台主页左侧导航栏中的“接口文档”链接来到“DeepSeek API 文档”页面，官方为开发者列出了使用 DeepSeek API 的详细教程，如图 1-5 所示。

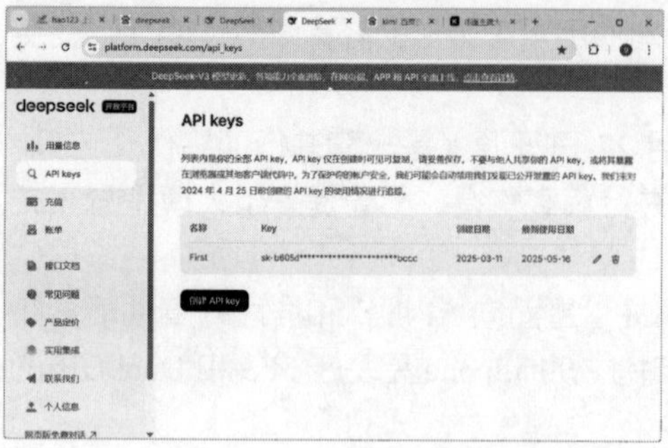

图 1-4　创建的 API key

图 1-5　“DeepSeek API 文档”页面

1.2.4　第一个 DeepSeek API 程序

DeepSeek API 的官方教程中提供了实现对话程序的方法，并且分别给出了 curl、python 和 nodejs 版本的示例代码，如图 1-6 所示。

图 1-6　调用对话 API 的教程

下面的代码演示了使用 DeepSeek API 调用 DeepSeek 模型实现对话的方法。

实例 1-1： 基于 DeepSeek API 的对话程序（源码路径：codes\1\Deep01.py）。

代码如下。

```
from openai import OpenAI
import time

def deepseek_chat(api_key, message):
    client = OpenAI(api_key=api_key, base_url="https://api.deepseek.com")
    response = client.chat.completions.create(
        model="deepseek-chat",
        messages=[
            {"role": "system", "content": "你是一个全能助手，能够准确解答用户的问题"},
            {"role": "user", "content": message},
        ],
```

```
        stream=False
    )
    print(response.choices[0].message.content)


if __name__ == "__main__":
    api_key = "sk-XXX"

    message = "请介绍一下DeepSeek大模型，谢谢"
    strat = time.time()
    deepseek_chat(api_key, message)
    end = time.time()

    print(f"deepseek_chat 此次调用花费时间为：{(end - strat):.4f}秒")
```

上述代码的实现流程如下。

① 初始化 API 客户端：首先通过 OpenAI 类初始化了一个客户端实例，用于与 DeepSeek 的在线 API 进行交互。在初始化时，需要提供 API 密钥（api_key）和 API 的基础地址（base_url）。这一步是与 DeepSeek 服务建立连接的关键。

② 构造对话请求：构造一个对话请求，包括系统角色（system）和用户角色（user）的消息。系统角色的消息用于定义模型的行为和角色定位，而用户角色的消息则是用户输入的具体问题或指令。

③ 发送请求并获取响应：通过调用 chat.completions.create() 方法，将构造好的对话请求发送给 DeepSeek 模型。模型会根据输入的消息生成回答，并将回答返回给客户端。返回的响应对象中包含了模型生成的回复内容。

④ 输出模型的回复：从响应对象中提取模型生成的回复内容，并将其打印出来。这样，用户就可以看到模型的回答。

⑤ 记录调用时间：为了评估 API 调用的性能，在调用前后分别记录了时间戳，并计算了调用所花费的时间。最后，将调用时间打印出来，以便用户了解 API 的响应速度。

⑥ 主程序入口：通过 if __name__ == "__main__": 定义了主程序入口。在主程序中，设置了 API 密钥和用户输入的消息，然后调用 deepseek_chat() 函数来执行上述流程。执行后会输出 DeepSeek 模型的回复内容：

```
深度求索人工智能基础技术研究有限公司(简称"深度求索"或"DeepSeek")，成立于2023年，是一家专注于实现AGI的中国公司。
deepseek_chat 此次调用花费时间为：6.3697秒
```

1.3 LangChain 基础知识

LangChain 是一个开源的框架，它允许开发者将大模型与其他数据源和计算能力结合起来，以创建能够理解和生成自然语言的应用程序。LangChain 的设计目标是简化开发过程，提供模块化的抽象和用例特定链，使开发者可以轻松地开展特定用例的开发，并允许这些链的定制化。

1.3.1 LangChain 的主要功能

• 文档处理：LangChain 能够处理各种文档格式，如文本文件、PDF、Word 文档等。它可以将文档内容转换为适合语言模型处理的格式，并结合语言模型进行文档的问答、总结等操作。例如，一个企业可以使用 LangChain 构建文档问答系统，帮助员工快速获取公司内部文档中的信息。

• 问答系统构建：借助语言模型的强大语言理解和生成能力，LangChain 可以轻松构建问答系统。它可以对问题进行分析、理解，然后从知识库或其他数据源中获取相关信息，最后通过语言模型生成准确、详细的答案。

• 文本生成：LangChain 可用于生成各种文本内容，如文章、故事、代码等。通过提供适当的提示模板和参数设置，可以引导语言模型生成符合特定风格和要求的文本。

• 自动化工作流程：可以将 LangChain 与其他工具和系统集成，实现工作流程的自动化。例如，在数据分析领域，可以使用 LangChain 结合数据分析工具，自动完成数据清洗、分析和报告生成等任务。

1.3.2 LangChain 在大模型应用中的作用

在大模型应用中，LangChain 的主要作用如下。

• 集成外部数据源：LangChain 允许大型语言模型访问未包含在训练数据集中的特定外部数据源，如内部文档、电子邮件或数据集，这些外部数据源在 LangChain 中统称为"索引"。

• 文档加载器：LangChain 提供了多种文档加载器，可以轻松地从文件存储服务（例如 Dropbox、Google Drive 和 Microsoft OneDrive）、网络内容、协作工具、数据库等数据来源导入数据。

• 矢量数据库：LangChain 能够利用矢量数据将数据点转换为矢量嵌入，提高查询效率，并且可以存储每个矢量的元数据，增强搜索能力。

• 文本分割器：LangChain 可以将大型文本文档分割成具有语义意义的较小部分，以减少计算需求并提高处理速度。

• 检索增强生成 (RAG)：LangChain 提供了检索器模块，接受字符串查询作为输入，并返回文档列表作为输出，增强了模型的检索和生成能力。

• 代理：LangChain 代理可以使用给定的语言模型作为"推理引擎"，确定要采取哪些行动，并构建链以执行任务。

• 工具集成：LangChain 提供了工具集成，允许代理与现实世界的信息进行交互，以扩展或改进可以提供的服务。

• 标准化模型接口：LangChain 提供了标准的模型接口，允许开发者自由切换不同的模型，包括文本生成模型和文本嵌入模型。

• 提示词模板：LangChain 提供了帮助开发者构建提示词的工具，让模型返回期望的内容。

• 索引和检索：LangChain 提供了索引工具，让文档结构化，便于 LLM 直接与文档交互，以及检索器用于检索文档数据。

通过这些功能，LangChain 为大模型提供了一个强大的框架，使得开发者可以构建功能更加强大的应用程序，如智能客服、个性化推荐、知识图谱构建等。LangChain 通过简化开发过程，提供模块化的工具和接口，极大地提升了大模型在各种应用场景中的实用性和效率。

1.3.3 安装 LangChain

LangChain 可以构建由语言模型驱动的具有上下文感知和推理能力的应用程序。通过 pip 或 conda 安装 LangChain 后，可以利用 langchain-community、langchain-core、langchain-experimental 等附加包，以及 LangServe、LangChain-CLI 和 LangSmith 等辅助工具进行更深层次的集成、部署和开发。LangChain 的价值在于它简化了应用程序的开发、生产和部署过程，并提供了丰富的附加模块和工具。

要安装 LangChain，可以使用以下方法之一实现。

① 通过 pip 安装，安装命令如下。

```
pip install langchain
```

如果需要与各种模型提供程序、数据存储等进行集成，需要单独安装特定集成的依赖项。

② 通过 conda 安装，安装命令如下。

```
conda install -c conda-forge langchain
```

③ 从源代码安装。如果想要从源代码安装，可以复制存储库，并确保在目录 PATH/TO/REPO/langchain/libs/langchain 下运行。安装命令如下。

```
pip install -e .
```

④ 安装 langchain-community 包。langchain-community 包包含第三方集成，它会在安装 LangChain 时自动安装，但也可以单独安装。安装命令如下。

```
pip install langchain-community
```

⑤ 安装 langchain-core 包。langchain-core 包包含 LangChain 生态系统中其余部分使用的基本抽象，以及 LangChain expression language。它会在安装 LangChain 时自动安装，也可以单独使用。安装命令如下。

```
pip install langchain-core
```

⑥ 安装 langchain-experimental 包。langchain-experimental 包包含用于研究和实验目的的实验性 LangChain 代码。安装命令如下。

```
pip install langchain-experimental
```

⑦ 安装 LangServe。LangServe 帮助开发人员将 LangChain 可运行程序和链部署为 REST API。如果未使用 LangChain CLI，使用以下命令安装。

```
pip install "langserve[all]"
```

或者分别安装客户端和服务器依赖项，安装命令如下。

```
pip install "langserve[client]"
pip install "langserve[server]"
```

⑧ 安装 LangChain CLI。LangChain CLI 对于使用 LangChain 模板和其他 LangServe 项目非常有用，使用以下命令安装。

```
pip install langchain-cli
```

⑨ 安装 LangSmith SDK。LangSmith SDK 会在安装 LangChain 时自动安装。如果未使用 LangChain，使用以下命令安装。

```
pip install langsmith
```

在实际应用中，应选择适合自己的安装方式，并根据需要安装附加包和工具。

1.3.4 第一个 LangChain 程序：调用 DeepSeek 实现对话

可以使用 LangChain 调用 DeepSeek 大模型，好处如下。

• 简化集成过程：LangChain 提供了标准化的接口，使得开发者可以快速将 DeepSeek 模型集成到自己的应用中，而无需深入了解底层 API 的复杂性。

• 灵活的消息处理：LangChain 支持多种消息类型（如系统消息、用户消息等），可以清晰地定义对话角色和行为，从而生成更符合场景的回复。

• 强大的功能扩展：LangChain 不仅支持调用模型，还提供了丰富的工具链（如提示模板、向量存储等），可以用于构建更复杂的应用，例如问答系统、文档处理等。

• 兼容性强：LangChain 的设计使其能够兼容多种语言模型，开发者可以在同一个框架中切换不同的模型，而无需修改大量代码。

下面的例子演示了使用 LangChain 直接调用 DeepSeek 模型进行对话的过程，通过 LangChain 的 ChatOpenAI 类来调用 DeepSeek 模型。

实例 1-2： 用 LangChain 调用 DeepSeek 模型（源码路径：codes\1\mo-deepseek.py）。

代码如下。

```
from langchain_openai import ChatOpenAI
from langchain_core.messages import HumanMessage, SystemMessage

# 配置 DeepSeek 模型
llm = ChatOpenAI(
    model="deepseek-chat",  # DeepSeek 模型名称
    openai_api_base="https://api.deepseek.com/v1",  # DeepSeek API 地址
    openai_api_key="your_api_key_here"  # 替换为你的 DeepSeek API 密钥
)

# 定义对话消息
messages = [
    SystemMessage(content="你是一个乐于助人的助手。"),  # 系统消息，设定助手角色
    HumanMessage(content="你好，你能帮我解释一下量子计算的基本概念吗？")  # 用户消息
]

# 调用 DeepSeek 模型进行对话
response = llm.invoke(messages)

# 打印模型回复
print("助手回复:", response.content)
```

上述代码的具体说明如下。

① DeepSeek 配置。使用 ChatOpenAI 类配置 DeepSeek 模型。

• model：指定 DeepSeek 的模型名称（如 deepseek-chat）。

• openai_api_base：DeepSeek 的 API 地址。

• openai_api_key：替换为用户的 DeepSeek API 密钥。

② 消息格式。

• SystemMessage：用于设定助手的角色或行为。

• HumanMessage：用户输入的内容。

③ 调用模型。

• 使用 llm.invoke(messages) 调用 DeepSeek 模型，传入消息列表。

• 模型会返回一个包含回复内容的响应。

④ 输出结果。打印模型的回复内容 response.content，执行后会输出：

助手回复：你好！当然可以。量子计算是一种利用量子力学原理来处理信息的新型计算方式。它与我们日常使用的经典计算机有着根本的不同。以下是量子计算的一些基本概念：

1. **量子比特（Qubit）**：
   - 经典计算机使用比特（bit）作为信息的基本单位，比特可以是0或1。
   - 量子计算机使用量子比特（qubit），它可以同时处于0和1的叠加态。这意味着一个量子比特可以同时表示多个状态，而不仅仅是一个确定的状态。

2. **叠加态（Superposition）**：
   - 叠加态是量子比特可以同时处于多个状态的现象。例如，一个量子比特可以同时是0和1，直到被测量时才会"坍缩"到一个确定的状态。
   - 这种特性使得量子计算机在处理某些问题时可以同时探索多个可能性，从而大大加快计算速度。

3. **纠缠（Entanglement）**：
   - 量子纠缠是指两个或多个量子比特之间存在一种特殊的关联，使得它们的状态不能单独描述，而必须作为一个整体来描述。
   - 纠缠态使得量子计算机能够在处理复杂问题时实现高度的并行性。

4. **量子门（Quantum Gate）**：
   - 量子门是量子计算中的基本操作单元，类似于经典计算机中的逻辑门（如AND、OR、NOT等）。
   - 量子门通过对量子比特进行操作来实现量子计算。常见的量子门包括Hadamard门、Pauli-X门、CNOT门等。

5. **量子并行性（Quantum Parallelism）**：
   - 由于量子比特可以处于叠加态，量子计算机可以在一次操作中同时处理多个输入。这种并行性使得量子计算机在某些问题上具有指数级的加速潜力。

6. **量子算法（Quantum Algorithm）**：
   - 量子算法是专门为量子计算机设计的算法，利用量子力学的特性来解决经典计算机难以处理的问题。
   - 著名的量子算法包括Shor算法（用于大数分解）和Grover算法（用于无序数据库搜索）。

7. **量子退相干（Quantum Decoherence）**：
   - 量子退相干是指量子系统与外界环境相互作用，导致量子态的相干性丧失。这是量子计算中的一个主要挑战，因为退相干会破坏量子信息的完整性。
   - 为了克服这个问题，量子计算机通常需要在极低温度和高度隔离的环境下运行。

8. **量子纠错（Quantum Error Correction）**：
   - 由于量子系统容易受到噪声和退相干的影响，量子纠错码被用来保护和纠正量子信息。
   - 量子纠错是构建实用量子计算机的关键技术之一。

量子计算目前仍处于早期发展阶段，但它在密码学、材料科学、药物设计等领域具有巨大的潜力。希望这些基本概念能帮助你更好地理解量子计算！如果你有更多问题，欢迎继续提问。

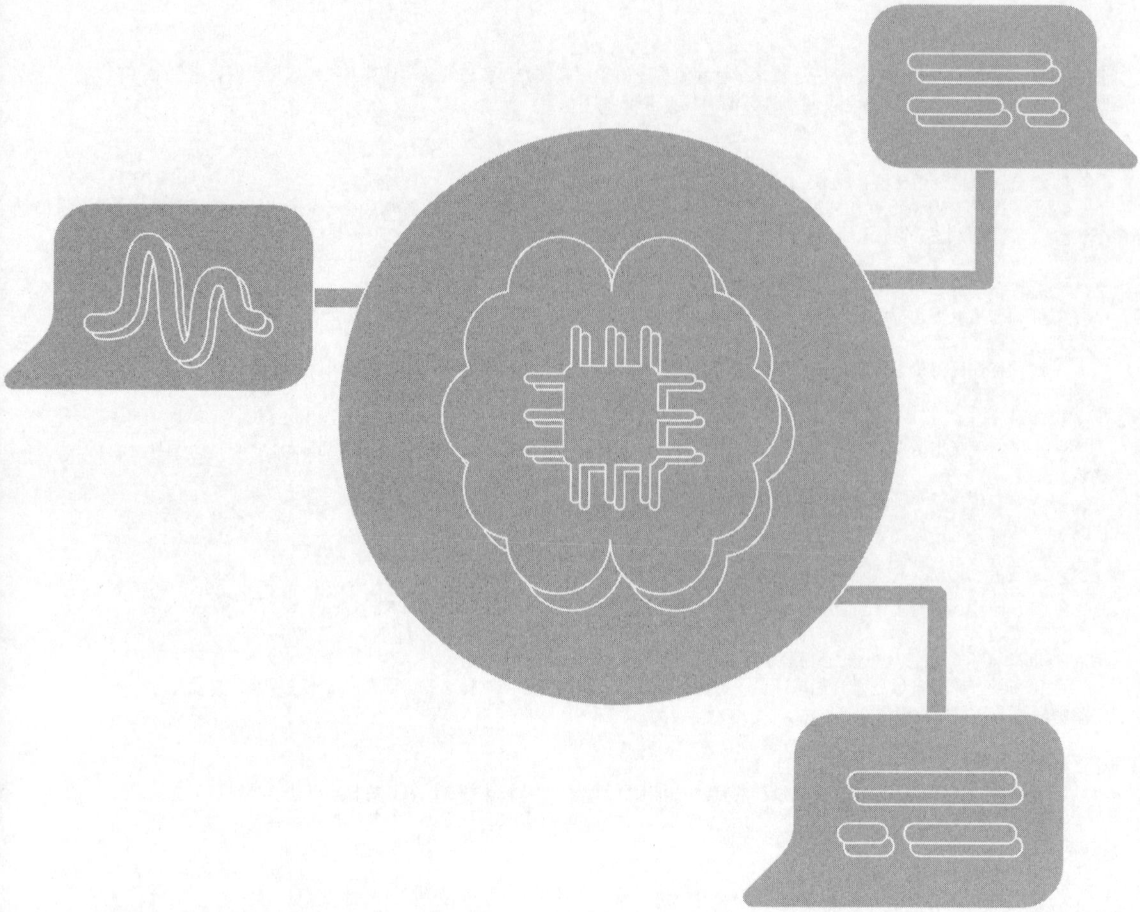

第 2 章

LangChain 开发基础

本章介绍 LangChain 的核心组成与开发流程，帮助读者快速掌握其关键技术和应用场景。首先，从 LangChain 应用程序的基本构成入手，包括 LLM 链、检索链、对话检索链、Agent 实现，以及 LangServe 服务的构建原理。接着，通过实现一个简单的 Q&A 问答系统，详细讲解开发环境的准备、中文嵌入向量的生成、数据检索与模型构建、提示设计及上下文压缩的应用，逐步搭建一个完整的 LangChain 程序。最后，通过引用 OpenAI 大模型，展示了如何与 LangChain 结合，实现更强大的聊天模型和智能交互功能，为实践奠定了坚实基础。

2.1　LangChain 应用程序的构成

LangChain 应用程序的构成主要围绕语言模型（LLM）与多功能工具链的结合展开，旨在帮助开发者轻松实现复杂的自然语言处理任务。LangChain 的主要组件如下。

• LLM 链：通过语言模型生成自然语言输出的核心组件。它能够将输入转化为模型的生成结果，是 LangChain 应用程序的基础模块。

• 检索链（Retrieval Chain）：用于高效检索和查询外部数据源的工具链。通过将嵌入向量与检索算法结合，可快速找到与查询相关的信息。

• 对话检索链：在检索链基础上优化，用于支持多轮对话中的上下文管理和动态查询，使得模型能够更准确地理解和响应用户的问题。

• Agent 实现：通过与外部工具的动态交互，实现更加灵活的任务执行。Agent 可以调用 API、检索信息或运行计算，从而在多任务场景中表现出强大的决策能力。

• LangServe 服务：提供应用程序的服务化和部署支持，使 LangChain 应用能够作为 API 或微服务运行，并与其他系统高效集成。

这种模块化设计使 LangChain 应用程序既具备灵活性又能轻松扩展，适用于问答系统、对话助手、数据分析等多种场景。本节将详细讲解 LangChain 构成组件的知识。

2.1.1　LLM 链

LLM 链是指语言模型与其他组件按照特定顺序和规则连接在一起的结构。在 LangChain 中，这些组件包括输入提示模板（ChatPromptTemplate）、语言模型（例如 ChatOpenAI）、输出解析器（如 StrOutputParser）等。其目的是将多个处理步骤有序地组织起来，形成一个完整的处理流程。用户通过这个链提供输入，链中的组件依次处理输入，最终生成所需的输出。

这种组件化设计使用户能够灵活构建自己的自然语言处理应用，根据需求定制不同的处理步骤和模型。在 LangChain 中，LLM 链通常用于开发能够连接外部数据源和计算资源的应用程序。链的每个步骤都可以执行特定任务，例如处理提示、调用语言模型、解析输出等功能。

LangChain 官网提供了两种模型作为示例：一种是通过 API 调用流行模型（例如 OpenAI、DeepSeek 等）；另一种是本地的开源模型 Ollama。在本书中，仅展示使用 DeepSeek 模型的具体用法，以便读者快速掌握其核心技术。下面的例子展示了 LangChain 通过 LLM 链调用 DeepSeek 模型的方法。

实例 2-1： 通过 LLM 链调用 DeepSeek 对话模型（源码路径：codes\2\DeepSeek01.py）。

① 下面代码的功能是从 langchain_deepseek 模块中导入 ChatDeepSeek 类。langchain_deepseek 是一个专门用于与 DeepSeek API 进行交互的库，ChatDeepSeek 类封装了与 DeepSeek

聊天模型相关的功能，使得用户能够方便地调用 DeepSeek 的聊天模型来生成文本。

```
from langchain_deepseek import ChatDeepSeek
```

② 下面的代码创建了一个 ChatDeepSeek 类的实例 llm。

```
llm = ChatDeepSeek(
    model="deepseek-chat",
    temperature=0,
    max_tokens=None,
    timeout=None,
    max_retries=2,
    api_key="",
    # other params...
)
```

在上述代码中设置了实例 llm 的一些参数，具体说明如下。

• model="deepseek-chat"：指定要使用的 DeepSeek 模型为 deepseek-chat。不同的模型可能有不同的特点和性能，这里选择了一个适合聊天场景的模型。

• temperature=0：设置生成文本的温度参数为 0。温度参数控制生成文本的随机性，值越低，生成的文本越确定；值越高，生成的文本越随机。这里设置为 0，意味着生成的文本将尽可能确定。

• max_tokens=None：设置生成文本的最大令牌数为 None，即不限制生成的文本长度。

• timeout=None：设置请求的超时时间为 None，即不设置超时时间限制。

• max_retries=2：设置最大重试次数为 2。如果请求失败，将最多重试 2 次。

• api_key=""：设置 DeepSeek API 的密钥，这里需要填入在 DeepSeek 官网申请的 API 密钥，以便能够访问 DeepSeek 的服务。

③ 下面代码定义了一个名为 messages 的列表，其中包含了两个元组。每个元组包含两个元素：第一个元素表示消息的类型；第二个元素表示消息的内容。

```
messages = [
    ("system", "你好，我是DeepSeek"),
    ("human", "我喜欢编程"),
]
```

上述代码的具体说明如下。

• 第一个元组 ("system", " 你好，我是 DeepSeek") 表示一条系统消息，内容是“你好，我是 DeepSeek”。系统消息通常用于设置聊天的上下文或提供一些基本信息。

• 第二个元组 ("human", " 我喜欢编程 ") 表示一条用户（人类）的消息，内容是“我喜欢编程”。这是用户输入的文本，模型将根据这条消息生成相应的回答。

④ 下面代码调用了 llm 实例的 invoke 方法，并将 messages 列表作为参数传递给它。

```
print(llm.invoke(messages))
```

invoke 方法的作用是将 messages 中的消息发送给 DeepSeek 的聊天模型，并获取模型生成的响应。然后，print 函数将模型的响应打印出来，以便用户查看。例如执行上面代码后会获得 DeepSeek 的反馈信息，得到下面的结果。

```
你实现各种想法，从开发网站、游戏到解决实际问题。  \n\n### 如果你刚开始学习编程，这里有一些建议：
\n1. **选择一门语言**：Python、JavaScript、Java、C++ 等都是不错的选择。Python 对新手特别友
好，适合入门。  \n2. **动手实践**：光看教程是不够的，多写代码，尝试小项目（比如计算器、待办事项列
```

```
表）。  \n3. **善用资源**：  \n   - 在线学习平台：Codecademy、freeCodeCamp、LeetCode（算法练习）  \n   - 书籍：《Python Crash Course》《Eloquent JavaScript》  \n   - 视频教程：B站、YouTube 上的优质课程  \n4. **加入社区**：GitHub、Stack Overflow、Reddit 的编程板块，和其他开发者交流。  \n\n### 如果你已经有经验，可以尝试：  \n- 贡献开源项目  \n- 学习算法和数据结构（提升代码效率）  \n- 探索新领域（如AI、区块链、Web3）  \n\n你对编程的哪个方向最感兴趣？或者目前在学习什么语言？我可以给你更具体的建议！ 😊' additional_kwargs={'refusal': None} response_metadata={'token_usage': {'completion_tokens': 254, 'prompt_tokens': 11, 'total_tokens': 265, 'completion_tokens_details': None, 'prompt_tokens_details': {'audio_tokens': None, 'cached_tokens': 0}, 'prompt_cache_hit_tokens': 0, 'prompt_cache_miss_tokens': 11}, 'model_name': 'deepseek-chat', 'system_fingerprint': 'fp_8802369eaa_prod0425fp8', 'id': 'e5cc96d7-56f3-440b-a3bf-bbe3a99d4eb6', 'service_tier': None, 'finish_reason': 'stop', 'logprobs': None} id='run--ce2a3ea7-3aa8-4e4a-af0c-3a1d7ce2b998-0' usage_metadata={'input_tokens': 11, 'output_tokens': 254, 'total_tokens': 265, 'input_token_details': {'cache_read': 0}, 'output_token_details': {}}

    Process finished with exit code 0
```

上述代码展示了如何使用库 langchain_deepseek 中的 ChatDeepSeek 模块来调用 DeepSeek 的聊天模型，并根据用户输入的消息生成回答。代码中设置了一些参数来控制模型的行为，并通过 invoke 方法获取模型的响应。

2.1.2　检索链

Retrieval Chain（检索链）是 LangChain 中的核心概念，用于在对话系统中实现高效的信息检索。当用户提出问题时，检索链会从大量文档或数据中找到相关信息，并将其传递给语言模型进行处理，从而生成准确的答案。

检索链的工作流程如下。

① Retriever（检索器）：检索链的第一步是通过检索器获取相关文档或信息。检索器可以基于多种技术实现，如向量存储或数据库查询。在 LangChain 中，可以配置一个检索器，从向量存储中快速检索相关文档。

② Documents（文档）：检索到的文档会被传递到下一步。这些文档包含了对用户问题有用的背景信息或答案线索。

③ LLM 处理：将用户问题和检索到的文档一并传递给语言模型。LLM 使用这些上下文信息生成更精准的回答。

④ 生成答案：语言模型对输入进行处理，生成对用户问题的答案，并将结果返回给用户。

例如，下面的代码展示了使用 LangChain 构建一个基于检索链的问答系统的过程。首先从 LangChain 社区导入 ChatOpenAI 模型，用于提供语言模型支持。接着，利用 create_stuff_documents_chain 创建一个用于处理文档的链，并通过 hub.pull 获取一个预定义的检索问答提示模板。然后，通过 create_retrieval_chain 将检索器（retriever）和文档处理链（combine_docs_chain）结合起来，构建一个完整的检索问答链。最后，通过调用 retrieval_chain.invoke 方法，用户可以输入问题，系统会利用检索器查找相关信息，并结合语言模型生成答案。

```
from langchain_community.chat_models import ChatOpenAI
from langchain.chains.combine_documents import create_stuff_documents_chain
from langchain.chains import create_retrieval_chain
from langchain import hub

retrieval_qa_chat_prompt = hub.pull("langchain-ai/retrieval-qa-chat")
llm = ChatOpenAI()
retriever = ...
```

```
combine_docs_chain = create_stuff_documents_chain(
    llm, retrieval_qa_chat_prompt
)
retrieval_chain = create_retrieval_chain(retriever, combine_docs_chain)

retrieval_chain.invoke({"input": "..."})
```

检索链的优势在于其高效性，特别是在处理大规模数据集时。通过先检索出最相关的内容再传递给 LLM，它显著减少了模型处理的无关数据量，从而提高了性能和响应速度。例如，在回答“如何使用 LangSmith 进行测试？”这一问题时，如果 LLM 需要额外的背景信息，检索链可以从向量存储中找到相关文档并将其加入提示，帮助 LLM 生成准确的答案。检索器的底层实现可以是多种数据源，例如 SQL 表或互联网，但在许多实例中，填充向量存储并用作检索器是常见选择。

2.1.3 对话检索链

上一小节构建的链只能回答单一的问题。然而，在实际应用中，语言模型更常被用作支持多轮对话的聊天机器人。那么，如何将这个链改造成能够回答跟进问题的对话式聊天机器人呢？我们依然可以使用 create_retrieval_chain 函数，但需要在以下两方面进行调整。

• 检索方法的更新：检索过程不仅需要处理最新的用户输入，还应综合考虑整个对话历史，以提供上下文相关的答案。

• LLM 链的改进：最终传递给语言模型的输入也应包含完整的对话历史，从而使模型能够基于上下文生成更加准确和连贯的回答。

① 更新检索。为了支持对话历史，需要创建一个新的链。这个链将接收两部分输入：当前用户的最新问题（input）和对话历史记录（chat_history）。通过语言模型，链会生成一个搜索查询，用于检索相关信息。检索结果连同对话历史一起，作为上下文传递给 LLM，生成最终的回答。这种设计确保了聊天机器人能够理解和回应多轮对话中的跟进问题，增强了用户体验的自然性和连贯性。

```
from langchain.chains import create_history_aware_retriever
from langchain_core.prompts import MessagesPlaceholder

# 首先，我们需要一个提示，可以传递给LLM以生成搜索查询

prompt = ChatPromptTemplate.from_messages([
    MessagesPlaceholder(variable_name="chat_history"),
    ("user", "{input}"),
    ("user", "根据上面的对话，生成一个搜索查询以获取与对话相关的信息")
])
retriever_chain = create_history_aware_retriever(llm, retriever, prompt)
```

通过使用这个新的检索链，可以根据对话历史和跟进问题生成相关文档。

② 测试。通过传递用户询问跟进问题的实例，我们可以测试这个新的检索链。

```
from langchain_core.messages import HumanMessage, AIMessage

chat_history = [HumanMessage(content="LangSmith是否可以帮助测试我的LLM应用？
"), AIMessage(content="是的！")]
retriever_chain.invoke({
    "chat_history": chat_history,
    "input": "告诉我怎么做"
})
```

现在应该会看到它返回了有关在 LangSmith 中进行测试的文档，是因为 LLM 生成了一个新的查询，将对话历史与跟进问题结合在一起。有了这个新的检索器，我们可以创建一个新的链，以在考虑这些检索到的文档的情况下继续对话。

```
prompt = ChatPromptTemplate.from_messages([
    ("system", "根据以下上下文回答用户的问题：\n\n{context}"),
    MessagesPlaceholder(variable_name="chat_history"),
    ("user", "{input}"),
])
document_chain = create_stuff_documents_chain(llm, prompt)

retrieval_chain = create_retrieval_chain(retriever_chain, document_chain)
```

③ 现在可以进行端到端的测试，此时可以看到一个连贯的答案，这表明已成功地将我们的检索链转变为一个聊天机器人。

```
chat_history = [HumanMessage(content="LangSmith是否可以帮助测试我的LLM应用？
"), AIMessage(content="是的！")]
retrieval_chain.invoke({
    "chat_history": chat_history,
    "input": "告诉我怎么做"
})
```

2.1.4　实现 Agent

到目前为止，我们已经创建了一个使用链的示例，其中每个步骤都是预先定义的。接下来，我们将实现最后一个步骤——构建 Agent 代理，以使其能够动态地访问多个工具并回答更广泛的问题。

（1）构建 Agent 代理

首先，需要确定代理可以使用哪些工具。在本示例中，代理将访问以下两个工具。

- 检索器：这是我们之前创建的工具，用于回答关于 LangSmith 的问题。
- 搜索工具：用于获取最新信息，适合回答实时性强的问题。

① 设置检索器工具。通过 create_retriever_tool 方法设置检索器工具：

```
from langchain.tools.retriever import create_retriever_tool
retriever_tool = create_retriever_tool(
    retriever,
    "langsmith_search",
    "Search for information about LangSmith. For any questions about LangSmith,
you must use this tool!",
)
```

② 设置搜索工具。在本演示中使用 Tavily 作为搜索工具，需要先在 Tavily 平台创建一个 API 密钥，并将其设置为环境变量：

```
export TAVILY_API_KEY=...
```

通过以下代码初始化搜索工具（如果不想设置 API 密钥，可以跳过这部分）：

```
from langchain_community.tools.tavily_search import TavilySearchResults
search = TavilySearchResults()
```

③ 创建工具列表。通过如下命令将检索器工具和搜索工具添加到工具列表中：

```
tools = [retriever_tool, search]
```

（2）创建 Agent 代理

① 安装 LangChain Hub。安装 LangChain Hub 以访问预定义的提示：

```
pip install langchainhub
```

② 设置 Agent 代理。使用 LangChain Hub 获取提示，并创建 Agent 代理：

```
from langchain_openai import ChatOpenAI
from langchain import hub
from langchain.agents import create_openai_functions_agent
from langchain.agents import AgentExecutor

# 获取要使用的提示 - 您可以修改这个！
prompt = hub.pull("hwchase17/openai-functions-agent")
llm = ChatOpenAI(model="gpt-3.5-turbo", temperature=0)
agent = create_openai_functions_agent(llm, tools, prompt)
agent_executor = AgentExecutor(agent=agent, tools=tools, verbose=True)
```

（3）测试 Agent 代理

代理已设置完毕，可以通过以下示例进行测试。

① 询问相关问题。通过如下命令向 LangSmith 询问相关问题：

```
agent_executor.invoke({"input": "how can langsmith help with testing?"})
```

② 询问实时信息。例如关于天气的问题：

```
agent_executor.invoke({"input": "what is the weather in SF?"})
```

③ 与 Agent 对话。支持对话模式，我们也可以与它进行对话：

```
chat_history = [HumanMessage(content="Can LangSmith help test my LLM applications?"
), AIMessage(content="Yes!")]
agent_executor.invoke({
    "chat_history": chat_history,
    "input": "Tell me how"
})
```

2.1.5 LangServe 服务

LangServe 是一个用于构建和部署基于 LangChain 的自然语言处理模型应用程序的框架，它使得开发者可以轻松地将训练好的模型集成到 Web 服务中，并提供 API 接口，以便其他应用程序进行调用。LangServe 结合了 FastAPI 和 Pydantic 库，确保数据的正确性，并提供了一个客户端，允许人们通过网络与这些智能机器人互动。

LangServe 的功能亮点如下。

• 自动推断输入输出模式：LangServe 能够自动从 LangChain 对象推导出输入和输出模式，并在每次使用时检查数据的正确性。

• 高效的 API 端点：提供如 /invoke、/batch 和 /stream 等端点，支持单机多并发请求处理。

• 实时交互界面：提供了一个 Playground 页面，允许开发者实时与智能机器人互动，看到输出和中间步骤。

• 安全性：提供请求追踪等安全措施，确保数据传输的安全。

• 流式传输和异步调用：支持流式传输和异步调用，适合需要实时反馈或处理大量数据的应用。

目前，LangServe 的开发团队正在持续改进和扩展其功能，未来的更新可能包括更多的端点、更好的认证和授权机制、更丰富的 Playground 小部件，以及对更多编程语言和框架的支持。

2.2　引用大模型实践

经过前面内容的学习，我们已经基本了解了 LangChain 的基本知识和用法。本节将通过具体例子讲解访问常用大模型获得问题回馈的用法。

2.2.1　获得 OpenAI 回馈

要想获得 OpenAI 回馈，需要调用方法 client.completions.create() 实现。这是 OpenAI 客户端对象中的一个方法，用于生成反馈文本。方法 client.completions.create() 的语法格式如下。

```
client.completions.create(
    prompt: str,
    max_tokens: int,
    temperature: float,
    top_p: Optional[float] = None,
    stop: Optional[Union[str, List[str]]] = None,
    n: int = 1,
    logit_bias: Optional[Dict[str, float]] = None,
    return_prompt: bool = False,
    return_metadata: bool = False
) -> Union[Dict[str, Union[str, int, List[str]]], List[Dict[str, Union[str, int,
List[str]]]]]:
```

通过设置 create() 方法的参数，可以控制生成文本的质量、多样性和其他方面的行为。各个参数的具体说明如下。

- prompt (str)：提示文本，用于指导生成的文本内容。模型将根据此提示来生成接下来的文本。
- max_tokens (int)：生成文本的最大长度（以标记数量计）。生成的文本长度可能会小于或等于此值。
- temperature (float)：控制生成文本的多样性，较低的 temperature 会导致更加保守和确定性的输出，而较高的 temperature 会导致更加随机和多样化的输出。
- top_p (Optional[float])：对于下一个标记的概率分布的最高概率部分的累积分布，当总概率大于此阈值时停止生成。这是一种用于控制生成文本的方法，以确保生成的文本在语义上保持一致。
- stop (Optional[Union[str, List[str]]])：用于指定生成文本的停止标记。当生成的文本中包含任何停止标记时，生成过程将结束。
- n (int)：要生成的候选文本数量，默认值为 1。
- logit_bias (Optional[Dict[str, float]])：用于调整模型预测的偏置，可以通过指定不同标记的偏置来指导生成的文本内容。
- return_prompt (bool)：设置是否在响应中包含生成文本时使用的提示，默认值为 False。
- return_metadata (bool)：设置是否在响应中包含生成文本时的元数据信息，默认值为 False。

下面的例子展示了使用方法 client.completions.create() 获取 OpenAI 回馈的简单用法。

实例 2-2：向 OpenAI 提出问题（源码路径：codes\2\practice\fan.py）。

实例文件 fan.py 的功能是使用 OpenAI 生成了问题“CSDN 是一个什么样的平台？”的回答信息。首先，它从 dotenv 库中导入 load_dotenv 函数，用于加载环境变量。然后，它创建了一个OpenAI客户端对象，并使用该对象调用了生成文本的方法。在生成文本的过程中，它提供了一个提示（prompt）。最后，它打印输出 CSDN 是一个什么样的平台。

```
from dotenv import load_dotenv  # 用于加载环境变量
load_dotenv()  # 加载 .env 文件中的环境变量

# import os
# os.environ["OPENAI_API_KEY"] = '你的OpenAI API Key'

# import openai
# openai.api_key = '你的OpenAI API Key'

from openai import OpenAI
client = OpenAI()

prompt = 'CSDN是一个什么样的平台？'
response = client.completions.create(
    max_tokens=1024,
    n = 1,
    stop=None,
    model="gpt-3.5-turbo-instruct",
    prompt= prompt,
    temperature = 1
)

print(response)
```

上述代码的具体说明如下。

① load_dotenv()：这是 dotenv 库提供的一个函数，用于加载环境变量。在开发过程中，建议将敏感信息（如 API 密钥）存储在名为 .env 的文件中，然后使用 load_dotenv() 函数加载这些环境变量。

② openai.api_key：这是设置 OpenAI API 密钥的方法，将你的 API 密钥赋值给 openai.api_key 后，就可以在代码中使用 OpenAI 的 API 服务。在注释掉的代码中，本实例选择直接设置了 API 密钥，但是这种做法不够安全，因此更好的做法是将 API 密钥存储在环境变量中，并使用 load_dotenv() 函数进行加载。

③ response：这是调用 OpenAI API 后得到的响应对象。在本实例中，它包含了生成的文本内容。这个变量被赋值为调用生成文本方法的返回值。

④ client.completions.create：用于生成反馈文本。在本实例中，client 是通过 OpenAI 类创建的一个客户端对象，completions 是这个对象的一个子模块，create 是 completions 模块中的一个方法，用于向 OpenAI API 发送请求以生成反馈文本。执行后会输出：

```
Completion(id='cmpl-8NhLO1DdMjRmCVhK5ssyyaiqhD6Gi', choices=[CompletionChoice(fin-
ish_reason='stop', index=0, logprobs=None, text='\nCSDN（中国软件开发网）是中国领先的专业
IT 技术社区和开发者服务平台，成立于 1999 年。它为广大 IT 从业者提供了技术交流、学习、分享和求职招聘等
服务。在 CSDN 上，用户可以浏览和发布技术文章、参与讨论、下载学习资料、观看技术视频教程等。CSDN 覆盖
了广泛的技术领域，包括软件开发、网络技术、人工智能、大数据、云计算等。同时，CSDN 也是很多 IT 从业者学
习和提升技能的重要平台之一。')], created=1700658850, model='gpt-3.5-turbo-instruct', ob-
ject='text_completion', system_fingerprint=None, usage=CompletionUsage(completion_to-
kens=139, prompt_tokens=15, total_tokens=154))
```

2.2.2　DeepSeek 的流式调用

流式调用（streaming）是一种在生成大段文本或需要实时反馈的场景下非常有用的技术，它通过返回一个生成器（generator）接口，让应用能够在模型生成每个输出块时就立即将其呈现给用户，从而实现“边生成边显示”的交互体验。在 LangChain 中，所有遵循 Runnable 接口的组件（如链、模型等）都提供了同步的 stream 方法和异步的 astream 方法，用于按块产出结果，当下游组件也支持流式处理时，整个链就能持续地将生成的 token 或文本片段推送给前端，而不必等到完整响应生成后才一并返回 LangChain。

实例 2-3：通过流式调用向 DeepSeek 提出问题（源码路径：codes\2\DeepSeek02.py）。

代码如下。

```
from langchain_deepseek import ChatDeepSeek

llm = ChatDeepSeek(model="deepseek-chat", api_key="your-api-key")
messages = [
    ("system", "You are a helpful assistant."),
    ("human", "Explain quantum computing in detail.")
]
for chunk in llm.stream(messages):
    print(chunk.text(), end="")
```

在上述流式调用代码中，llm.stream(messages) 会向 DeepSeek-Chat 模型发出聊天请求并返回一个生成器（generator），该生成器在模型生成每个输出块（chunk）时就立即产出对应的 ChatGenerationChunk 对象，开发者可在循环中实时打印每段文本片段，从而实现“边生成边显示”效果，极大地降低了用户感知的延迟，适用于聊天机器人、实时日志、长文本分段等需要即时反馈的场景 LangChain。执行后得到 DeepSeek 的反馈：

```
### **Quantum Computing: A Detailed Explanation**

Quantum computing is an emerging field that leverages the principles of quantum
mechanics to perform computations far more efficiently than classical computers for
certain problems. Unlike classical computers, which use bits (0s and 1s) for
processing, quantum computers use **quantum bits (qubits)**, which can exist in
multiple states simultaneously due to superposition, entanglement, and interference.

---

## **1. Fundamental Principles of Quantum Computing**
### **1.1 Qubits (Quantum Bits)**
- A classical bit is either **0 or 1**.
- A **qubit** can be in a **superposition** of both 0 and 1 simultaneously,
represented as:
  \[
  |ψ⟩ = α|0⟩ + β|1⟩
  \]
  where \(α\) and \(β\) are complex probability amplitudes such that \(|α|^2 + |β|^
2 = 1\).
- When measured, a qubit **collapses** to either 0 or 1 with probabilities \
(|α|^2\) and \(|β|^2\) respectively.

### **1.2 Superposition**
- Unlike classical bits, qubits can explore multiple states at once.
- A system of \(n\) qubits can represent \(2^n\) states simultaneously
(exponential parallelism).

### **1.3 Entanglement**
```

```
- When qubits are entangled, the state of one qubit is **dependent** on another, no matter the distance.
- Enables **faster information transfer** and correlations impossible in classical systems.

### **1.4 Quantum Interference**
- Quantum algorithms manipulate probability amplitudes to **constructively** or **destructively** interfere, enhancing correct outcomes while canceling wrong ones.

---

## **2. How Quantum Computers Work**
### **2.1 Quantum Gates (Operations)**
- Classical computers use logic gates (AND, OR, NOT).
////生路部分信息

Would you like a deeper dive into any specific aspect (e.g., quantum algorithms, hardware, or cryptography)?
```

上面执行结果中详细解释了量子计算，通过使用流式输出可以逐块得到输出信息，用户可以即时看到内容，而无需等待完整回答。对于大段文本或复杂回答，流式调用避免长时间等待。

2.2.3 使用提示模板调用 DeepSeek

在 LangChain 程序中，可使用 ChatPromptTemplate.from_template 来定义与 DeepSeek-Chat 交互的提示模板，通过在模板字符串中嵌入变量（例如 {context}、{input}）来自动生成符合聊天模型接口的消息格式，从而实现上下文与用户提问的动态拼接；随后将渲染后的消息列表传入 ChatDeepSeek.invoke 或 ChatDeepSeek.stream 方法，即可调用 deepseek-chat 模型在线生成带有检索上下文的回答。这种方式不仅能保持提示的一致性和可维护性，还能根据业务需求灵活调整模板内容，实现更精准的上下文注入与模型调用。

实例 2-4： 通过提示模板向 DeepSeek 提出问题（源码路径：codes\2\DeepSeek03.py）

代码如下。

```python
from langchain_deepseek import ChatDeepSeek
from langchain_core.prompts import ChatPromptTemplate

llm = ChatDeepSeek(model="deepseek-chat", api_key="your-api-key")
system_template = "Translate the following from English into {language}"
prompt_template = ChatPromptTemplate.from_messages([
    ("system", system_template),
    ("user", "{text}")
])
prompt = prompt_template.invoke({"language": "French", "text": "Hello, world!"})
response = llm.invoke(prompt)
print(response.content)
```

在上述代码中，首先使用 ChatPromptTemplate.from_messages 定义了一条包含系统和用户角色的可参数化提示模板，分别用 {language} 和 {text} 占位，便于后续动态填充。接着，调用 prompt_template.invoke 将具体的语言和文本注入模板，生成符合 DeepSeek-Chat 聊天 API 格式的消息列表。最后，通过 llm.invoke(prompt) 将渲染后的消息发送给 DeepSeek-Chat 模型并接收返回，将翻译结果存储在 response.content 中并打印输出，实现了从模板定义到模型调用的完整流程。

执行后会输出：

```
Bonjour, le monde !

*(This is the standard French translation for "Hello, world!", commonly used in
programming and introductions.)*

Let me know if you'd like variations (formal/informal, regional differences, etc.).
😉
```

上面执行结果的说明如下。

• "Bonjour, le monde !"：是 "Hello, world!" 的标准法语翻译，表示“你好，世界！”

• 解释部分（括号中的英文）：DeepSeek 自动附加了一段说明，解释这是编程中常用的标准翻译，并提供可选的翻译风格（正式 / 非正式、地区差异等）。

• 表情符号 😉：增加了回复的亲和力，模拟人性化的交互体验。

这表明 DeepSeek 不仅进行了准确翻译，还带有智能的交互反馈。

2.2.4 DeepSeek 回复的结构化返回

结构化返回（structured output）是指将语言模型的自由文本输出转换成预定义的、有明确字段和格式的结构化数据，以便程序化处理和验证。通过使用 LangChain 的输出解析器（如 StructuredOutputParser），开发者可以在提示（prompt）中注入格式说明，并在模型返回后自动解析成字典、JSON 或 Pydantic 对象，确保输出符合预期。这种方式不仅提升了信息提取的准确性，还极大简化了 downstream 应用对模型输出的处理流程。

在 LangChain 中实现结构化返回的流程如下。

① 定义输出模式：创建若干 ResponseSchema，每个模式包含字段 name 和说明 description，告知模型要输出哪些字段及其含义。

② 生成格式化指令：调用 StructuredOutputParser.from_response_schemas(response_schemas) 构建解析器，并通过 output_parser.get_format_instructions() 获取指令文本，这些指令文本将用于 prompt 中。

③ 设计提示模板：编写带有 {format_instructions} 占位符和用户文本占位的模板，确保模型接收到“请以以下 JSON 结构返回结果”等明确指令。

④ 模型调用：将渲染后的消息列表传给 ChatDeepSeek.invoke 或 stream 方法，模型输出即包含符合要求的结构化字符串。

⑤ 解析输出：使用 output_parser.parse(response.content) 自动将字符串转换为 Python 字典或 Pydantic 实例，方便后续逻辑使用和校验。

实例 2-5：设置 DeepSeek 回复的返回格式（源码路径：codes\2\DeepSeek04.py）。

代码如下。

```
from langchain_deepseek import ChatDeepSeek
from langchain.output_parsers import ResponseSchema, StructuredOutputParser

llm = ChatDeepSeek(model="deepseek-chat", api_key="your-api-key")

# 定义响应模式
gift_schema = ResponseSchema(name="gift", description="商品是否作为礼物购买？是请回答
True，否则回答 False 或未知。")
delivery_days_schema = ResponseSchema(name="delivery_days", description="商品送达需要
几天？如果未提及，请输出 -1。")
response_schemas = [gift_schema, delivery_days_schema]
output_parser = StructuredOutputParser.from_response_schemas(response_schemas)
format_instructions = output_parser.get_format_instructions()
```

```
# 定义中文提示模板
review_template = """从以下文本中提取以下信息：
gift：商品是否作为礼物购买？是请回答 True，否则回答 False 或未知。
delivery_days：商品送达需要几天？如果未提及，请输出 -1。
请将输出格式化为 JSON，包含以下键：gift, delivery_days
文本：{text}
"""

from langchain.prompts import ChatPromptTemplate
prompt = ChatPromptTemplate.from_template(template=review_template)

# 示例文本（中文）
messages = prompt.format_messages(
    text="这款产品是我买来送人的，三天内就送达了。",
    format_instructions=format_instructions
)

response = llm.invoke(messages, temperature=0)
output_dict = output_parser.parse(response.content)
print(output_dict)
```

上述代码的实现流程如下。

① 引入 DeepSeek 模型和结构化输出解析器：加载 DeepSeek 模型（deepseek-chat），导入结构化输出解析器（StructuredOutputParser），它允许我们定义并解析模型的结构化输出。

② 定义结构化输出模式。创建两个结构化字段（gift 和 delivery_days），每个字段描述了我们希望从文本中提取的信息。这些字段通过 ResponseSchema 定义，指定名称和说明（描述字段的含义和输出格式）。

③ 构建输出解析器。

- 使用 StructuredOutputParser，根据前面的字段定义创建输出解析器。
- 获取解析器的格式化指令，这确保模型返回的输出符合结构化格式。

④ 设计提示模板。

- 编写一个提示模板，向模型描述提取任务的要求。
- 在提示模板中明确说明需要提取的信息以及输出格式（JSON 结构）。

⑤ 格式化提示并调用模型。

- 使用模板生成消息，其中包含用户提供的文本和解析器的格式化指令。
- 将格式化后的消息传递给 DeepSeek 模型，获得模型的回复。

⑥ 解析和输出结果。

- 将模型回复传递给输出解析器，自动解析为结构化字典。
- 输出结构化结果，确保符合我们指定的格式和信息要求。

执行后会输出：

```
{'gift': True, 'delivery_days': 3}
```

上面的输出结果表示模型根据提示模板和解析器，成功从输入文本中提取了两个结构化字段。

- 'gift': True ：这表明解析器识别到文本中明确提到“这款产品是我买来送人的”，因此将 gift 字段设为布尔值 True，符合最初在 ResponseSchema 中对该字段的定义（“商品是否作为礼物购买？是请回答 True”）。
- 'delivery_days' : 3：解析器从文本“三天内就送达了”中提取出“3 天”的信息，因此将 delivery_days 字段设为整数 3；当文本中未提及送达天数时，该字段才会被设为默认值 −1，但此处显然有明确信息，所以返回 3 。

到此为止，使用 Langchain 获取 DeepSeek 反馈的基本方法介绍完毕。根据不同需求，读者朋友们可以选择合适的方式和代码示例来通过 LangChain 获取 DeepSeek 的反馈信息。

2.2.5　使用检索链设置 DeepSeek 回复

结合 LangChain 框架与 DeepSeek 模型，可以构建一个高效的知识库问答系统，实现对本地文档的智能检索与回答。这种系统通常采用检索增强生成（Retrieval Augmented Generation, RAG）架构，其核心流程包括以下几个步骤。

① 文档加载与预处理：首先，使用 LangChain 的文档加载器（如 TextLoader）将本地文档加载到系统中。接着，利用文本分割器（如 CharacterTextSplitter）将文档切分成适合处理的小块，以便后续的嵌入和检索操作。

② 向量化与存储：将分割后的文本块通过嵌入模型（例如 HuggingFace 提供的 sentence-transformers/all-MiniLM-L6-v2）转换为向量表示。这些向量随后存储在向量数据库中，如 FAISS，以支持高效的相似度检索。

③ 构建检索问答链：使用 LangChain 的 RetrievalQA 模块，结合 DeepSeek 模型和向量数据库，构建一个问答链。当用户提出问题时，系统会在向量数据库中检索与问题最相关的文档片段，并将这些片段与问题一同传递给 DeepSeek 模型，生成准确的回答。

④ 用户交互与结果展示：用户通过接口（如命令行或网页）输入查询，系统返回生成的答案，并可附带相关的文档片段，以增强回答的可信度和可解释性。

这种结合 LangChain 与 DeepSeek 的方法，不仅提高了问答系统的准确性，还增强了对特定领域知识的支持，使其在企业知识管理、客户支持等场景中具有广泛的应用前景。

假设有一个知识库文件 knowledge.txt，内容如下：

```
    Quantum computing is a revolutionary computational method leveraging quantum
mechanics to solve complex problems beyond the reach of classical or
supercomputers. Unlike classical bits, which are binary, quantum bits (qubits)
can exist in a superposition of 0 and 1, enabling parallel processing of
multiple states and exponential acceleration for certain tasks. Key quantum
phenomena like superposition and entanglement underpin its power. Superposition
allows qubits to represent multiple states simultaneously, while entanglement
creates strong correlations between qubits, enabling efficient complex problem-
solving. Quantum computing shows significant potential in fields like
cryptography, material science, and AI. For example, it can efficiently simulate
complex systems such as quantum materials and financial markets. As technology
progresses, quantum computing is expected to drive innovation across various
sectors.
```

下面的实例展示了根据上面的文件构建一个基于检索增强生成（RAG）的问答系统的过程。

实例 2-6： 构建一个基于检索增强生成（RAG）的问答系统（源码路径：codes\2\DeepSeek05.py）。

代码如下。

```
from langchain_community.document_loaders import TextLoader
from langchain.text_splitter import CharacterTextSplitter
from langchain_community.vectorstores import FAISS
from langchain_huggingface import HuggingFaceEmbeddings
from langchain.chains import RetrievalQA
```

```
from langchain_deepseek import ChatDeepSeek

# 加载文档并进行预处理
loader = TextLoader("knowledge.txt")
documents = loader.load()
text_splitter = CharacterTextSplitter(chunk_size=500, chunk_overlap=0)
texts = text_splitter.split_documents(documents)

# 初始化嵌入模型并创建向量存储
embeddings = HuggingFaceEmbeddings(model_name="all-MiniLM-L6-v2")
vector_db = FAISS.from_documents(texts, embeddings)

# 初始化 DeepSeek 模型
llm = ChatDeepSeek(model="deepseek-chat", api_key="sk-
b605d3da5d0741a6a4e9261cfef1bccc")

# 创建检索问答链
qa_chain = RetrievalQA.from_chain_type(
    llm=llm,
    chain_type="stuff",
    retriever=vector_db.as_retriever(search_kwargs={"k": 3}),
    return_source_documents=True
)

# 提出问题
query = "What is quantum computing?"
result = qa_chain.invoke({"query": query})
print(f"Answer: {result['result']}")
print("\nSource Documents:")
for doc in result.get('source_documents', []):
    print(f"- {doc.page_content[:100]}...")
```

上述代码具体实现流程如下。

① 文档加载与预处理：首先，使用 TextLoader 加载本地的知识文档（如 knowledge.txt）。接着，利用 CharacterTextSplitter 将文档按字符数切分成多个小块（chunk），每块大小为 500 个字符，且不重叠。这种切分方式有助于后续的向量化和检索操作。

② 向量化与向量数据库构建：使用 HuggingFace 提供的 all-MiniLM-L6-v2 模型，将每个文本块转换为向量表示。然后，利用 FAISS（Facebook AI Similarity Search）构建一个高效的向量数据库，存储所有文本块的向量。这样，在查询时可以快速检索与问题最相关的文本片段。

③ 初始化 DeepSeek 模型：通过 ChatDeepSeek 初始化 DeepSeek 模型，指定模型名称为 deepseek-chat，并提供相应的 API 密钥。DeepSeek 是一个多语言大型语言模型，支持中文和英文，具备强大的推理和生成能力。

④ 构建检索问答链（RetrievalQA）：使用 LangChain 的 RetrievalQA 构建一个问答链，该链条结合了检索器和语言模型，具体说明如下。

- 检索器：从向量数据库中检索与用户问题最相关的前 3 个文本块。
- 语言模型：基于检索到的文本块，生成对用户问题的回答。

此外，设置 return_source_documents=True，以便在返回答案的同时，提供生成该答案所依据的源文档，增强回答的可解释性。

⑤ 提出问题并获取答案：当用户提出问题，例如："What is quantum computing?"系统首先在向量数据库中检索与该问题最相关的文本块，然后将这些文本块与问题一起输入到 DeepSeek 模型中，生成最终的回答。最后，系统输出答案，并展示用于生成该答案的源文

档内容。

在上面的执行过程中，首先加载了名为 knowledge.txt 的知识库文档，并将其拆分为多个小块，以便进行处理。然后，使用 HuggingFace 的嵌入模型将这些文本块转换为向量表示，并通过 FAISS 创建了一个向量数据库。接着，初始化了 DeepSeek 模型，并创建了一个检索问答链（RetrievalQA），该链能够根据用户的查询，从向量数据库中检索相关文档，并生成回答。

当用户提出问题 "What is quantum computing?" 时，系统会检索与该问题相关的文档，并利用 DeepSeek 模型生成回答。输出的结果是一段关于量子计算的详细解释，涵盖了其基本概念、关键现象以及潜在应用领域。执行后会输出下面的结果：

```
    Answer: Quantum computing is a revolutionary computational approach that leverages
the principles of quantum mechanics to perform calculations far more efficiently
than classical computers for certain types of problems. Unlike classical computers,
which use binary bits (0 or 1), quantum computers use **quantum bits (qubits)**
that can exist in a **superposition** of both 0 and 1 simultaneously. This allows
quantum computers to process vast amounts of data in parallel, enabling exponential
speedups for specific tasks.

    ### **Key Quantum Phenomena in Quantum Computing:**
    1. **Superposition** - A qubit can be in a combination of 0 and 1 at the same
time, enabling parallel computation.
    2. **Entanglement** - When qubits become entangled, the state of one instantly
influences another, no matter the distance, allowing for highly correlated
operations.
    3. **Quantum Interference** - Used to amplify correct computational paths and
cancel out incorrect ones, improving accuracy.

    ### **Potential Applications:**
    - **Cryptography** - Breaking classical encryption (e.g., RSA) with Shor's
    algorithm or enabling ultra-secure quantum communication.
    - **Drug Discovery & Material Science** - Simulating molecular interactions at
    quantum levels for new medicines and advanced materials.
    - **Optimization Problems** - Solving complex logistics, financial modeling, or AI
    training faster than classical methods.
    - **Artificial Intelligence** - Accelerating machine learning through quantum-
    enhanced algorithms.

    While still in development, quantum computing promises breakthroughs in fields
where classical computers struggle due to computational complexity. However,
challenges like **quantum decoherence** (loss of quantum state) and error correction
remain key hurdles to overcome.

    Would you like more details on any specific aspect?

    Source Documents:
    - Quantum computing is a revolutionary computational method leveraging quantum
    mechanics to solve comp...
```

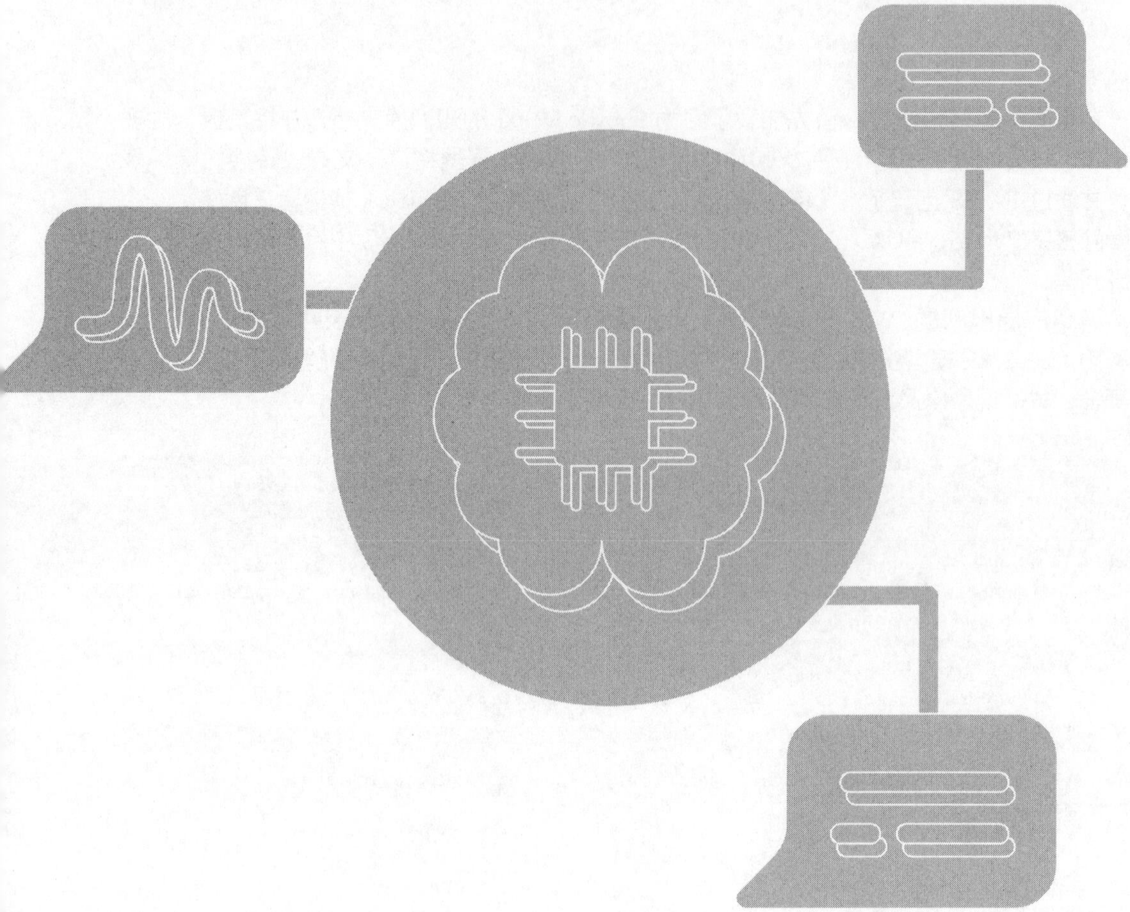

第 3 章

LangChain 的数据增强

在 LangChain 应用中，模型的数据增强是一种专项技术，通过增加数据的多样性来提高模型的性能和泛化能力，包括数据扩充、噪声注入、样本合成等方法。数据增强能够帮助模型更好地学习数据的特征，提高其在不同场景中的适应性。

3.1　模型交互工具

LangChain 的模型交互工具用于高效管理其与语言模型的交互，涵盖输入格式化、模型调用、输出解析、数据增强和链式操作五大核心功能。通过提示模板优化输入，统一接口调用多种模型，输出解析器将结果转化为结构化数据，数据增强扩展模型能力，同时支持组件组合，从而实现复杂流程。该模块简化了开发流程，为构建强大的语言模型应用提供了灵活性和便捷性。

3.1.1　提示模板

PromptTemplate 是 LangChain 中一个核心组件，用于创建和格式化提示。它通过定义模板动态生成语言模型的输入提示，适配具体任务和上下文需求。借助 PromptTemplate，开发者可以轻松地将用户输入或其他相关信息插入模板，生成适合语言模型处理的格式化文本。下面是一个使用 PromptTemplate 来创建字符串提示模板的例子。假设想要构建一个提示，其目的是让语言模型生成一个关于特定主题的有趣故事。

实例 3-1： 生成一个关于特定主题的有趣故事（源码路径：codes\3\PromptTemplate.py）。

代码如下。

```
from langchain.prompts import PromptTemplate
from langchain_deepseek import ChatDeepSeek

# 初始化 DeepSeek 模型
llm = ChatDeepSeek(model="deepseek-chat", api_key=" ")

# 定义一个包含变量的模板字符串
template_string = "Once upon a time in a land far, far away, there was a magical
{noun} named {name}. This {noun} had the unique ability to {ability}. One day, {name}
decided to go on an adventure to {location}."

# 创建 PromptTemplate 实例
prompt_template = PromptTemplate.from_template(template_string)

# 准备要插入模板中的变量值
noun = "unicorn"
name = "Sparkle"
ability = "transform into a rainbow"
location = "the enchanted forest"

# 使用 format 方法将变量插入模板中
story_prompt = prompt_template.format(noun=noun, name=name, ability=ability,
location=location)

# 输出格式化后的提示
print(story_prompt)

# 使用 DeepSeek 模型生成故事
story = llm.invoke([("system", "You are a creative story generator."), ("human",
story_prompt)])
print(story.content)
```

在上述代码中，展示了使用 LangChain 的 PromptTemplate 和 DeepSeek 模型生成一个简单的童话故事的过程。首先，定义了一个包含变量的模板字符串，用于构建一个关于神奇生物的故事。然后，通过 PromptTemplate 创建模板实例，并将具体的变量值（如生物类型、名字、能力、地点等）填充到模板中。最后，使用 DeepSeek 模型基于填充好的提示生成完整的故事内容。执行后会输出：

```
    Once upon a time in a land far, far away, there was a magical unicorn named Sparkle.
This unicorn had the unique ability to transform into a rainbow. One day, Sparkle
decided to go on an adventure to the enchanted forest.
    **Sparkle's Rainbow Journey**

    One bright morning, Sparkle the unicorn stood atop a hill, her silver mane shimmering
in the sunlight. She had a special gift—whenever she galloped fast enough, her body
would dissolve into a dazzling rainbow, arching across the sky. Today, she felt a tug
of curiosity in her heart. The Enchanted Forest, a place whispered about in
legends, called to her.

    With a joyful leap, Sparkle took off, her hooves barely touching the ground. Faster
and faster she ran until—*whoosh!*—her form melted into a streak of vibrant colors.
The rainbow arched over rolling meadows, sparkling rivers, and sleepy villages,
painting the world below in hues of pink, blue, and gold.

    When she reached the edge of the Enchanted Forest, Sparkle reappeared, her hooves
landing softly on moss-covered ground. The trees here hummed with magic, their
leaves glowing faintly. Fireflies darted like tiny stars, and flowers bloomed in
impossible colors.

    But as Sparkle trotted deeper, she heard a faint sniffle. Beneath a giant toadstool
sat a tiny, tearful gnome named Pippin.

    "What's wrong?" Sparkle asked, nuzzling him gently.

    "I've lost my way home," Pippin hiccuped. "The forest paths keep changing!"

    Sparkle smiled. "Hop on my back! Maybe a rainbow can help."

    With Pippin clinging to her mane, Sparkle raced through the trees. As she transformed,
her rainbow stretched high above the forest, visible for miles. From their perch in
the sky, Pippin spotted his village—a cluster of mushroom houses near a glittering
pond.

    The rainbow carried them safely down, and Pippin's family cheered. "Thank you,
Sparkle!" he cried. "You're the brightest guide we've ever seen!"

    As the sun set, Sparkle knew her adventure wasn't over. The Enchanted Forest still
held mysteries, and her rainbow magic could light the way for others. With a flick
of her tail, she leaped into the sky once more, ready for whatever sparkled next.

    **The End… or Just the Beginning?** 🌈✨
```

3.1.2 聊天模板

ChatPromptTemplate 是 LangChain 中专门用于构建聊天模型输入的模板。与 PromptTemplate 不同，它的设计目标是支持多轮对话场景，通过定义一系列聊天消息来模拟对话流程。每条消息通常由内容和角色组成，角色可以是系统、用户或 AI 助手。下面是一个使用 ChatPromptTemplate 的例子，这个例子展示了创建了一个包含系统、用户和 AI 助手消息的聊天模板，并且模拟了一个关于未来预测的对话场景。在这个场景中，系统角色提供了对话的上下文和引导，用户角色提出了问题，而 AI 助手角色则给出了预测和建议。

实例 3-2：中文版的 Q&A 问答系统（源码路径：codes\3\ChatTemplate.py）。

代码如下。

```
from langchain.prompts import ChatPromptTemplate
from langchain_deepseek import ChatDeepSeek

# 初始化 DeepSeek 模型
llm = ChatDeepSeek(model="deepseek-chat", api_key="your-api-key")

# 创建一个 ChatPromptTemplate 实例，定义一个中文的聊天模板
chat_template = ChatPromptTemplate.from_messages([
    ("system", "欢迎使用未来预测AI助手。我将为您预测未来！"),
    ("human", "哇，听起来太棒了！你能告诉我关于我的爱情生活吗？"),
    ("ai", "当然！让我来看看水晶球……"),
    ("system", "我看到您在不久的将来会有一次浪漫的邂逅。您将在咖啡店里遇到一位特别的人！"),
    ("human", "太令人兴奋了！我的职业呢？"),
    ("ai", "让我再次凝视水晶球……"),
    ("system", "您的职业发展势头良好！预计很快会有晋升或新的工作机会到来。"),
    ("human", "太棒了！那我的健康呢？"),
    ("ai", "再次凝视水晶球……"),
    ("system", "您的健康状况看起来不错，但请记得优先考虑自我保健，定期运动。"),
    ("human", "非常感谢您的见解！"),
    ("ai", "不客气！如果您有更多问题，请随时问。")
])

# 使用 format_messages 方法生成聊天消息列表
formatted_messages = chat_template.format_messages()

# 使用 DeepSeek 模型生成响应
response = llm.invoke(formatted_messages)

# 打印填充后的聊天消息列表和模型的响应
for message in formatted_messages:
    print(f"{message.type}: {message.content}")
print(f"\nAI Response: {response.content}")
```

上述代码演示了 ChatPromptTemplate 结合 DeepSeek 模型的用法。首先，定义了一个中文聊天模板，模拟用户与一个未来预测 AI 助手的对话。接着，使用 format_messages 方法生成聊天消息列表。然后，通过 DeepSeek 模型的 invoke 方法，将生成的消息列表作为输入，获取 AI 助手对未来预测的完整回答。最后，打印出填充后的聊天消息以及模型生成的响应内容。实例向用户展示了如何利用 DeepSeek 模型执行对话生成任务。执行后会输出：

```
system: 欢迎使用未来预测AI助手。我将为您预测未来！
human: 哇，听起来太棒了！你能告诉我关于我的爱情生活吗？
ai: 当然！让我来看看水晶球……
system: 我看到您在不久的将来会有一次浪漫的邂逅。您将在咖啡店里遇到一位特别的人！
human: 太令人兴奋了！我的职业呢？
ai: 让我再次凝视水晶球……
system: 您的职业发展势头良好！预计很快会有晋升或新的工作机会到来。
human: 太棒了！那我的健康呢？
ai: 再次凝视水晶球……
system: 您的健康状况看起来不错，但请记得优先考虑自我保健，定期运动。
human: 非常感谢您的见解！
ai: 不客气！如果您有更多问题，请随时问。

AI Response: *擦亮水晶球*

我看到您未来三个月内会有意想不到的财运！可能是奖金、意外之财，或者一个绝佳的投资机会。
```

```
在人际关系方面，一位老朋友可能会重新出现在您的生活中，带来重要的消息或合作机会。

健康方面需要注意：您最近可能有些过度劳累，建议每天保证7-8小时睡眠，周末适当放松。
```

3.1.3 动态插入消息模板

MessagesPlaceholder 是 LangChain 中一种特殊模板类型，用于在聊天模板中动态插入一系列消息。与传统的消息定义方式不同，MessagesPlaceholder 的灵活性体现在以下两个方面。

· 适应未知的消息数量或角色：在设计聊天模板时，可能无法预先确定消息的数量或角色。MessagesPlaceholder 允许使用占位符来表示这些未知的消息，实际运行时再填充具体内容。

· 批量插入连续消息：当需要在模板中插入多条连续的消息时，MessagesPlaceholder 能以更简洁的方式定义，而无需单独创建每条消息。

在使用 MessagesPlaceholder 时，需要在模板中指定一个变量名称，表示这个占位符。在生成消息时，可以通过填充这个变量来指定具体的消息内容和角色。

实例 3-3：使用动态插入消息模板和 DeepSeek 聊天（源码路径：codes\3\MessagesPlace.py）。

代码如下。

```
from langchain.prompts import ChatPromptTemplate, MessagesPlaceholder
from langchain_deepseek import ChatDeepSeek

# 初始化 DeepSeek 模型
llm = ChatDeepSeek(model="deepseek-chat", api_key="your-api-key")

# 创建一个包含 MessagesPlaceholder 的聊天模板
chat_template = ChatPromptTemplate.from_messages([
    ("system", "欢迎使用我们的聊天机器人！让我们开始聊天吧。"),
    MessagesPlaceholder(variable_name="user_messages"),
    ("system", "感谢您和我聊天！")
])

# 填充消息内容和角色
user_messages = [
    ("human", "你好！"),
    ("ai", "您好！我可以为您提供什么帮助？"),
    ("human", "我有一个关于您产品的问题。"),
    ("ai", "当然，我在这里为您提供帮助。您想了解什么？")
]

# 使用 format_messages 方法生成聊天消息列表
formatted_messages = chat_template.format_messages(user_messages=user_messages)

# 使用 DeepSeek 模型生成响应
response = llm.invoke(formatted_messages)

# 打印填充后的聊天消息列表和模型的响应
for message in formatted_messages:
    print(f"{message.type}: {message.content}")
print(f"\nAI Response: {response.content}")
```

在上述代码中，展示了使用 ChatPromptTemplate 和 MessagesPlaceholder 构建一个灵活的聊天模板的过程，并结合 DeepSeek 模型生成响应。首先，定义了一个聊天模板，其中包含一个 MessagesPlaceholder，用于动态插入用户和 AI 之间的聊天消息。然后，通过 format_messages 方法将具体的聊天消息填充到模板中，生成完整的聊天消息列表。接着，使用

DeepSeek 模型的 invoke 方法将生成的消息列表作为输入，获取模型的响应。最后，打印出填充后的聊天消息列表和模型生成的响应内容，展示了如何利用 DeepSeek 模型进行动态聊天消息处理和响应生成任务。执行后会输出：

```
system: 欢迎使用我们的聊天机器人！让我们开始聊天吧。
human: 你好！
ai: 您好！我可以为您提供什么帮助？
human: 我有一个关于您产品的问题。
ai: 当然，我在这里为您提供帮助。您想了解什么？
system: 感谢您和我聊天！

AI Response: 1. 产品功能
2. 价格信息
3. 使用教程
4. 技术支持
5. 其他

请告诉我您想了解的具体内容，我会为您详细解答！
```

3.1.4 LCEL 表达式语言

在 LangChain 中，LCEL 表达式语言是一种声明式方法，用于从现有的可运行对象（Runnables）构建新的 Runnables，从而形成灵活且强大的工作流。

LCEL 表达式语言的核心特点如下。

• 统一接口：每个 LCEL 对象都实现了 Runnable 接口，定义了如 invoke、batch、stream 等公共调用方法，使得 LCEL 对象链也自动支持这些调用。

• 组合原语：提供了 RunnableSequence 和 RunnableParallel 等组合原语，以及“|”运算符和 .pipe() 方法，方便将 Runnables 组合成顺序链或并行链。

• 优化执行：支持异步操作、并行执行和流式处理，可显著减少延迟并提高效率。

实例 3-4：使用 LCEL 表达式语言生成 DeepSeek 任务（源码路径：codes\3\Lcel.py）。

代码如下。

```
from langchain.prompts import PromptTemplate
from langchain_community.chat_models import ChatOpenAI
from langchain_core.messages import SystemMessage
from langchain_core.prompts import ChatPromptTemplate, HumanMessagePromptTemplate
from langchain_core.runnables import RunnablePassthrough
from langchain_deepseek import ChatDeepSeek

# 初始化 DeepSeek 模型
llm = ChatDeepSeek(model="deepseek-chat", api_key="")

# 创建一个PromptTemplate实例
prompt_template = PromptTemplate.from_template("Tell me a {adjective} joke about {c
ontent}.")

# 使用 LCEL 将提示模板和 DeepSeek 模型组合成一个链
chain = prompt_template | llm | RunnablePassthrough()

# 执行链并获取响应
response = chain.invoke({"adjective": "funny", "content": "chickens"})

# 输出结果
print(response.content)
```

```
# 创建一个聊天消息列表
messages = [
    ("system", "You are a helpful assistant that re-
writes the user's text to sound more upbeat."),
    ("human", "i dont like eating tasty things.")
]

# 将消息列表转换为合适的 LCEL 格式
# 这里我们需要将消息列表转换为一个 LCEL 兼容的格式，例如通过 ChatPromptTemplate
chat_template = ChatPromptTemplate.from_messages([
    SystemMessage(content="You are a helpful assistant that re-
writes the user's text to sound more upbeat."),
    HumanMessagePromptTemplate.from_template("{text}"),
])

# 使用 LCEL 将聊天模板和 DeepSeek 模型组合成一个链
chat_chain = chat_template | llm | RunnablePassthrough()

# 执行链并获取响应
chat_response = chat_chain.invoke({"text": "i dont like eating tasty things."})

# 输出结果
print(chat_response.content)
```

上述代码的实现流程如下。

• 创建了一个 PromptTemplate 实例，并使用 LCEL 的管道操作符“|”将提示模板和 DeepSeek 模型组合成一个链。这个链将自动执行提示模板的填充和模型的调用，最终输出模型生成的响应。

• 展示了一个聊天消息列表与 DeepSeek 模型的组合链，用于将用户的消息转换为更积极的语气。执行后会输出：

```
Here's a cluckin' good one for you:

**Why did the chicken join a band?**
Because it had the *drumsticks*!

(Feel free to groan—it's a poultry attempt at humor!) 🐔😂
That's totally okay! Everyone has their own unique tastes, and it's great that you
know what works for you. Maybe you prefer simpler, more subtle flavors—and that's
awesome! What kinds of foods do you enjoy the most? There's something special about
finding joy in the meals that feel right for you. 😊
```

3.2 示例选择器

在 LangChain 框架中，示例选择器（example selector）的作用是从大量可用的示例中选择最相关和最有用的示例，以便在构建提示（prompt）时使用。这个过程对于提高语言模型的理解和输出质量至关重要，尤其是在需要少量示例（few-shot）学习的场景中。

3.2.1 创建示例选择器

在与语言模型交互的过程中，示例的质量和相关性对模型理解任务的上下文和目标至关重要。

在 LangChain 中，抽象基类 BaseExampleSelector 定义了示例选择器的基本接口，该接口包含了如下所示的成员方法。

• select_examples(input_variables: Dict[str, str]) -> List[dict]：根据输入的变量选择要包含在提示中的示例，并返回一个示例列表。

• add_example(example: Dict[str, str]) -> Any：向示例选择器中添加新的示例。

可以根据任务的需求来定制示例选择器的具体实现。在 LangChain 中提供了如下 4 种不同类型的示例选择器，包括根据长度、语义相似度、最大边际相关性等进行选择。

• Similarity：基于输入和示例之间的语义相似度来选择示例。

• MMR (max marginal relevance)：选择与输入最相关且多样性最高的示例。

• LengthBasedExampleSelector：根据示例的长度来选择，以适应特定的提示长度限制。

• Ngram：基于输入和示例之间的 n-gram 重叠来选择示例。

在构建示例选择器提示时可以灵活选择类型，可以根据具体的情况选择合适的示例，从而提高语言模型的表现和准确性。例如，在下面的实例中，演示了创建一个基于输入长度的示例选择器，并结合 DeepSeek 模型执行翻译任务的用法。

实例 3-5：调用 DeepSeek 模型实现翻译任务（源码路径：codes\3\Selector01.py）。

代码如下。

```
from typing import List, Dict, Any
from langchain_deepseek import ChatDeepSeek

class LengthBasedExampleSelector:
    def __init__(self, examples: List[Dict[str, str]]):
        self.examples = examples

    def select_examples(self, input_word: str) -> List[Dict[str, str]]:
        # 获取输入单词的长度
        input_length = len(input_word)
        # 选择与输入单词长度相同的示例
        selected_examples = [example for example in self.examples if len(example
["input"]) == input_length]
        return selected_examples

# 示例数据
examples = [
    {"input": "apple", "output": "苹果"},
    {"input": "banana", "output": "香蕉"},
    {"input": "orange", "output": "橙子"},
]

# 创建示例选择器实例
example_selector = LengthBasedExampleSelector(examples)

# 初始化 DeepSeek 模型
llm = ChatDeepSeek(model="deepseek-chat", api_key="your-api-key")

# 选择与"please"长度相同的示例
selected_examples = example_selector.select_examples("please")

# 使用 DeepSeek 模型生成回答
messages = [
    ("system", "You are a helpful translator."),
    ("human", f"Translate the following words into Chinese: {[example['input'] for
example in selected_examples]}"),
]
response = llm.invoke(messages)

# 输出选择的示例和模型的响应
print("Selected Examples:", selected_examples)
```

```
print("DeepSeek Response:", response.content)
```

在上述代码中，首先定义了一个 LengthBasedExampleSelector 类，用于根据输入单词的长度选择与之匹配的示例。接着，初始化 DeepSeek 模型，并使用选择器选择与特定输入（如 'please'）长度相同的示例。然后，将这些示例作为上下文传递给 DeepSeek 模型，要求模型将这些示例中的英文单词翻译成中文。最后，打印输出了选择的示例以及 DeepSeek 模型生成的翻译结果，展示了如何利用 DeepSeek 模型进行基于示例的翻译任务。

```
Selected Examples: [{'input': 'banana', 'output': '香蕉'}, {'input': 'orange',
'output': '橙子'}]
DeepSeek Response: 以下是给定单词的中文翻译：

[{'input': 'banana', 'output': '香蕉'}, {'input': 'orange', 'output': '橙子'}]

翻译结果：
- banana → 香蕉
- orange → 橙子
```

3.2.2 Length 示例选择器

Length 示例选择器是一种用于根据示例的长度来选择要包含在提示中的示例的选择器。当我们担心构建的提示的长度会超出上下文窗口的长度时，此选择器非常有用。对于较长的输入，它会选择包含较少示例的提示，而对于较短的输入，它会选择包含更多示例的提示。在 LangChain 中，通过 LengthBasedExampleSelector 实现 Length 示例选择器，LengthBasedExampleSelector 的作用是根据输入长度选择合适的示例，以确保生成的提示不会超过指定的最大长度。

实例 3-6：使用 DeepSeek 模型实现了反义词生成任务（源码路径：codes\3\Selector02.py）。

代码如下。

```
from langchain.prompts import FewShotPromptTemplate, PromptTemplate
from langchain.prompts.example_selector import LengthBasedExampleSelector
from langchain_deepseek import ChatDeepSeek

# 示例：假设任务是创建词语的反义词
examples = [
    {"input": "高兴", "output": "悲伤"},
    {"input": "高", "output": "矮"},
    {"input": "充满活力", "output": "无精打采"},
    {"input": "晴朗", "output": "阴暗"},
    {"input": "刮风", "output": "风平浪静"},
]

# 创建用于格式化示例的 PromptTemplate
example_prompt = PromptTemplate(
    input_variables=["input", "output"],
    template="输入：{input}\n输出：{output}",
)

# 创建 LengthBasedExampleSelector 实例
example_selector = LengthBasedExampleSelector(
    examples=examples,
    example_prompt=example_prompt,  # 添加 example_prompt 参数
    max_length=25,
)
```

```
# 创建 FewShotPromptTemplate 实例
dynamic_prompt = FewShotPromptTemplate(
    example_selector=example_selector,
    example_prompt=example_prompt,
    prefix="给出每个输入词的反义词",
    suffix="输入：{adjective}\n输出：",
    input_variables=["adjective"],
)

# 初始化 DeepSeek 模型
llm = ChatDeepSeek(model="deepseek-chat", api_key="your-api-key")

# 格式化提示并获取响应
formatted_prompt = dynamic_prompt.format(adjective="大")
response = llm.invoke([("system", "你是一个反义词生成器。"), ("human", formatted_
prompt)])

# 打印格式化的提示和模型的响应
print("Formatted Prompt:")
print(formatted_prompt)
print("\nDeepSeek Response:")
print(response.content)
```

上述代码的具体说明如下。

• 使用 FewShotPromptTemplate 将示例格式化为特定的提示模板。

• 定义了一些示例数据，用于展示如何根据输入词的长度选择合适的示例。接着，创建了一个 LengthBasedExampleSelector 实例，用于根据输入词的长度筛选示例。

• 将格式化后的提示传递给 DeepSeek 模型，要求模型生成输入词的反义词。

• 执行后会打印输出格式化的提示以及 DeepSeek 模型生成的反义词结果，展示了如何利用 DeepSeek 模型进行基于示例的反义词生成任务。

```
Formatted Prompt:
给出每个输入词的反义词

输入：高兴
输出：悲伤

输入：高
输出：矮

输入：充满活力
输出：无精打采

输入：晴朗
输出：阴暗

输入：刮风
输出：风平浪静

输入：大
输出：

DeepSeek Response:
小
```

3.2.3　Similarity 示例选择器

在 LangChain 中，Similarity 示例选择器通常使用余弦相似性作为度量文本之间相似性的主要方法。余弦相似性是通过计算两个文本向量之间的夹角余弦值来衡量它们的相似性。这种方法可以有效地捕捉到文本的语义信息，因为即使在词汇不同的情况下，具有相似含义的文本也会具有较高的余弦相似性。

实例 3-7： 使用 DeepSeek 模型实现语义相似性对话生成任务（源码路径：codes\3\Selector03.py）。

代码如下。

```
from langchain_core.example_selectors.semantic_similarity import SemanticSimilari-
tyExampleSelector
from langchain_huggingface import HuggingFaceEmbeddings  # 使用 HuggingFaceEmbed-
dings
from langchain_community.vectorstores import Chroma
from langchain_deepseek import ChatDeepSeek

# 假设有一个包含历史对话片段的数据库
conversation_history = [
    {"user_input": "你好", "robot_reply": "你好，请问有什么可以帮助你的吗？"},
    {"user_input": "请问你会做什么？", "robot_reply": "我可以回答问题、提供建议等。"},
    {"user_input": "天气预报", "robot_reply": "今天的天气晴朗，气温适中。"},
    {"user_input": "谢谢", "robot_reply": "不客气，有其他问题随时问我吧。"}
]

# 初始化语义相似性示例选择器
embeddings = HuggingFaceEmbeddings(model_name="sentence-transformers/all-MiniLM-
L6-v2")
example_selector = SemanticSimilarityExampleSelector.from_examples(
    conversation_history,
    embeddings,
    Chroma,
    k=1,
)

# 用户输入
user_input = "你好吗？"

# 根据用户输入选择历史对话片段
selected_example = example_selector.select_examples({"user_input": user_input})

# 初始化 DeepSeek 模型
llm = ChatDeepSeek(model="deepseek-chat", api_key="your-api-key")

# 生成机器人回复
messages = [
    ("system", "你是一个智能对话机器人。"),
    ("human", f"用户问：{user_input}"),
    ("human", f"参考历史对话：{selected_example}"),
]
response = llm.invoke(messages)

# 输出选择的历史对话片段和模型的响应
print("Selected Example:", selected_example)
print("DeepSeek Response:", response.content)
```

上述代码的实现流程如下。

- 定义了一些历史对话片段，用于根据用户输入选择最相似的历史对话。
- 初始化 SemanticSimilarityExampleSelector，使用 HuggingFace 的嵌入模型和 Chroma 向量存储来计算语义相似性。
- 根据用户输入选择最相似的历史对话片段，并将这些片段作为上下文传递给 DeepSeek

模型，要求模型生成合适的回复。

• 打印输出选择的历史对话片段以及 DeepSeek 模型生成的回复信息。

```
• 'NoneType' object has no attribute 'cadam32bit_grad_fp32'
• Selected Example: [{'robot_reply': '你好，请问有什么可以帮助你的吗？', 'user_input': '你好'}]
DeepSeek Response: 你好！我很好，谢谢你的关心。作为AI助手，我随时准备为你提供帮助。请问今天有什么我可以为你效劳的吗？
```

3.2.4 MMR 示例选择器

Max marginal relevance example selector (MMR) 是一种示例选择器，旨在通过最大化边际相关性来选择示例，以平衡相似性和多样性。MMR 在选择与输入最相似的示例的同时，还优化了所选示例之间的多样性。

在 LangChain 中，实现 MMR 示例选择器包含的核心成员的方法如下。

• aadd_example 和 add_example：这两个方法用于向向量存储中添加新的示例。

• afrom_examples 和 from_examples：这两个类方法用于从示例列表和嵌入创建一个 MMR 示例选择器。

• aselect_examples 和 select_examples：这两个方法用于根据输入变量选择示例。

• construct、copy、dict、from_orm、json、parse_file、parse_obj、parse_raw、schema 和 schema_json：这些方法提供了模型的创建、复制、表示、解析和验证等功能。

• update_forward_refs 和 validate：这些方法用于更新模型字段的引用和验证模型的有效性。

实例 3-8：使用 MMRExampleSelector 处理用户查询（源码路径：codes\3\Selector04.py）。

代码如下。

```
from langchain_core.example_selectors.semantic_similarity import MaxMarginalRelevanceExampleSelector
from langchain_huggingface import HuggingFaceEmbeddings
# 使用 HuggingFaceEmbeddings 替换 OpenAIEmbeddings
from langchain_community.vectorstores import FAISS
from langchain_deepseek import ChatDeepSeek

# 预定义的问题-答案对
qa_pairs = [
    {"question": "苹果的成分是什么？", "answer": "苹果的成分主要包括水分、碳水化合物、蛋白质、脂肪和纤维。"},
    {"question": "什么是氢气？", "answer": "氢气是一种化学元素，化学符号为H，原子序数为1。"},
    {"question": "地球的直径是多少？", "answer": "地球的直径约为12742公里。"},
    {"question": "葡萄酒的酿造工艺是什么？", "answer": "葡萄酒的酿造工艺包括葡萄的压榨、发酵、陈酿等步骤。"}
]

# 初始化 MMR 示例选择器
embeddings = HuggingFaceEmbeddings(model_name="sentence-transformers/all-MiniLM-L6-v2")
example_selector = MaxMarginalRelevanceExampleSelector.from_examples(
    qa_pairs,
    embeddings,
    FAISS,
    k=1,  # 选择一个答案
)

# 用户提出的问题
user_question = "什么是苹果的成分？"
```

```
# 根据用户问题选择最相关的答案
selected_answer = example_selector.select_examples({"question": user_question})

# 初始化 DeepSeek 模型
llm = ChatDeepSeek(model="deepseek-chat", api_key="your-api-key")

# 使用 DeepSeek 模型生成回复
messages = [
    ("system", "您是一个知识渊博的助手，根据提供的信息回答用户的问题。"),
    ("human", f"用户问：{user_question}"),
    ("human", f"相关信息：{selected_answer[0]['answer']}")
]
response = llm.invoke(messages)

# 输出选择的答案和模型的响应
print("Selected Answer:", selected_answer[0]["answer"])
print("DeepSeek Response:", response.content)
```

上述代码的实现流程如下。

• 定义了一些预设的“问题 - 答案”对，然后利用 MMR 策略选择与用户问题最相关的答案。

• 将选择出的答案作为上下文信息，与用户问题一同输入到 DeepSeek 模型中，生成一个完整的回复。

```
• Selected Answer: 葡萄酒的酿造工艺包括葡萄的压榨、发酵、陈酿等步骤。
• DeepSeek Response: 苹果的主要成分包括：

• 1. **水分**：约85-90%，是苹果的主要组成部分。
• 2. **碳水化合物**：以天然糖分（如果糖、葡萄糖、蔗糖）和膳食纤维（如果胶）为主。
• 3. **维生素**：如维生素C、维生素A、维生素K及部分B族维生素。
• 4. **矿物质**：包括钾、钙、镁、磷等。
• 5. **有机酸**：如苹果酸、柠檬酸，赋予苹果酸味。
• 6. **抗氧化物质**：如多酚类化合物（槲皮素、儿茶素等）和花青素（部分红苹果含）。
•
注：您提供的葡萄酒酿造工艺信息与苹果成分无关，若需了解苹果加工（如苹果酒酿造），可进一步说明。
```

3.2.5 Ngram 示例选择器

在 LangChain 中，Ngram 示例选择器（NGramOverlapExampleSelector）是一种基于 N-gram 模型的机制，用于动态选择与输入最相关的示例。N-gram 模型通过分析连续的 N 个单词序列，计算语言模式的匹配程度，并用于预测或筛选最符合输入上下文的示例。这种选择器尤其适用于需要高相关性示例的场景，如翻译、文本生成和上下文增强。

实例 3-9： 使用 Ngram 示例选择器的翻译系统（源码路径：codes\3\Selector05.py）。

代码如下。

```
from langchain_community.example_selectors.ngram_overlap import NGramOverlapExam-
pleSelector
from langchain_core.prompts import FewShotPromptTemplate, PromptTemplate
from langchain_deepseek import ChatDeepSeek

# 创建用于格式化示例的 PromptTemplate
example_prompt = PromptTemplate(
    input_variables=["input", "output"],
    template="输入：{input}\n输出：{output}",
)
```

```
# 一个虚构的翻译任务示例
examples = [
    {"input": "See Spot run.", "output": "看见斯波特跑。"},
    {"input": "My dog barks.", "output": "我的狗在叫。"},
    {"input": "Spot can run.", "output": "斯波特会跑。"},
]

# 初始化 NGramOverlapExampleSelector
example_selector = NGramOverlapExampleSelector(
    examples=examples,
    example_prompt=example_prompt,
    threshold=-1.0,
)

# 创建 FewShotPromptTemplate
dynamic_prompt = FewShotPromptTemplate(
    example_selector=example_selector,
    example_prompt=example_prompt,
    prefix="给出每个输入的西班牙语翻译",
    suffix="输入: {sentence}\n输出:",
    input_variables=["sentence"],
)

# 初始化 DeepSeek 模型
llm = ChatDeepSeek(model="deepseek-chat", api_key="your-api-key")

# 选择示例并生成提示
formatted_prompt = dynamic_prompt.format(sentence="斯波特能跑得很快。")

# 使用 DeepSeek 模型生成翻译
response = llm.invoke([("system", "你是一个翻译助手。"), ("human", formatted_prompt)])

# 输出格式化后的提示和模型的响应
print("Formatted Prompt:")
print(formatted_prompt)
print("\nDeepSeek Response:")
print(response.content)

# 添加示例到 NGramOverlapExampleSelector
new_example = {"input": "Spot plays fetch.", "output": "斯波特在玩。"}
example_selector.add_example(new_example)

# 再次选择示例并生成提示
new_formatted_prompt = dynamic_prompt.format(sentence="斯波特能跑得很快。")

# 再次使用 DeepSeek 模型生成翻译
new_response = llm.invoke([("system", "你是一个翻译助手。"), ("human", new_formatted_
prompt)])

# 输出新的格式化后的提示和模型的响应
print("\nNew Formatted Prompt:")
print(new_formatted_prompt)
print("\nNew DeepSeek Response:")
print(new_response.content)
```

上述代码的实现流程如下。

- 定义了一些示例数据用于翻译任务，并创建了一个 NGramOverlapExampleSelector 实例来根据输入句子的 N-gram 重叠程度选择示例。
- 创建了一个 FewShotPromptTemplate，用于动态生成提示。
- 使用 DeepSeek 模型生成翻译结果。

• 演示了如何向选择器中添加新的示例，并再次生成提示和翻译结果，展示了 NGramOverlapExampleSelector 和 DeepSeek 模型在动态选择示例和生成文本任务中的应用。

执行后会打印输出翻译结果，将输入句子格式化为西班牙语翻译：

```
Formatted Prompt:
给出每个输入的西班牙语翻译

输入: See Spot run.
输出: 看见斯波特跑。

输入: My dog barks.
输出: 我的狗在叫。

输入: Spot can run.
输出: 斯波特会跑。

输入: 斯波特能跑得很快。
输出:

DeepSeek Response:
Spot puede correr muy rápido.

New Formatted Prompt:
给出每个输入的西班牙语翻译

输入: See Spot run.
输出: 看见斯波特跑。

输入: My dog barks.
输出: 我的狗在叫。

输入: Spot can run.
输出: 斯波特会跑。

输入: Spot plays fetch.
输出: 斯波特在玩。

输入: 斯波特能跑得很快。
输出:

New DeepSeek Response:
```

3.3 BaseChatPromptTemplate 模板

BaseChatPromptTemplate 是 LangChain 中的聊天提示模板，是在使用语言模型时用于生成输入文本的结构化模板，通常用于指导模型生成符合特定格式要求的文本。在 LangChain 中，提示模板是一个灵活的工具，可以用于各种场景，包括聊天对话、问题回答、任务指导等。提示模板在自然语言生成任务中具有广泛的应用，可以帮助开发者快速构建符合要求的文本生成系统，并且使得文本生成过程更加灵活和可控。

3.3.1 BaseChatPromptTemplate 介绍

在 LangChain 中，langchain_core.prompts.chat.BaseChatPromptTemplate 是一个基类，用于创建和管理聊天提示模板。类 BaseChatPromptTemplate 提供了构建聊天机器人对话系统的基础结构和方法，可以被继承和扩展以满足不同的应用场景。BaseChatPromptTemplate 可以被子类化以创建不同类型的聊天模型提示，其主要的成员方法如下。

• abatch 和 abatch_as_completed：这些方法用于并行处理多个输入，适用于提高聊天系统的吞吐量。

• aformat 和 aformat_messages：这些方法用于格式化聊天模板和消息，将变量插入到模板中以生成最终的聊天消息。

• aformat_prompt 和 invoke：这些方法用于创建提示值和调用聊天模型，生成基于模板的聊天回复。

• assign：允许为这个可运行对象分配新的字段，返回一个新的可运行对象。

• astream 和 astream_events：这些方法用于生成关于聊天模型执行进度的实时信息流。

• partial：返回提示模板的部分实例，这在不需要完整输入时非常有用。

• save：将提示模板保存到文件中，便于后续使用或分享。

3.3.2　少量示例提示模板

在 LangChain 中，FewShotChatMessagePromptTemplate 是用于在聊天模型中执行少量示例提示的模板。FewShotChatMessagePromptTemplate 类允许创建包含前缀消息、示例消息和后缀消息的聊天提示模板，这些消息可以用于构建包含中间示例的对话，例如展示一系列的问答对。

FewShotChatMessagePromptTemplate 包含的主要成员方法如下。

• __init__：这是 FewShotChatMessagePromptTemplate 的构造方法，用于初始化 FewShotChatMessagePromptTemplate 实例。它接收参数，如示例数据、用于格式化每个示例的提示模板等。

• format：将输入变量格式化为字符串，使用提供的示例和 example_prompt 来构建最终的聊天提示字符串。

• format_messages：与 format 类似，但返回的是一个消息列表，每条消息都是格式化后的聊天消息的一部分。

• aformat_prompt：异步方法，用于创建 PromptValue 对象，这可以用于进一步的处理或传递信息给语言模型。

• abatch：异步方法，使用 asyncio.gather 并行处理一批输入，适用于 I/O 绑定的任务。

• abatch_as_completed：异步方法，异步地并行处理一批输入，并在每个结果完成时生成它们。

• assign：允许为这个可运行对象分配新的字段，并返回一个新的可运行对象。

• save：将提示模板保存到文件中，便于后续使用或分享。

• json：生成模型的 JSON 表示，包括包含和排除参数的选项。

• to_json：序列化可运行对象到 JSON。

• pretty_print：提供一个人类可读的表示形式。

• schema 和 schema_json：生成模型的 JSON 模式定义。

实例 3-10： 使用少量示例提示模板实现文本生成任务（源码路径：codes\3\PromptTemplate02.py）。

代码如下。

```
from langchain.prompts import ChatPromptTemplate, FewShotChatMessagePromptTemplate
from langchain_deepseek import ChatDeepSeek
```

```
# 定义示例列表
examples = [
    {"input": "猫的叫声是什么？", "output": "喵喵"},
    {"input": "狗的叫声是什么？", "output": "汪汪"},
]

# 定义每个示例的模板
example_prompt = ChatPromptTemplate.from_messages(
    [
        ("human", "{input}"),
        ("ai", "{output}"),
    ]
)

# 创建 FewShotChatMessagePromptTemplate 对象
few_shot_prompt = FewShotChatMessagePromptTemplate(
    example_prompt=example_prompt,
    examples=examples,
)

# 格式化输入值并生成最终的提示文本
formatted_prompt = few_shot_prompt.format(input="猫的叫声是什么？")

# 初始化 DeepSeek 模型
llm = ChatDeepSeek(model="deepseek-chat", api_key="your-api-key")

# 使用 DeepSeek 模型生成回复
response = llm.invoke(formatted_prompt)

# 输出格式化后的提示和模型的响应
print("Formatted Prompt:")
print(formatted_prompt)
print("\nDeepSeek Response:")
print(response.content)
```

上述代码的实现流程如下。

- 定义了一些示例数据，用于展示动物叫声的问答示例。
- 创建了一个 FewShotChatMessagePromptTemplate，用于根据输入值格式化提示文本。
- 使用 DeepSeek 模型生成回复。
- 打印输出了格式化后的提示和 DeepSeek 模型生成的回复，执行后会输出：

```
• Formatted Prompt:
• Human: 猫的叫声是什么？
• AI: 喵喵
• Human: 狗的叫声是什么？
• AI: 汪汪
•
• DeepSeek Response:
• Human: 牛的叫声是什么？
• AI: 哞哞
•
• Human: 羊的叫声是什么？
• AI: 咩咩
•
```

这类拟声词在不同语言 / 文化中可能有差异，但以上是中文常见的动物叫声模拟表达。

3.3.3 部分提示模板

部分提示模板（partial prompt templates）是一种在创建提示模板时，可以传入部分变量值的技术。这种技术使得在提示模板中只需要传入部分变量值，而不是所有变量值，从而提供了更灵活的使用方式。

LangChain 支持两种部分提示模板创建方式：一种是通过字符串值进行部分格式化；另一种是通过返回字符串值的函数进行部分格式化。

（1）使用字符串值进行部分格式化

这种方式的常见用法是当获取到某些变量值，但还没有获取到全部变量值时，假设有一个提示模板，需要两个变量 foo 和 baz。如果先获取到了 foo 的值，稍后才获取到 baz 的值，那么等待直到两个变量都获取到再传入模板可能会有些麻烦。可以使用 foo 的值部分格式化提示模板，然后传递部分格式化的提示模板，这只需传入剩余的变量即可。

（2）使用函数进行部分格式化

另一种常见的用例是使用函数进行部分格式化。在某些情况下，可能希望在创建提示模板时，某些变量的值是由特定的方法或函数动态获取的，而不是由用户手动输入或者固定的值。一个典型的例子是日期或时间。假设有一个提示模板，总是希望其中包含当前日期。不能直接在模板中硬编码日期，但将它与其他输入变量一起传递有点麻烦。在这种情况下，使用函数进行部分格式化非常方便，这个函数总是返回当前日期。

假设正在为一个在线教育平台开发一个智能问答系统，该系统可以回答有关课程内容、作业帮助和学习资源的问题。创建一个提示模板，该模板能够根据用户的具体问题动态生成回答。下面是一个使用部分提示模板的例子。

实例 3-11：简易智能问答系统（源码路径：codes\3\PromptTemplate03.py）。

代码如下。

```
from langchain.prompts import PromptTemplate

# 完整的提示模板
full_prompt_template = PromptTemplate.from_template(
    """您的问题：{user_question}
系统回答：{system_answer}
推荐阅读：{resource_link}"""
)

# 部分提示模板，预先填充系统回答
partial_prompt_with_system_answer = full_prompt_template.partial(
    system_answer="这个问题的答案可以在课程讲义的第三章找到。",
    resource_link="https://www.example.com/chapter3"
)

# 另一个部分提示模板，针对作业帮助的问题
partial_prompt_for_homework_help = full_prompt_template.partial(
    system_answer="关于作业的帮助，您可以查看附加的习题解答文档。",
    resource_link="https://www.example.com/homework-help"
)

# 假设我们收到了用户的以下问题
user_questions = [
    "课程讲义第三章的内容是什么？",
    "我需要一些关于作业的帮助，有解答文档吗？",
    "有没有好的学习资源推荐？"
]

# 为每个问题生成提示
for question in user_questions:
    if "课程讲义" in question:
        prompt = partial_prompt_with_system_answer.format(user_question=question)
```

```
    elif "作业帮助" in question:
        prompt = partial_prompt_for_homework_help.format(user_question=question)
    else:
        # 对于其他问题，我们可以提供一个通用的回答和资源链接
        prompt = full_prompt_template.format(
            user_question=question,
            system_answer="对不起，我们没有找到您问题的答案。",
            resource_link="https://www.example.com/resources"
        )

    print(prompt)
```

上述代码的实现流程如下。

- 定义了一个完整的提示模板，然后创建了两个部分提示模板，分别用于处理特定类型的问题（如关于课程讲义或作业帮助的问题）。
- 对于每个用户问题，根据问题内容选择合适的部分提示模板生成提示，并将提示传递给 DeepSeek 模型以生成回复。
- 打印输出了每个问题对应的提示和模型生成的回复。

```
• Question: 课程讲义第三章的内容是什么？
• Prompt: 您的问题：课程讲义第三章的内容是什么？
• 系统回答：这个问题的答案可以在课程讲义的第三章找到。
• 推荐阅读：https://www.example.com/chapter3
• Response: 根据您提供的信息，我无法直接查看课程讲义第三章的具体内容。不过，系统提示答案可在该章节
  找到，并推荐了相关阅读链接（example.com/chapter3）。
•
• 建议您：
• 1. 直接查阅课程讲义第三章
• 2. 访问推荐链接获取电子版内容
• 3. 若链接不可用，可联系课程教师或助教获取资料
•
• 如需进一步帮助，请提供更具体的课程信息或章节标题，我将尽力为您解读内容要点。
•
• Question: 我需要一些关于作业的帮助，有解答文档吗？
• Prompt: 您的问题：我需要一些关于作业的帮助，有解答文档吗？
• 系统回答：对不起，我们没有找到您问题的答案。
• 推荐阅读：https://www.example.com/resources
• Response: 我理解您需要作业方面的帮助。虽然我这里没有直接的解答文档，但可以为您提供以下帮助：
•
• 1. 您可以告诉我具体的作业题目或学科领域(如数学、物理、英语等)，我会尽力帮您解答
•
• 2. 对于通用的学习资源，您可以参考：
•    - 可汗学院(Khan Academy)：提供各学科免费教学视频
•    - Coursera/edX：大学水平的在线课程
•    - 您所在学校的在线学习平台
•
• 3. 作业帮助建议：
•    * 先理解题目要求
•    * 查阅教科书相关章节
•    * 尝试自己解答后再核对
•
• 您需要哪方面的具体帮助呢？我很乐意提供更针对性的指导。
•
• Question: 有没有好的学习资源推荐？
• Prompt: 您的问题：有没有好的学习资源推荐？
• 系统回答：对不起，我们没有找到您问题的答案。
• 推荐阅读：https://www.example.com/resources
• Response: 我理解您正在寻找优质的学习资源推荐。虽然系统没有直接提供答案，但我可以为您推荐一些通用
  的优质学习平台：
•
```

```
•1. 在线课程平台：
•- Coursera（大学专业课程）
•- edX（全球名校课程）
•- Udemy（实用技能课程）
•- 中国大学MOOC（国内高校课程）
•
•2. 编程学习：
•- Codecademy（交互式编程学习）
•- freeCodeCamp（免费编程课程）
•- LeetCode（算法练习）
•
•3. 语言学习：
•- Duolingo（多语种学习）
•- 每日英语听力（英语专项）
•
•4. 综合知识：
•- 可汗学院（全科目覆盖）
•- B站学习区（各类免费教程）
•
•5. 书籍资源：
•- Z-Library（电子书）
•- 微信读书（中文书籍）
•
您具体想学习哪方面的内容？我可以提供更有针对性的推荐。
```

3.3.4 模板组合

模板的组合（composition）是指将多个模板结合在一起，以创建更复杂、更完整的提示模板。在 LangChain 中，可以使用不同的方法来实现模板的组合，包括字符串模板的组合和聊天模板的组合。

在 LangChain 中，可以使用 PipelinePromptTemplate 实现模板的组合。PipelinePromptTemplate 是一个抽象提示模板，用于组合多个子模板以创建更复杂的提示结构。PipelinePromptTemplate 提供了一种方便的方式来定义模板的组合，并允许在组合的过程中传递变量。

PipelinePromptTemplate 类主要用于组合多个子模板，并提供了 format 方法来格式化最终的提示模板。这个类并没有额外的成员方法，因为它的主要功能是组合和格式化子模板。PipelinePromptTemplate 类的主要成员方法如下。

• __init__：类的构造函数，用于初始化 PipelinePromptTemplate 对象。需要传入最终的提示模板（final_prompt）以及一组子模板（pipeline_prompts）。

• format：用于格式化 PipelinePromptTemplate。接收一组变量值作为参数，并使用这些值来填充子模板中的变量，然后返回最终的提示字符串。

（1）字符串模板的组合

在 LangChain 中，可以使用类 PromptTemplate 来创建字符串模板。这个类允许定义模板字符串，其中可以包含变量，并使用 format 方法将变量填充到模板中。在组合时，使用加号（+）操作符将多个字符串模板连接在一起来创建一个完整的提示模板。

实例 3-12： 实现字符串模板的组合和文本生成任务（源码路径：codes\3\PromptTemplate04.py）。

代码如下。

```
from langchain.prompts import PromptTemplate
from langchain.prompts.pipeline import PipelinePromptTemplate
```

```
from langchain_deepseek import ChatDeepSeek

# 初始化 DeepSeek 模型
llm = ChatDeepSeek(model="deepseek-chat", api_key="your-api-key")

# 创建子提示模板
introduction_template = "欢迎您来到我们的网站！"
introduction_prompt = PromptTemplate.from_template(introduction_template)

question_template = "请问有什么可以帮助您的？"
question_prompt = PromptTemplate.from_template(question_template)

response_template = "感谢您的访问，祝您生活愉快！"
response_prompt = PromptTemplate.from_template(response_template)

# 创建 PipelinePromptTemplate
pipeline_prompts = [
    ("introduction", introduction_prompt),
    ("question", question_prompt),
    ("response", response_prompt)
]

final_template = "这是最终的提示模板。"
final_prompt = PromptTemplate.from_template(final_template)

pipeline_prompt = PipelinePromptTemplate(final_prompt=final_prompt, pipeline_prompts=
pipeline_prompts)

# 格式化并输出组合后的模板
formatted_prompt = pipeline_prompt.format()

# 使用 DeepSeek 模型生成回复
messages = [
    ("system", "您是一个网站客服助手。"),
    ("human", formatted_prompt),
]
response = llm.invoke(messages)

# 输出格式化后的提示和模型的响应
print("Formatted Prompt:")
print(formatted_prompt)
print("\nDeepSeek Response:")
print(response.content)
```

在上述代码中，首先定义了三个子提示模板，分别用于欢迎用户、提问和结束语。接着，创建了一个 PipelinePromptTemplate，将这些子提示模板组合成一个完整的提示流程。然后，使用 DeepSeek 模型生成回复。最后，打印输出了格式化后的提示和 DeepSeek 模型生成的回复。

```
Formatted Prompt:
这是最终的提示模板。

DeepSeek Response:
您好！我是您的网站客服助手，很高兴为您服务。请问有什么可以帮您解决的问题吗？无论是网站功能使用、账
户管理、订单查询还是其他任何疑问，我都会尽力为您提供帮助。您可以随时向我提问，我会尽快给您解答。
```

（2）聊天模板的组合

在 LangChain 中，可以使用类 ChatPromptTemplate 创建聊天模板，这个类允许创建由多个消息组成的对话。ChatPromptTemplate 可以将多个消息组合在一起来创建一个聊天模板，

每个消息可以是系统消息、人类消息或 AI 消息，它们按照特定的顺序组合在一起。假设要创建一个简单的对话，其中包含一条系统消息、一条人类消息和一条 AI 消息，然后将它们组合在一起。

下面的实例将创建一个包含系统消息、人类消息和 AI 消息的对话，并将它们组合在一起以创建一个聊天模板。然后，格式化模板的内容并打印输出这个聊天模板。

实例 3-13： 创建聊天模板并格式化内容及打印输出（源码路径：codes\3\PromptTemplate05.py）。

代码如下。

```
from langchain_core.messages import SystemMessage, HumanMessage, AIMessage
from langchain_core.prompts import ChatPromptTemplate
from langchain_deepseek import ChatDeepSeek

# 初始化 DeepSeek 模型
llm = ChatDeepSeek(model="deepseek-chat", api_key="")

# 创建系统消息、人类消息和AI消息
system_msg = SystemMessage(content="系统消息：欢迎来到聊天室！")
human_msg = HumanMessage(content="我：你好，大家！")
ai_msg = AIMessage(content="AI：大家好，我是聊天室的机器人。")

# 使用ChatPromptTemplate创建聊天模板，并将消息组合在一起
chat_template = ChatPromptTemplate(messages=[system_msg, human_msg, ai_msg])

# 格式化并打印聊天模板
formatted_messages = chat_template.format_messages()

# 使用 DeepSeek 模型生成回复
response = llm.invoke(formatted_messages)

# 输出格式化后的消息和模型的响应
print("Formatted Messages:")
for msg in formatted_messages:
    print(f"{msg.type}: {msg.content}")
print("\nDeepSeek Response:")
print(response.content)

# 代码功能介绍
print("\n此代码使用 DeepSeek 的 ChatPromptTemplate 类创建并演示了一个聊天模板的用法。")
print("它首先创建了系统消息、人类消息和AI消息，然后将这些消息组合成一个聊天模板。")
print("接着，代码格式化并输出了这些消息，并使用 DeepSeek 模型生成了回复。")
print("最后，代码输出了格式化后的消息和模型的响应，展示了如何通过 DeepSeek 的功能来管理对话流。")
```

上述代码的实现流程如下。

- 初始化 DeepSeek 模型：使用 ChatDeepSeek 类初始化 DeepSeek 模型，指定模型名称和 API 密钥。
- 创建消息：使用 SystemMessage、HumanMessage 和 AIMessage 类分别创建系统消息、人类消息和 AI 消息，这些消息分别代表了聊天室中的不同角色和内容，为后续的对话提供了基础。
- 组合消息：使用 ChatPromptTemplate 类将这些消息组合成一个聊天模板，这个模板可以用来组织和格式化对话内容，使其适合传递给模型。
- 格式化消息：调用 formatted_messages 方法将模板中的消息格式化为适合模型处理的格式，这一步确保了消息的结构和内容符合模型的输入要求。
- 生成回复：使用 llm.invoke 方法将格式化后的消息传递给 DeepSeek 模型，并生成回复。

这一步是模型的核心功能，模型会根据输入的消息生成相应的回复。

• 输出结果：输出格式化后的消息和模型生成的回复。

```
Formatted Messages:
system: 系统消息：欢迎来到聊天室！
human: 我：你好，大家！
ai: AI：大家好，我是聊天室的机器人。

DeepSeek Response:
用户1：机器人你好！今天天气真好呀~

用户2：是啊，阳光明媚的，适合出去走走

AI：确实是个好天气呢！记得出门可以做好防晒哦~

用户3：机器人你会推荐今天适合做什么户外活动吗？

AI：根据天气情况，我建议可以：
1. 去公园野餐
2. 骑自行车郊游
3. 户外摄影
不过要注意补充水分，现在气温有28℃呢！

用户1：哇，好详细的建议！谢谢机器人~

用户4：（刚加入）咦？你们在聊天气吗？

AI：欢迎新朋友！是的，我们正在讨论今天的好天气和户外活动建议。需要我重新说明一下吗？

用户2：不用啦，我帮你跟新朋友说...

（聊天继续热烈进行中...）

此代码使用 DeepSeek 的 ChatPromptTemplate 类创建并演示了一个聊天模板的用法。
它首先创建了系统消息、人类消息和AI消息，然后将这些消息组合成一个聊天模板。
接着，代码格式化并输出了这些消息，并使用 DeepSeek 模型生成了回复。
最后，代码输出了格式化后的消息和模型的响应，展示了如何通过 DeepSeek 的功能来管理对话流。
```

3.4 聊天模型

LangChain 聊天模型专注于处理聊天消息，它以聊天消息格式接收输入，并以相同的格式生成输出，而非仅处理普通文本。这种设计使其能够更好地适应聊天场景，精准地处理对话内容，实现流畅的交互体验。

3.4.1 消息类型

在 ChatModels 中，输入的是一个消息列表，输出的是一个消息。所有消息都包含一个角色（role）和一个内容（content）属性，具体说明如下。

① 角色（role）：角色描述了是谁在发送这条消息，LangChain 为不同角色定义了不同的消息类。

② 内容（content）：内容属性描述了消息的内容，可以是以下几种形式。

• 一个字符串（大多数模型处理这种类型的内容）。

• 一个字典列表（用于多模态输入，字典中包含有关输入类型和输入位置的信息）。

③ 额外参数（additional_kwargs）：消息还可以有一个额外的参数属性，用于传递有关

消息的其他信息。这主要用于特定提供商的输入参数，而不是通用的。一个常见的额外参数例子是 OpenAI 的 function_call。

在 LangChain 中，常用的消息类型（message types）如下。

- HumanMessage（用户消息）：表示用户发送的消息，通常只包含内容。
- AIMessage（模型消息）：表示模型发送的消息。可能具有 additional_kwargs 属性，例如 OpenAI 工具调用。
- SystemMessage（系统消息）：告诉模型如何行动。通常只包含内容。并非所有模型都支持此类型。
- FunctionMessage（函数消息）：表示函数调用的结果。除角色和内容外，此消息还具有一个名称参数，表示产生此结果的函数的名称。
- ToolMessage（工具消息）：表示工具调用的结果。与 FunctionMessage 不同，这是为了匹配 OpenAI 的函数和工具的消息类型。除角色和内容外，此消息还具有 tool_call_id 参数，表示产生此结果的工具调用的 ID。

3.4.2　Caching

Caching（缓存）是一种在计算机科学和软件工程中常用的技术，用于提高系统的性能和效率。在聊天模型的上下文中，缓存层（caching layer）的作用是存储之前请求和响应的结果，以便在后续有相同请求时可以直接提供结果，而无需再次执行计算或调用外部服务。

LangChain 提供了两种主要的缓存方式，具体说明如下。

- 内存缓存：内存缓存将数据存储在应用程序的内存中，可以快速地读取和写入数据。它适用于小型数据集和需要快速访问的情况，但在应用程序重启时数据会丢失。
- SQLite 缓存：SQLite 缓存将数据存储在本地 SQLite 数据库中，可以持久化存储大量数据，并且在应用程序重启后数据依然保留。它适用于需要长期存储和大量数据的场景，但相比内存缓存，读取和写入数据的速度可能会稍慢一些。

实例 3-14：使用缓存存储和检索用户与聊天机器人的交互（源码路径：codes\3\mo01.py）。

代码如下。

```
import getpass
import os
from langchain_deepseek import ChatDeepSeek
from langchain.memory import ConversationBufferMemory

# 设置 DeepSeek API 密钥
os.environ["DEEPSEEK_API_KEY"] = getpass.getpass("")

# 初始化 DeepSeek 模型
llm = ChatDeepSeek(model="deepseek-chat", api_key=os.environ["DEEPSEEK_API_KEY"])

# 初始化缓存
memory = ConversationBufferMemory()

# 定义一个函数，用于处理用户的查询并使用缓存
def handle_user_query(query):
    # 尝试从缓存中获取响应
    if memory.buffer:
        for msg in memory.buffer:
            if query in msg["content"]:
                print(f"从缓存中获取：{msg['content']}")
                return msg["content"]
```

```
    # 如果缓存中没有，就向模型请求一个新的响应
    response = llm.invoke([("human", query)])
    # 将新的响应存储到缓存中
    memory.save_context({"input": query}, {"output": response.content})
    print(f"从模型获取：{response.content}")
    return response.content

# 模拟用户查询
user_queries = ["今天天气怎么样？", "今天天气怎么样？", "北京明天会下雨吗？"]

for query in user_queries:
    response = handle_user_query(query)
    print(response)
```

上述代码的实现流程如下。

- 设置了 DeepSeek 的 API 密钥并初始化了 DeepSeek 模型。
- 使用 ConversationBufferMemory 初始化了缓存。在 handle_user_query 函数中，代码首先尝试从缓存中获取响应，如果存在，则直接返回；如果不存在，则调用 DeepSeek 模型生成响应，并将结果存储到缓存中。
- 模拟了多个用户查询，展示了如何利用缓存来提高响应速度和减少模型调用次数。执行后输出：

```
·请输入您的 DeepSeek API 密钥：
·从模型获取：今天天气晴朗，气温适中。
·今天天气晴朗，气温适中。
·从缓存中获取：今天天气晴朗，气温适中。
·今天天气晴朗，气温适中。
·从模型获取：北京明天多云，有小雨可能。
北京明天多云，有小雨可能。
```

3.4.3 自定义聊天模型

在 LangChain 中，可以通过继承 BaseChatModel 创建自定义的聊天模型。这些模型将聊天消息作为输入，并返回相应的输出消息。通过 BaseChatModel，可以方便地创建和集成自定义的聊天模型，使其能够轻松地在现有的 LangChain 程序中使用。在创建时需要实现 _generate 方法来生成聊天结果，以及使用 _llm_type 和 _identifying_params 属性来标识模型类型和参数。另外，还可以选择实现 _stream 和 _agenerate 方法来支持流式处理和异步处理。

实例 3-15：使用自定义聊天模型回显消息中的最后 n 个字符（源码路径：codes\3\mo02.py）。

代码如下。

```
from langchain_core.messages import AIMessage
from typing import Any, Dict, Iterator, List, Optional
from langchain_core.callbacks import CallbackManagerForLLMRun
from langchain_core.language_models import BaseChatModel
from langchain_core.messages import AIMessageChunk, BaseMessage, HumanMessage
from langchain_core.outputs import ChatGeneration, ChatGenerationChunk, ChatResult

class CustomChatModelAdvanced(BaseChatModel):
    """一个自定义聊天模型，可以回显输入的前 'n' 个字符。
    当向 LangChain 贡献实现时，请仔细记录模型，包括初始化参数，包括初始化模型的示例，并包括任何
相关的链接到底层模型的文档或 API。
    """
    model_name: str
```

```
    """模型的名称"""
    n: int
    """要回显的输入提示的最后 'n' 个字符的数量。"""
    def _generate(
        self,
        messages: List[BaseMessage],
        stop: Optional[List[str]] = None,
        run_manager: Optional[CallbackManagerForLLMRun] = None,
        **kwargs: Any,
    ) -> ChatResult:
        """覆盖 _generate 方法以实现聊天模型逻辑。这可以是对 API 的调用，对本地模型的调用，或
生成输入提示的响应的任何其他实现。
        参数:
            messages: 由消息列表组成的输入提示。
            run_manager: 具有 LLM 回调的运行管理器。
        """
        # 将这里替换为从消息列表生成响应的实际逻辑。
        last_message = messages[-1]
        tokens = last_message.content[: self.n]
        message = AIMessage(
            content=tokens,
            additional_kwargs={},  # 用于添加额外的有效负载（例如，函数调用请求）
            response_metadata={  # 用于响应元数据
                "time_in_seconds": 3,
            },
        )
        generation = ChatGeneration(message=message)
        return ChatResult(generations=[generation])

    def _stream(
        self,
        messages: List[BaseMessage],
        stop: Optional[List[str]] = None,
        run_manager: Optional[CallbackManagerForLLMRun] = None,
        **kwargs: Any,
    ) -> Iterator[ChatGenerationChunk]:
        """流式传输模型的输出。如果模型支持流式传输，则应实现此方法。
        如果模型不支持流式传输，则不要实现它。在这种情况下，流式传输请求将自动处理，由 _generate
方法处理。
        参数:
            messages: 由消息列表组成的输入提示。
            run_manager: 具有 LLM 回调的运行管理器。
        """
        last_message = messages[-1]
        tokens = last_message.content[: self.n]

        for token in tokens:
            chunk = ChatGenerationChunk(message=AIMessageChunk(content=token))

            if run_manager:
                # 这在 LangChain 的较新版本中是可选的
                # on_llm_new_token 将自动调用
                run_manager.on_llm_new_token(token, chunk=chunk)

            yield chunk

        # 让我们添加一些其他信息（例如，响应元数据）
        chunk = ChatGenerationChunk(
            message=AIMessageChunk(content="", response_metadata={"time_in_sec": 3})
        )
        if run_manager:
            # 这在 LangChain 的较新版本中是可选的
```

```
                # on_llm_new_token 将自动调用
                run_manager.on_llm_new_token(token, chunk=chunk)
            yield chunk

    @property
    def _llm_type(self) -> str:
        """获取此聊天模型使用的语言模型的类型。"""
        return "echoing-chat-model-advanced"

    @property
    def _identifying_params(self) -> Dict[str, Any]:
        """返回一个标识参数的字典。
        这些信息由 LangChain 回调系统使用，使得可以跟踪监视 LLM。
        """
        return {
            # 模型名称允许用户在 LLM 监控应用程序中指定自定义标记计数规则（例如，
在 LangSmith 中，
            # 用户可以为其模型提供每个标记的定价，并监视给定 LLM 的成本。）
            "model_name": self.model_name,
        }

import asyncio

async def main():
    model = CustomChatModelAdvanced(n=3, model_name="my_custom_model")
    model.invoke([
        HumanMessage(content="hello!"),
        AIMessage(content="Hi there human!"),
        HumanMessage(content="Meow!"),
    ])

    print(model.invoke(["hello"]))  # 注意这里将消息对象包装在列表中
    print(model.batch(["hello", "goodbye"]))

    async for chunk in model.astream("cat"):
        print(chunk.content, end="|")

    async for event in model.astream_events("cat", version="v1"):
        print(event)

# 在主程序中运行异步函数
asyncio.run(main())
```

下面是代码的实现流程。

- 定义 CustomChatModelAdvanced 类：该类继承自 BaseChatModel，用于实现自定义的聊天模型逻辑。
- 实现 _generate 方法：该方法根据输入的消息列表，生成一个包含回显字符的响应消息，并返回 ChatResult 对象。
- 实现 _stream 方法：该方法用于将模型的输出流式传输，按照字符逐步生成，并通过迭代器逐个返回生成的消息块。
- 定义 _llm_type 和 _identifying_params 属性：这两个属性用于标识语言模型的类型和识别参数，以便在 LangChain 回调系统中进行跟踪和监控。
- 编写测试代码：使用异步函数 main 来测试模型的功能，包括调用 invoke 方法生成单个响应、批量调用 batch 方法生成多个响应，以及通过异步迭代器 astream 和 astream_events 流式传输模型的输出。执行后输出：

```
    content='hel' response_metadata={'time_in_seconds': 3} id='run-7ee5e75d-5ba1-4608-9dca-bbac4756114a-0'
    [AIMessage(content='hel', response_metadata={'time_in_seconds': 3}, id='run-4a88263c-fcc1-41d6-8bcf-6d4798bc0949-0'), AIMessage(content='goo', response_metadata={'time_in_seconds': 3}, id='run-a63020fd-b7b3-4c3a-9ea7-7d008b5774c9-0')]
    c|a|t||{'event': 'on_chat_model_start', 'run_id': 'b5cdb72f-4a50-4aad-816d-cf7e06be6820', 'name': 'CustomChatModelAdvanced', 'tags': [], 'metadata': {}, 'data': {'input': 'cat'}}
    {'event': 'on_chat_model_stream', 'run_id': 'b5cdb72f-4a50-4aad-816d-cf7e06be6820', 'tags': [], 'metadata': {}, 'name': 'CustomChatModelAdvanced', 'data': {'chunk': AIMessageChunk(content='c', id='run-b5cdb72f-4a50-4aad-816d-cf7e06be6820')}}
    {'event': 'on_chat_model_stream', 'run_id': 'b5cdb72f-4a50-4aad-816d-cf7e06be6820', 'tags': [], 'metadata': {}, 'name': 'CustomChatModelAdvanced', 'data': {'chunk': AIMessageChunk(content='a', id='run-b5cdb72f-4a50-4aad-816d-cf7e06be6820')}}
    {'event': 'on_chat_model_stream', 'run_id': 'b5cdb72f-4a50-4aad-816d-cf7e06be6820', 'tags': [], 'metadata': {}, 'name': 'CustomChatModelAdvanced', 'data': {'chunk': AIMessageChunk(content='t', id='run-b5cdb72f-4a50-4aad-816d-cf7e06be6820')}}
    {'event': 'on_chat_model_stream', 'run_id': 'b5cdb72f-4a50-4aad-816d-cf7e06be6820', 'tags': [], 'metadata': {}, 'name': 'CustomChatModelAdvanced', 'data': {'chunk': AIMessageChunk(content='', response_metadata={'time_in_sec': 3}, id='run-b5cdb72f-4a50-4aad-816d-cf7e06be6820')}}
    {'event': 'on_chat_model_end', 'name': 'CustomChatModelAdvanced', 'run_id': 'b5cdb72f-4a50-4aad-816d-cf7e06be6820', 'tags': [], 'metadata': {}, 'data': {'output': AIMessageChunk(content='cat', response_metadata={'time_in_sec': 3}, id='run-b5cdb72f-4a50-4aad-816d-cf7e06be6820')}}
```

执行后的输出包括以下内容。

• 生成的响应消息包含了部分回显字符 'hel'，并附带了响应元数据 {'time_in_seconds': 3}。

• 调用 batch 方法生成了两个响应消息对象，分别包含了回显字符 'hel' 和 'goo'，并且都附带了相同的响应元数据 {'time_in_seconds': 3}。

• 流式传输模型输出时，依次返回了字符 'c'、'a'、't'，并在最后返回了一个空消息块，其中包含了响应元数据 {'time_in_sec': 3}。

• 输出了一系列与模型执行相关的事件，包括模型开始执行、流式传输的消息块以及模型执行结束。

3.4.4 对数概率

在 LangChain 和 OpenAI API 中，对数概率是指生成的每个标记（如单词等）的对数概率值。这些对数概率值表示了模型在生成对话或文本时，对每个标记的预测置信度或确定性程度。具体来说，对于每个生成的标记，模型会输出其对数概率值。这些对数概率值通常在负无穷到零之间。越接近零，表示模型越有信心该标记是正确的；而越接近负无穷，表示模型对该标记的预测的不确定性更高。

实例 3-16：获取对话模型生成的每个标记的对数概率（源码路径：codes\3\mo03.py）。

代码如下。

```
# 设置环境变量以存储OpenAI API密钥
os.environ["OPENAI_API_KEY"] = getpass.getpass("请输入您的OpenAI API密钥: ")

# 创建一个ChatOpenAI实例，并配置以返回对数概率
llm = ChatOpenAI(model="gpt-3.5-turbo").bind(logprobs=True)

# 准备用户的输入消息
user_input = ("human", "How are you today?")
```

```
# 调用模型，获取响应和对数概率
response = llm.invoke(user_input)

# 打印模型的响应文本
print("模型的响应:")
print(response[0].message.content)

# 访问并打印每个标记的对数概率
print("\n标记的对数概率:")
logprobs = response[0].response_metadata.get("logprobs", {}).get("content", [])
for logprob in logprobs[:5]:  # 打印前5个标记的对数概率
    print(logprob)

# 如果模型支持流式输出，可以获取流式消息块中的对数概率
# 用于流式输出的上下文变量
stream_context = None

# 流式获取模型输出和对数概率
for chunk in llm.stream(user_input):
    if stream_context is None:
        stream_context = chunk
    else:
        stream_context += chunk
        if "logprobs" in stream_context.response_metadata:
            print(stream_context.response_metadata["logprobs"]["content"])
            break
```

上述代码的实现流程如下。

• 设置了环境变量以存储 OpenAI API 密钥。

• 创建了一个 ChatOpenAI 实例，并配置它以返回对数概率。准备了用户的输入消息，并调用了模型的 invoke 方法来获取响应。然后，打印了模型的响应文本，并访问了每个标记的对数概率，这些概率存储在响应的 response_metadata 中。

• 展示了如何流式获取模型输出和对数概率。如果模型支持流式输出，可以遍历流式消息块，并在找到对数概率时打印它们。执行后输出：

```
模型的响应:
I'm an AI, so I don't have feelings, but I'm here to help you with any questions
or tasks you have!

标记的对数概率:
{
    'token': 'I',
    'bytes': [73],
    'logprob': -0.03170931,
    'top_logprobs': [{'token': 'i', 'logprob': -0.026337624}, {'token': 'I',
'logprob': -0.03170931}, {'token': 'l', 'logprob': -0.03330413}, {'token': 'A',
'logprob': -0.03585877}, {'token': 's', 'logprob': -0.038589545}]
}
{
    'token': 'm',
    'bytes': [109],
    'logprob': -0.017429709,
    'top_logprobs': [{'token': 'm', 'logprob': -0.017429709}, {'token': 'a',
'logprob': -0.018332958}, {'token': 'n', 'logprob': -0.018966198}, {'token': 'e',
'logprob': -0.019756556}, {'token': 's', 'logprob': -0.02032995}]
}
{
    'token': ' ',
```

```
        'bytes': [32],
        'logprob': -0.0001695576,
        'top_logprobs': [{'token': ' ', 'logprob': -0.0001695576}, {'token': '!',
'logprob': -0.03888705}, {'token': ',', 'logprob': -0.039737683}, {'token': '?',
'logprob': -0.04198718}, {'token': '.', 'logprob': -0.042413235}]
    }
    {
        'token': 'an',
        'bytes': [97, 110],
        'logprob': -0.01994906,
        'top_logprobs': [{'token': 'an', 'logprob': -0.01994906}, {'token': 'in',
'logprob': -0.020717621}, {'token': 'on', 'logprob': -0.021590233}, {'token': 'en',
'logprob': -0.022577763}, {'token': 'at', 'logprob': -0.023565292}]
    }
    {
        'token': 'A',
        'bytes': [65],
        'logprob': -0.030344248,
        'top_logprobs': [{'token': 'A', 'logprob': -0.030344248}, {'token': 'a',
'logprob': -0.031344414}, {'token': 'I', 'logprob': -0.03234863}, {'token': 's',
'logprob': -0.03267026}, {'token': 'm', 'logprob': -0.03318782}]
    }
```

3.5　使用大模型

通过 LLM 包装器，用户可以创建一个符合 LangChain 标准的自定义 LLM，这样就能够利用 LangChain 提供的优化功能，如异步支持、基于流的处理等。这种集成方式使得用户能够利用 LangChain 的丰富功能和生态系统来更灵活地使用他们自己的 LLM，从而更有效地处理自然语言处理任务。

要实现自定义 LLM，只需要实现如下两个必需方法即可。

• _call 方法：接收一个字符串作为输入，并返回一个字符串作为输出。这个方法由 invoke 调用。

• _llm_type 属性：返回一个字符串，仅用于日志记录。

实例 3-17：使用自定义的 LLM 返回输入信息中的前 n 个字符（源码路径：codes\3\llm01.py）。

代码如下。

```
class CustomLLM(LLM):
    """一个自定义的聊天模型，它会回显输入的前'n'个字符。"""
    n: int
    """要回显的来自提示的最后一条消息的字符数。"""

    def _call(
        self,
        prompt: str,
        stop: Optional[List[str]] = None,
        run_manager: Optional[CallbackManagerForLLMRun] = None,
        **kwargs: Any,
    ) -> str:
        """运行给定输入上的LLM。
        重写此方法以实现LLM的逻辑。
        Args:
            prompt: 用于生成的提示。
            stop: 在生成时使用的停止词。模型输出在任何这些子字符串的第一次出现时被截断。
```

```
            如果不支持停止令牌，请考虑引发 NotImplementedError。
        run_manager: 运行的回调管理器。
        **kwargs: 额外的关键字参数。通常传递给模型提供者的API调用。

    Returns:
        字符串形式的模型输出。实际的完成不应包括提示。
    """
    if stop is not None:
        raise ValueError("不允许 stop kwargs。")
    return prompt[: self.n]

def _stream(
    self,
    prompt: str,
    stop: Optional[List[str]] = None,
    run_manager: Optional[CallbackManagerForLLMRun] = None,
    **kwargs: Any,
) -> Iterator[GenerationChunk]:
    for char in prompt[: self.n]:
        chunk = GenerationChunk(text=char)
        if run_manager:
            run_manager.on_llm_new_token(chunk.text, chunk=chunk)

        yield chunk

@property
def _identifying_params(self) -> Dict[str, Any]:
    """返回识别参数的字典。"""
    return {
            "model_name": "CustomChatModel",
    }

@property
def _llm_type(self) -> str:
    """获取此聊天模型使用的语言模型类型。仅用于日志记录目的。"""
    return "custom"

import asyncio

# 在异步函数中使用await
async def main():
    llm = CustomLLM(n=5)
    print(llm)

    print(llm.invoke("This is a foobar thing"))
    # 输出: 'This '

    # 在异步函数中使用await
    print(await llm.ainvoke("world"))
    # 输出: 'world'

    print(llm.batch(["woof woof woof", "meow meow meow"]))
    # 输出: ['woof ', 'meow ']

    print(await llm.abatch(["woof woof woof", "meow meow meow"]))
    # 输出: ['woof ', 'meow ']

    async for token in llm.astream("hello"):
        print(token, end="|", flush=True)
    # 输出: h|e|l|l|o|

# 运行异步函数
```

```
asyncio.run(main())
```

上述代码实现了一个名为 CustomLLM 的自定义大型语言模型（LLM）包装器，它可以将用户输入的文本截取前 n 个字符并进行回显。该包装器遵循 LangChain 中 LLM 的标准接口，允许用户轻松集成自定义 LLM 到 LangChain 中，并利用 LangChain 提供的优化功能和生态系统来处理自然语言处理任务。执行后输出:

```
CustomLLM
Params: {'model_name': 'CustomChatModel'}
This
world
['woof ', 'meow ']
['woof ', 'meow ']
h|e|l|l|o|
```

执行结果的具体说明如下。

- CustomLLM：它是自定义 LLM 的类名。
- Params: {'model_name': 'CustomChatModel'}：这是自定义 LLM 的参数，其中 'model_name' 表示模型名称，此处为 'CustomChatModel'。
- This：这是使用自定义 LLM 生成的文本，其逻辑是返回输入的前 5 个字符。
- world：这是使用异步调用生成的文本，同样是返回输入的前 5 个字符。
- ['woof ', 'meow ']：这是批量调用生成的结果列表，其中的每个元素都是返回输入的前 5 个字符。
- h|e|l|l|o|：这是使用异步流式生成的结果，其中的每个字符作为一个生成的片段按顺序输出。

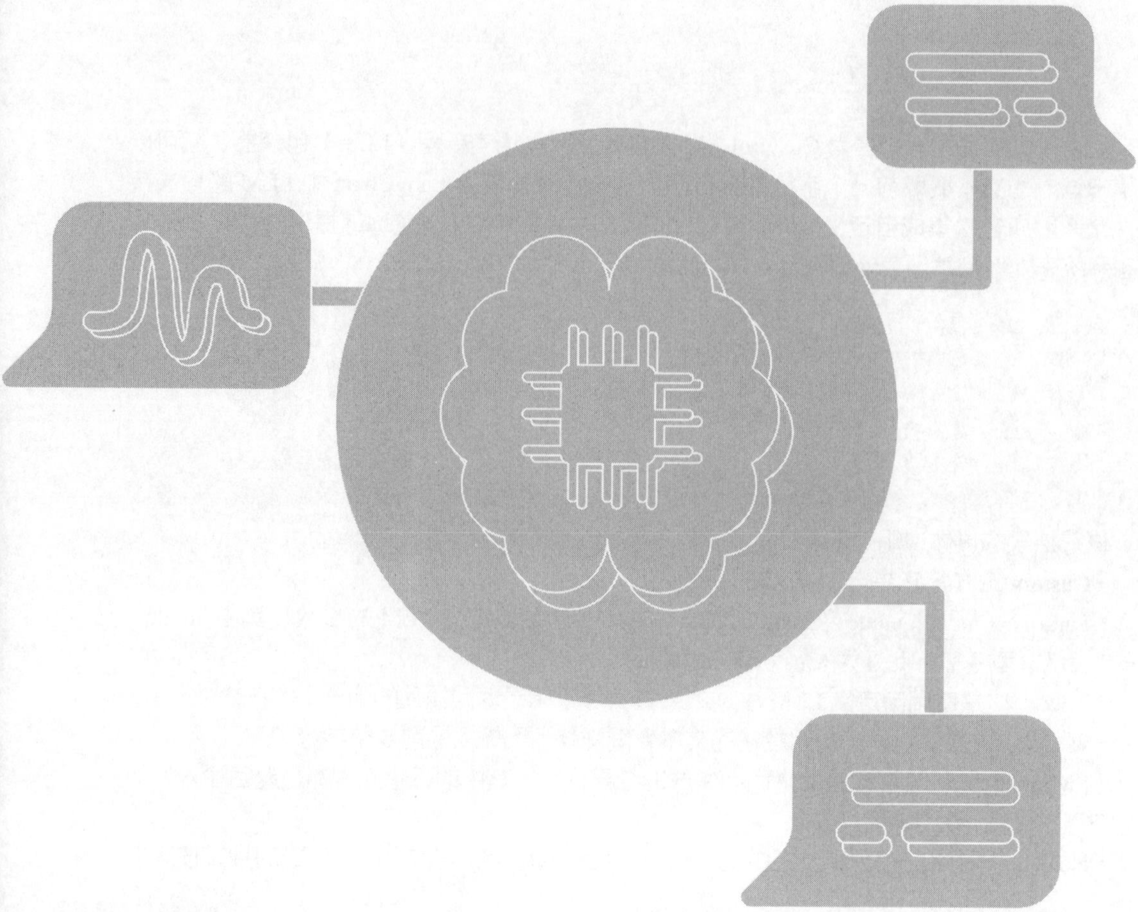

第 4 章

LangChain 中的输出解析器

在 LangChain 应用中，输出解析器（output parsers）是一组工具，其主要任务是将大型语言模型（LLM）生成的原始输出转换为更加结构化和可用的格式。这一点对于从 LLM 获取结构化数据来说尤为重要，因为 LLM 通常输出自由形式的文本。本章将详细讲解 LangChain 中输出解析器的知识，为后面知识的学习打下基础。

4.1 输出解析器基础

4.1.1 输出解析器的主要特点和功能

LangChain 中的输出解析器的主要特点和功能如下。

• 多语言模型支持：LangChain 中的输出解析器设计成可以与多种语言模型兼容，这意味着开发者可以使用同一个解析器处理来自不同模型的输出，极大地提高了灵活性和可扩展性。

• 自定义解析规则：开发者可以根据特定应用程序的需求定义自己的解析规则。这些规则可以是简单的正则表达式，也可以是更复杂的 NLP 模式，以确保解析器能够准确地识别和提取所需的信息。

• 上下文感知：输出解析器能够理解生成的文本的上下文，这使得解析器在处理具有特定上下文信息的输出时更加准确。例如，在处理问答任务时，解析器可以识别出哪些部分是问题，哪些是答案。

• 错误处理和反馈：LangChain 中的输出解析器还包含错误处理机制，能够识别和报告解析过程中的问题。此外，它还可以提供反馈，帮助开发者改进解析规则，从而提高解析的准确性和效率。

• 模块化设计：输出解析器采用模块化设计，使得开发者可以根据需要添加或删除解析器组件。这种设计允许开发者轻松地根据项目需求定制解析器，而无需重写整个系统。

• 易于集成：LangChain 中的输出解析器可以轻松集成到现有的应用程序中，无论是在本地环境还是在云平台上。这使得开发者可以快速部署和测试新的功能，加速产品的上市时间。

• 性能优化：为了确保解析器的性能，LangChain 对其进行了优化，以处理大量数据和高并发请求。这意味着即使在处理复杂的语言模型输出时，解析器也能够保持高效率和快速响应。

4.1.2 输出解析器的必要性

在 LangChain 中，输出解析器的必要性体现在以下几个方面。

（1）标准化模型输出

• 问题：不同的语言模型可能生成格式各异的响应，这使得后续处理变得复杂。

• 解决方案：输出解析器可以将这些响应统一转换为特定的格式（如 JSON、字典等），确保输出的一致性。

（2）提取关键信息

• 问题：模型生成的响应通常是自由文本形式，直接使用可能不够高效。

• 解决方案：输出解析器可以提取关键信息（如答案、建议等），将其转换为结构化数据，便于后续处理和展示。

（3）简化下游任务

• 问题：直接处理原始模型输出可能需要额外的逻辑来解析和提取信息。

• 解决方案：输出解析器预先处理响应，将其转换为易于处理的格式，简化了后续任务

（如数据存储、展示等）。

（4）提高可读性和可维护性

• 问题：直接使用原始模型输出可能导致代码逻辑复杂且难以维护。

• 解决方案：通过定义明确的输出格式，代码的可读性和可维护性得到提升。

（5）支持复杂应用

• 问题：在复杂应用中，可能需要对模型输出进行多步骤处理。

• 解决方案：输出解析器可以作为处理流程的一部分，将模型输出转换为适合后续步骤的格式。

（6）提高用户体验

• 问题：直接展示原始模型输出可能不够直观或对用户不够友好。

• 解决方案：输出解析器可以将响应转换为用户友好的格式，以提高用户体验。

总之，LangChain 中的输出解析器是构建高效、准确和可扩展的语言模型应用程序的关键组件。通过提供灵活的解析规则、上下文感知能力和易于集成的设计，LangChain 使得开发者能够更加专注于创新和优化他们的应用程序，而不是处理底层的技术细节。

4.2 CSV 输出解析器

4.2.1 CSV 格式介绍

CSV（comma-separated values）文件中的数据以纯文本形式存在，每行代表一个数据记录，每个记录由一个或多个字段组成，字段之间用逗号分隔。CSV 格式广泛应用于数据交换和存储，因为它简单、通用且易于处理。CSV 文件的特点如下。

• 纯文本格式：CSV 文件是纯文本文件，可以用任何文本编辑器查看和编辑。

• 表格数据存储：CSV 文件用于存储表格数据，如电子表格或数据库中的数据。

•逗号分隔：数据字段之间用逗号（,）分隔。如果字段中包含逗号，则需要用双引号（"）将该字段括起来。

• 支持换行：每个数据记录占用一行。

• 可选的标题行：CSV 文件的第一行通常用于定义各列的标题，这有助于提高数据的可读性。

通过使用 CSV 格式，用户可以方便地在不同的应用程序和系统之间共享和处理数据。

4.2.2 LangChain 中的 CSV 解析器

在 LangChain 中，CSV 输出解析器的作用是将 LLM 生成的输出转换为 CSV 格式的列表，这种转换对于需要将数据导入到电子表格或数据库中进行进一步分析和处理的场景特别有用。CSV 解析器的主要功能如下。

• 基本加载：LangChain 的 CSVLoader 可以将 CSV 文件的每一行转换为一个 Document 对象，每个对象包含行内容和相关的元数据。

• 自定义解析：通过 csv_args 参数，用户可以自定义 CSV 文件的解析过程，例如指定分隔符、引号字符和字段名。

• 指定文档来源列：使用 source_column 参数，可以指定 CSV 文件中的某一列作为文档的来源，这对于问答链等应用场景非常有用。

• 处理大型文件：对于大型 CSV 文件，CSV 解析器提供了分批处理或流式处理的方法，以避免内存问题。

• 数据清洗：在加载前可以对 CSV 文件进行数据清洗，或者使用 try-except 块来处理可能的错误。

实例 4-1： 将 DeepSeek 模型的输出转换为 CSV 格式（源码路径：codes\4\csv01.py）。

代码如下。

```
from langchain.output_parsers import CommaSeparatedListOutputParser
from langchain.prompts import PromptTemplate
from langchain_deepseek import ChatDeepSeek

# 创建一个逗号分隔列表输出解析器实例
output_parser = CommaSeparatedListOutputParser()

# 获取格式指令
format_instructions = output_parser.get_format_instructions()

# 创建一个提示模板
prompt = PromptTemplate(
    template="列出五种{subject}。\n{format_instructions}",
    input_variables=["subject"],
    partial_variables={"format_instructions": format_instructions}
)

# 初始化 DeepSeek 模型
llm = ChatDeepSeek(model="deepseek-chat", api_key="your-api-key")

# 创建一个处理链：提示模板 -> 模型 -> 输出解析器
chain = prompt | llm | output_parser

# 调用处理链，获取五种冰淇淋口味的列表
result = chain.invoke({"subject": "冰淇淋口味"})
print("解析结果:", result)

# 使用流式方法逐个打印输出
stream_result = []
for s in chain.stream({"subject": "冰淇淋口味"}):
    stream_result.append(s)
print("流式解析结果:", stream_result)
```

在上述代码中，首先创建了一个逗号分隔列表输出解析器实例，用于将模型生成的逗号分隔字符串转换为列表。接着，创建了一个提示模板，指导模型生成符合格式要求的响应。然后，初始化了 DeepSeek 模型，并将提示模板、模型和输出解析器组合成一个处理链。最后，代码通过两种方式调用处理链：一种是直接获取解析后的结果；另一种是通过流式方法逐个获取并打印输出。执行后输出：

```
解析结果: ['香草', '巧克力', '草莓', '抹茶', '薄荷巧克力']
流式解析结果: [['香草'], ['巧克力'], ['草莓'], ['抹茶'], ['薄荷巧克力']]
```

4.3　日期 / 时间解析器

4.3.1　日期 / 时间解析器的必要性

日期 / 时间解析器（datetime parser）在处理涉及日期和时间信息的应用程序中扮演着至关重要的角色。以下是日期 / 时间解析器的必要性及其在不同场景中的应用。

（1）数据标准化

• 问题：不同的数据源可能以不同的格式表示日期和时间，这使得数据处理变得复杂。

• 解决方案：日期/时间解析器可以将各种格式的日期时间字符串统一转换为标准的 datetime 对象，便于后续处理和分析。

（2）提高数据一致性

• 问题：在多源数据集成中，日期时间格式的不一致可能导致数据处理错误。

• 解决方案：通过使用日期/时间解析器，可以确保所有日期时间数据具有一致的格式，从而提高数据的一致性和可靠性。

（3）简化数据处理

• 问题：手动解析日期时间字符串既耗时又容易出错。

• 解决方案：日期/时间解析器可以自动解析日期时间字符串，减少手动处理的工作量，提高了效率。

（4）支持复杂查询

• 问题：在数据分析和查询中，需要对日期时间进行精确的比较和计算。

• 解决方案：解析后的 datetime 对象支持各种日期时间操作，如加减、比较、格式化等，以便于进行复杂的数据分析和查询。

（5）增强数据可读性

• 问题：原始的日期时间字符串可能难以阅读和理解。

• 解决方案：解析器可以将日期时间转换为更易读的格式，提高数据的可读性和用户体验。

（6）支持国际化

• 问题：不同国家和地区使用不同的日期时间格式。

• 解决方案：日期/时间解析器可以支持多种格式，包括国际标准格式（如 ISO 8601），以便于处理国际化数据。

（7）错误检测和处理

• 问题：错误的日期时间格式可能导致程序崩溃或数据处理错误。

• 解决方案：解析器可以检测并处理错误的日期时间格式，提供有用的错误信息，帮助开发者快速定位和解决问题。

（8）支持机器学习和数据分析

• 问题：机器学习和数据分析通常需要将日期时间数据以特定格式输入。

• 解决方案：解析器可以将日期时间数据转换为适合机器学习和数据分析的格式，如时间戳或特定的日期时间格式。

（9）支持日志分析

• 问题：日志文件中的时间戳格式可能不一致，难以解析。

• 解决方案：日期/时间解析器可以解析日志文件中的时间戳，以便于进行日志分析和监控。

（10）支持事件规划和调度

• 问题：事件规划和调度需要精确的日期时间信息。

• 解决方案：解析器可以提取和处理事件的日期时间信息，支持事件规划和调度系统。

4.3.2 LangChain 中的日期/时间解析器

在 LangChain 中，日期/时间解析器用于将 LLM 的输出解析为日期/时间格式，这对于需要特定日期或时间信息的场景非常有用，例如需要从 LLM 生成的文本中提取特定的日期时间数据时。在 LangChain 中，日期/时间解析器的功能特点如下。

• 格式化输出：DatetimeOutputParser 可以将 LLM 的输出转换为标准的日期时间格式，

例如 ISO 8601 格式（%Y-%m-%dT%H:%M:%S.%fZ）。

• 灵活的日期格式：支持多种日期时间格式，用户可以通过 format 参数自定义所需的日期时间格式。

• 错误处理：如果 LLM 的输出不符合预期的日期时间格式，解析器会抛出异常，提示用户输出格式不正确。

• 集成与扩展：可以与 LangChain 的其他组件（如 PromptTemplate 和 LLMChain）无缝集成，以方便在复杂的工作流中使用。

实例 4-2：调用 DeepSeek 回答美国成立的日期（源码路径：codes\4\Time1.py）。

代码如下。

```
from langchain.output_parsers import DatetimeOutputParser
from langchain.prompts import PromptTemplate
from langchain_deepseek import ChatDeepSeek

# 创建一个日期/时间输出解析器实例
output_parser = DatetimeOutputParser()

# 定义提示模板
template = """回答用户的问题:

{question}

{format_instructions}"""
prompt = PromptTemplate.from_template(
    template,
    partial_variables={"format_instructions": output_parser.get_format_
instructions()}
)

# 打印提示模板
print(prompt)

# 初始化 DeepSeek 模型
llm = ChatDeepSeek(model="deepseek-chat", api_key="your-api-key")

# 创建一个处理链: 提示模板 -> 模型 -> 输出解析器
chain = prompt | llm | output_parser

# 调用处理链, 获取美国成立的日期
output = chain.invoke({"question": "美国是什么时候成立的? "})

# 输出结果
print(output)
```

在上述代码中，首先创建了一个日期 / 时间解析器实例，用于将模型生成的日期 / 时间字符串转换为 Python 的 datetime 对象。接着定义了一个提示模板，指导模型生成符合日期 / 时间格式要求的响应。然后，初始化了 DeepSeek 模型，并将提示模板、模型和输出解析器组合成一个处理链。最后，代码通过调用处理链，获取并解析美国成立的日期，输出结构化的日期 / 时间对象。执行后输出：

```
    input_variables=['question'] input_types={} partial_variables={'format_instructions':
"Write a datetime string that matches the following pattern: '%Y-%m-%dT%H:%M:%S.%fZ'.
\n\nExamples: 1885-03-12T06:19:15.755516Z, 1604-01-21T20:01:48.883064Z, 1326-10-
15T06:31:43.912338Z\n\nReturn ONLY this string, no other words!"} template='回答用户
的问题: \n\n{question}\n\n{format_instructions}'
    1776-07-04 00:00:00
```

4.4 枚举解析器

在 LangChain 中，枚举解析器（enum parser）用于将 LLM 的输出解析为枚举类型。枚举类型在 Python 中是一种特殊的类，它允许 wom 定义一组命名的常量。在 LangChain 中，枚举解析器可以将 LLM 生成的文本输出映射到预定义的枚举值上。下面是一个使用 LangChain 的 EnumOutputParser 将输出转换为枚举类型的示例。在这个例子中，定义了一个名为 Colors 的枚举类，它包含三个颜色：红色（RED）、绿色（GREEN）和蓝色（BLUE）。然后，创建了一个枚举解析器实例，并将 Colors 枚举类作为参数传递给它。

实例 4-3： 使用枚举解析器和 DeepSeek 解析枚举类型输出（源码路径：codes\4\mei.py）。

代码如下。

```
from langchain.output_parsers.enum import EnumOutputParser
from enum import Enum
from langchain_core.prompts import PromptTemplate
from langchain_deepseek import ChatDeepSeek

# 定义一个枚举类
class Colors(Enum):
    RED = "red"
    GREEN = "green"
    BLUE = "blue"

# 创建一个枚举解析器实例，使用 Colors 枚举类
parser = EnumOutputParser(enum=Colors)

# 定义提示模板，明确指示模型仅输出颜色值
prompt = PromptTemplate.from_template(
    """What color eyes does this person have? Only respond with the color name.

> Person: {person}

Instructions: {instructions}"""
).partial(instructions="Only respond with one of the following colors: red, green, 
blue.")

# 初始化 DeepSeek 模型
llm = ChatDeepSeek(model="deepseek-chat", api_key="your-api-key")

# 创建一个处理链：提示模板 -> 模型 -> 输出解析器
chain = prompt | llm | parser

# 调用处理链，获取人物眼睛的颜色
output = chain.invoke({"person": "Frank Sinatra"})

# 输出结果
print(output)
```

在上述代码中，通过明确指示模型仅输出颜色名称，确保了模型的响应符合枚举解析器的要求。枚举解析器将模型生成的颜色字符串转换为对应的枚举值，从而实现对模型输出的结构化处理。在这个例子中，LLM 被问到“Frank Sinatra 的眼睛颜色是什么”，假设 LLM 返回了字符串 "blue"，那么枚举解析器会把这个字符串解析为 Colors.BLUE 枚举成员。因此，执行代码后输出：

```
Colors.BLUE
```

4.5 JSON 解析器

4.5.1 JSON 的数据结构

JSON 是一种广泛使用的数据交换格式，使用 UTF-8 编码，具有轻量级、易于读写和跨语言等特点。JSON 数据由以下几种基本数据类型组成。

- 对象：由键值对组成，键必须是字符串类型，值可以是任意类型（字符串、数字、布尔值、数组、对象或 null）。
- 数组：由一系列有序的值组成，值可以是任意类型。
- 字符串：由双引号括起来的字符序列。
- 数字：整数或浮点数。
- 布尔值：true 或 false。
- null：表示空值。

下面是一个典型 JSON 示例，描述了某个用户的信息。

```
{
  "name": "John Doe",
  "age": 30,
  "is_student": false,
  "address": {
    "street": "123 Main St",
    "city": "Anytown",
    "state": "CA",
    "zip": "12345"
  },
  "phone_numbers": [
    "+1 123-456-7890",
    "+1 098-765-4321"
  ],
  "hobbies": ["reading", "hiking", "coding"]
}
```

4.5.2 LangChain 中的 JSON 解析器

在 LangChain 中，JSON 解析器用于将 LLM 的输出解析为 JSON 格式。JSON 解析器允许用户指定任意的 JSON 模式，并查询 LLM 以获取符合该模式的输出。这对于需要从 LLM 获取结构化数据的场景非常有用。在使用 JSON 解析器时，需要注意有时可能无法生成完全符合预期的 JSON 格式的输出。

实例 4-4：使用 JsonOutputParser 和 DeepSeek 解析 JSON 格式的输出（源码路径：codes\4\json01.py）。

代码如下。

```
from typing import List

from langchain.prompts import PromptTemplate
from langchain_core.output_parsers import JsonOutputParser
from langchain_core.pydantic_v1 import BaseModel, Field
from langchain_deepseek import ChatDeepSeek

# 初始化 DeepSeek 模型
llm = ChatDeepSeek(model="deepseek-chat", api_key="your-api-key")
```

```
# 定义你希望的数据结构
class Joke(BaseModel):
    setup: str = Field(description="question to set up a joke")
    punchline: str = Field(description="answer to resolve the joke")

# 创建一个 JSON 输出解析器实例
parser = JsonOutputParser(pydantic_object=Joke)

# 定义提示模板，包含格式说明
prompt = PromptTemplate(
    template="Answer the user query.\n{format_instructions}\n{query}",
    input_variables=["query"],
    partial_variables={"format_instructions": parser.get_format_instructions()}
)

# 创建一个处理链：提示模板 -> 模型 -> 输出解析器
chain = prompt | llm | parser

# 调用处理链，获取一个笑话
output = chain.invoke({"query": "Tell me a joke."})
print(output)

# 使用流式方法逐个打印输出
for s in chain.stream({"query": "Tell me a joke."}):
    print(s)
```

上述代码的实现流程如下。

• 定义了一个 Joke 类来描述期望的 JSON 数据结构。

• 创建了一个 JSON 输出解析器实例，并定义了一个提示模板，其中包含了格式说明，以指导模型生成符合 JSON 格式的响应。然后，将提示模板、DeepSeek 模型和解析器组合成一个处理链。

• 通过调用处理链获取并解析笑话数据，同时演示了如何使用流式方法逐步获取输出。

如果不使用 Pydantic 输出解析器，也可以创建一个 JSON 解析器实例，但不指定具体的模式。这将提示 LLM 返回 JSON 格式的输出，但不会提供关于模式的具体信息。在这种情况下，LLM 生成的 JSON 数据可能会有不同的结构，这需要开发者根据实际情况进行处理。

执行上述代码后将得到两种类型的输出：一种是直接调用 chain.invoke 方法得到的完整 JSON 对象；另一种是通过流式调用 chain.stream 方法逐步得到的 JSON 片段。

（1）完整输出（使用 chain.invoke）

当使用 chain.invoke 方法时，将得到一个完整的 JSON 对象，它包含了 LLM 生成的数据，下面是输出结果：

```
{'setup': 'Why did the scarecrow win an award?', 'punchline': 'Because he was outst
anding in his field!'}{}
{}
```

这个 JSON 对象对应于 Joke Pydantic 模型，其中 setup 字段包含了笑话的铺垫，punchline 字段包含了笑话的笑点。

（2）流式输出（使用 chain.stream）

当使用 chain.stream 方法时，将逐步得到 LLM 生成的数据片段。这是因为流式输出支持逐步处理输出，而不是等待整个输出生成完毕。下面是流式输出结果：

```
{'setup': ''}
{'setup': 'Why'}
```

```
{'setup': 'Why don'}
{'setup': "Why don't"}
{'setup': "Why don't scientists"}
{'setup': "Why don't scientists trust"}
{'setup': "Why don't scientists trust atoms"}
{'setup': "Why don't scientists trust atoms?"}
{'setup': "Why don't scientists trust atoms?", 'punchline': ''}
{'setup': "Why don't scientists trust atoms?", 'punchline': 'Because'}
{'setup': "Why don't scientists trust atoms?", 'punchline': 'Because they'}
{'setup': "Why don't scientists trust atoms?", 'punchline': 'Because they make'}
{'setup': "Why don't scientists trust atoms?", 'punchline': 'Because they make up'}
{'setup': "Why don't scientists trust atoms?", 'punchline': 'Because they make up
everything'}
{'setup': "Why don't scientists trust atoms?", 'punchline': 'Because they make up
everything!'}
```

上面的输出结果展示了 LLM 生成的笑话是如何逐步构建的，每个片段都是一个包含部分或全部笑话的 JSON 对象。

注意：这些输出结果是基于假设 LLM 能够准确地理解提示并生成符合预期格式的响应。在实际应用中，LLM 的输出可能会有所不同，并且需要根据实际情况进行验证和调整。此外，流式输出的顺序和内容可能会根据 LLM 的具体实现和响应而有所不同。

4.6 修正解析器

修正解析器（output-fixing parser）是 LangChain 中一种特殊的输出解析器，它包含了另一个输出解析器。如果原始解析器失败，它将调用另一个大语言模型来修复任何格式错误。可以将格式错误的输出以及格式指令一起传递给模型，并要求它修复这些错误。例如，在下面代码中定义了一个 Pydantic 模型来表示演员及其电影作品，并尝试使用 Pydantic 输出解析器来解析一个格式错误的 JSON 字符串。

实例 4-5：使用修正解析器（源码路径：codes\4\Xiu.py）。

代码如下。

```
from typing import List

from langchain.output_parsers import PydanticOutputParser
from langchain_core.pydantic_v1 import BaseModel, Field
from langchain_openai import ChatOpenAI

# 定义一个Pydantic模型来表示演员和他们的电影作品
class Actor(BaseModel):
    name: str = Field(description="演员的名字")
    film_names: List[str] = Field(description="他们主演的电影名称列表")

# 定义一个查询，要求生成一个随机演员的电影作品列表
actor_query = "为一个随机演员生成电影作品列表。"

# 创建一个Pydantic输出解析器实例
parser = PydanticOutputParser(pydantic_object=Actor)

# 一个格式错误的JSON字符串
misformatted = "{'name': 'Tom Hanks', 'film_names': ['Forrest Gump']}"

# 尝试使用Pydantic输出解析器解析格式错误的JSON字符串
try:
    parser.parse(misformatted)
```

```
    except Exception as e:
        print(f"解析错误：{e}")
```

执行这段代码后，由于 JSON 字符串格式错误，将抛出异常，并在控制台中打印出异常信息：

```
    解析错误：Failed to parse Actor from completion {'name': 'Tom Hanks', 'film_names':
['Forrest Gump']}. Got: Expecting property name enclosed in double quotes: line
1 column 2 (char 1)
```

这条异常信息表明，Pydantic 输出解析器无法将给定的 JSON 字符串解析为 Actor 模型，因为 JSON 字符串中的属性名称没有用双引号包围。如果使用 OutputFixingParser 修正解析器进行及处理，它将尝试使用另一个 LLM 来修复格式错误，例如下面的代码。

```
from langchain.output_parsers import OutputFixingParser
# 创建一个输出修正解析器实例，传入原始的Pydantic输出解析器和LLM
new_parser = OutputFixingParser.from_llm(parser=parser, llm=ChatOpenAI())

# 使用输出修正解析器尝试解析格式错误的JSON字符串
try:
    fixed_actor = new_parser.parse(misformatted)
    print(fixed_actor)
except Exception as e:
    print(f"修复失败：{e}")
```

在上述代码中，OutputFixingParser 将接收到格式错误的 JSON 字符串，并尝试使用 ChatOpenAI LLM 来修复它。如果 LLM 能够理解问题并生成正确的格式，OutputFixingParser 将返回一个符合 Actor 模型的结构化数据，那么最终的输出将是一个符合 Actor 模型的结构化数据对象。具体来说，输出如下。

```
Actor(name='Tom Hanks', film_names=['Forrest Gump'])
```

这个输出表示已经成功地将原始的格式错误的 JSON 字符串 {'name': 'Tom Hanks', 'film_names': ['Forrest Gump']} 修正为一个 Actor 对象，其中包含了演员的名字和他们主演的电影的名称列表。

如果 LLM 无法正确地修复格式错误，OutputFixingParser 会抛出一个异常，表明修复失败。在这种情况下，输出将不是预期的 Actor 对象，而是异常信息。因此，在使用 OutputFixingParser 时，应该准备好处理可能出现的异常情况。

4.7 Pandas DataFrame 解析器

4.7.1 Pandas DataFrame 格式介绍

Pandas DataFrame 是 Python 数据分析库 Pandas 的核心数据结构之一，用于存储和操作结构化数据。Pandas DataFrame 类似于 Excel 中的表格或 SQL 中的表，由行和列组成，每列可以包含不同类型的值。Pandas DataFrame 格式的特点如下。

- 二维表格数据：Pandas DataFrame 是一个二维表格，每行代表一个数据记录，每列代表一个字段。
- 灵活的索引：支持多种索引方式，包括整数索引、标签索引和布尔索引。
- 数据操作：提供了丰富的数据操作功能，如筛选、排序、分组、聚合等。

- 数据清洗：支持处理缺失值、重复值、异常值等数据质量问题。
- 数据可视化：可以与 Matplotlib、Seaborn 等库相结合，方便数据可视化。
- 与其他数据源集成：可以轻松地从 CSV 文件、Excel 文件、SQL 数据库等数据源加载数据，也可以将数据导出为这些格式。

总之，Pandas DataFrame 是一个强大而灵活的数据结构，广泛用于数据处理和分析。它提供了丰富的功能，支持数据的加载、操作、清洗、可视化和导出，是数据科学和机器学习项目中不可或缺的工具。

4.7.2 LangChain 中的 Pandas DataFrame 解析器

Pandas DataFrame 解析器允许用户指定一个 Pandas DataFrame，并查询 LLM 以便从 Pandas DataFrame 中提取数据，并以字典格式返回。在使用过程中，需要确保选择具有足够容量的 LLM，以生成符合指定格式的查询结果。使用 PandasDataFrameOutputParser 类来解析 Pandas DataFrame 的输出。使用 PromptTemplate 类来设置查询的提示模板，注入解析器的格式指令，并与 ChatDeepSeek 模型一起使用。

Pandas DataFrame 解析器可以执行多种操作，如对列和行进行操作，以及对数据进行汇总操作。如果查询格式不正确，将会引发 OutputParserException 错误，需要在处理代码中进行错误处理。

下面是一个使用 DeepSeek 模型演示 Pandas DataFrame 解析器的例子，假设有一个包含动物信息的 Pandas DataFrame 解析器，包括动物的名称、腿的数量和是否能飞。在实例中想要查询该 Pandas DataFrame 解析器中的数据，例如获取动物的名称和腿的数量。

实例 4-6：获取动物的名称和腿的数量（源码路径：codes\4\fra.py）。

代码如下。

```
import pprint
import pandas as pd
from langchain.output_parsers import PandasDataFrameOutputParser
from langchain.prompts import PromptTemplate
from langchain_deepseek import ChatDeepSeek

# 1) 原始 DataFrame
df = pd.DataFrame({
    "名称": ["狗", "猫", "鸟", "蛇"],
    "腿的数量": [4, 4, 2, 0],
    "能飞吗": [False, False, True, False]
})

# 2) 初始化 LLM
llm = ChatDeepSeek(model="deepseek-chat", api_key="sk-b605d3da5d0741a6a4e9261cfef-
1bccc")

# 3) 构造 parser
parser = PandasDataFrameOutputParser(
    dataframe=df,
    include_columns=["名称", "腿的数量"],
)

# 自定义格式说明（关键修改）
custom_format = """请输出严格符合以下要求的JSON对象：
{
  "operation": "select_columns",  // 固定值，必须为select_columns
  "columns": ["名称", "腿的数量"], // 需要包含的列名
  "rows": null                    // 固定为null
```

```
}
注意：
1. 必须直接输出纯JSON，不要包含任何代码块标记（如'''json）
2. 严格保持字段名称和结构不变"""

# 4) 修改后的Prompt模板
prompt = PromptTemplate(
    template="按照以下格式要求处理查询：\n{format_instructions}\n\n查询内容：{query}",
    input_variables=["query"],
    partial_variables={"format_instructions": custom_format}
)

# 5) 组装链条
chain = prompt | llm | parser

# 6) 执行并处理
try:
    output = chain.invoke({"query": "获取所有动物的名称和腿的数量。"})
    pprint.pprint(output.to_dict(orient="records"))
except Exception as e:
    print(f"错误详情：{str(e)}")
    print("\n调试建议：")
    print("1. 检查API密钥有效性")
    print("2. 尝试简化查询语句")
    print("3. 在Prompt中增加格式示例")
```

在上述代码中，首先创建了一个包含动物信息的 Pandas DataFrame。接着，初始化 DeepSeek 模型，并定义了一个自定义的格式说明，明确要求模型输出一个特定结构的 JSON 对象。然后，将提示模板、模型和解析器组合成一个处理链。最后，通过调用处理链执行查询，获取并解析模型的输出，以 Pandas DataFrame 的格式返回结果。执行后会根据给定查询 " 获取所有动物的名称和腿的数量。"，输出结果如下：

```
[
    {'名称': '狗', '腿的数量': 4},
    {'名称': '猫', '腿的数量': 4},
    {'名称': '鸟', '腿的数量': 2},
    {'名称': '蛇', '腿的数量': 0}
]
```

这个字典表示了查询结果，其中包含了动物的名称和对应的腿的数量。

4.8 XML 解析器

LangChain 中的 XML 解析器是一种特殊的输出解析器，其主要作用是将 LLM 的文本输出转换为 XML（可扩展标记语言）格式。XML 是一种用于存储和传输数据的标准文本格式，它通过使用标签（tags）来描述数据的结构和语义。

4.8.1 XML 解析器的特点

XML 解析器的主要特点如下。

• 结构化输出：XML 解析器能够将 LLM 生成的自由文本转换为结构化的 XML 数据，使得数据更易于机器解析和人类阅读。

• 灵活性：用户可以自定义 XML 的标签和结构，以适应不同的数据需求和应用场景。

• 错误容忍：尽管 LLM 被称为“有漏洞的抽象”，但 XML 解析器可以指导 LLM 生成符合预期格式的输出，减少格式错误的可能性。

• 数据整合：生成的 XML 数据可以轻松地与其他系统和应用程序集成，便于数据的进一步处理和分析。

使用 XML 解析器的步骤如下。

① 定义数据结构：这是指定义希望从 LLM 获取的数据的结构，通常涉及创建一个 XML 模式（schema），它描述了数据的预期布局和格式。

② 设置提示模板：创建一个提示模板（PromptTemplate），它将指导 LLM 生成符合定义的数据结构的输出。提示模板可以包含特定的格式指令，告诉 LLM 如何使用 XML 标签来格式化其响应。

③ 创建解析器实例：实例化 XMLOutputParser 类，并将 XML 模式或其他相关参数传递给它。

④ 构建处理链：将提示模板、LLM 模型和 XML 解析器连接起来，形成一个处理链，这个处理链将负责生成、格式化和解析数据。

⑤ 调用解析器：通过调用处理链的 invoke 方法，可以获取 LLM 的输出，并将其转换为 XML 格式。如果 LLM 的输出不符合预期格式，可能需要调整提示模板或数据结构。

4.8.2 使用 XML 解析器

下面是一个使用 XML 解析器的例子，创建一个能够从 LLM 获取数据并以 XML 格式输出的系统。这个系统可以用于生成产品信息、新闻摘要信息等场景。

实例 4-7： 生成手机产品信息（源码路径：codes\4\xml01.py）。

代码如下。

```
from langchain.output_parsers import XMLOutputParser
from langchain.prompts import PromptTemplate
from langchain_deepseek import ChatDeepSeek

# 初始化 DeepSeek 模型
llm = ChatDeepSeek(model="deepseek-chat", api_key="your-api-key")

# 定义一个查询，要求生成一个产品的简要信息
product_query = "请提供一款智能手机的详细信息，并以 XML 格式返回。"

# 创建一个 XML 解析器实例，用于将 LLM 的输出解析为 XML 格式
parser = XMLOutputParser()

# 设置提示模板，明确要求模型返回 XML 格式的响应
prompt_template = PromptTemplate(
    template="请将产品信息以 XML 格式返回，包含以下标签："
             "<product>, <name>, <brand>, <price>, <features>。\n\n"
             "{query}\n{format_instructions}",
    input_variables=["query"],
    partial_variables={"format_instructions": parser.get_format_instructions()}
)

# 构建处理链：提示模板 -> LLM 模型 -> XML 解析器
chain = prompt_template | llm | parser

# 调用处理链并获取输出
output = chain.invoke({"query": product_query})

# 打印 XML 格式的输出
print(output)
```

上述代码的实现流程如下。

• 初始化了 DeepSeek 模型，并定义了一个查询，用来请求智能手机的详细信息。

• 创建了一个 XML 输出解析器实例，用于将模型生成的输出转换为 XML 格式。

• 定义了一个提示模板，明确指定了需要的 XML 标签，以确保模型生成的响应符合 XML 格式要求。

• 将提示模板、DeepSeek 模型和解析器组合成一个处理链。

• 通过调用处理链执行查询，获取并解析产品的 XML 格式的信息，输出结构化的 XML 内容。执行后输出：

```
• <product>
•     <name>Galaxy S23 Ultra</name>
•     <brand>Samsung</brand>
•     <price>1199.99</price>
•     <features>
•         <feature>6.8-inch Dynamic AMOLED 2X Display</feature>
•         <feature>200MP Wide Camera</feature>
•         <feature>Snapdragon 8 Gen 2 Processor</feature>
•         <feature>5000mAh Battery</feature>
•         <feature>12GB RAM + 256GB Storage</feature>
•         <feature>IP68 Water and Dust Resistance</feature>
•         <feature>Android 13 with One UI 5.1</feature>
•     </features>
</product>
```

这个 XML 数据可以直接用于网页展示、数据交换或其他需要 XML 格式的场合。通过使用 XML 解析器，可以确保从 LLM 获得的数据是结构化和格式化的，这样就可以在应用程序中轻松使用这些数据。

第 5 章

检索增强生成

LangChain 中的检索增强生成（retrieval-augmented generation，RAG）是一种结合检索和生成的先进技术，它先从外部知识库中检索与任务相关的片段，再将这些片段作为上下文输入给语言模型以生成准确、丰富的文本。其能有效解决语言模型知识过时、生成内容不准确等问题，广泛应用于问答系统、内容创作和智能客服等领域。

5.1 检索增强生成的基础知识

RAG 技术用于处理和整合那些不在模型训练集内的特定用户数据。在这个过程中，首先从外部数据源检索数据，然后将这些数据在生成步骤中传递给 LLM。

5.1.1 检索增强生成的基本原理、优势和应用场景

（1）基本原理

• 检索阶段：在生成文本之前，先从一个外部知识库（如文档集合、数据库等）中检索与当前任务或输入内容最相关的片段或信息。这个检索过程通常会利用一些信息检索技术，如倒排索引、向量检索等，根据输入的查询向量与知识库中各个文档的向量进行相似度计算，找出最相关的文档片段。

• 生成阶段：将检索到的相关信息作为上下文或提示（prompt）提供给语言模型，语言模型结合这些额外的上下文信息来生成更准确、更丰富、更有针对性的文本。

（2）优势

• 知识更新性：语言模型本身的知识是基于其训练数据的，一旦训练完成，其知识就相对固定。而检索增强生成可以通过检索最新的外部知识库来引入最新的信息，使生成的文本能够反映最新的知识和事实，避免了语言模型可能出现的知识过时问题。

• 准确性提升：当面对一些需要特定领域知识或准确事实支持的任务时，仅依靠语言模型自身的知识可能无法保证生成内容的准确性。检索增强生成通过引入相关的外部知识，为语言模型提供了更准确的上下文，从而能够生成更准确、更可靠的文本。

• 内容丰富度：检索到的相关信息可以为语言模型提供更多的细节和角度，使其生成的文本更加丰富多样，避免了单纯依靠语言模型可能出现的生成内容过于简单或模板化的问题。

（3）应用场景

• 问答系统：在回答用户问题时，通过检索与问题相关的文档片段，提供更准确、更详细的答案。例如，一个医疗问答系统可以检索医学文献和病例，为患者提供更专业的医疗建议。

• 内容创作：帮助创作者在创作时获取灵感和背景信息。例如在撰写新闻报道时，检索相关的新闻事件、数据和专家观点，使文章内容更加全面和有深度。

• 智能客服：在处理客户咨询时，能够快速检索到与客户问题相关的知识库内容，给出更准确、更有针对性的解答，从而提高客户满意度。

总之，LangChain 中的检索增强生成为语言模型的应用提供了强大的支持，通过结合外部知识和语言模型的生成能力，能够更好地满足各种复杂任务的需求，但也需要在实际应用中不断优化和改进，以应对面临的挑战。

5.1.2 LangChain 中的检索增强生成模块

LangChain 为 RAG 应用提供了从简单到复杂的所有构建模块，其中关键模块如下。

（1）文档加载器

文档加载器用于加载不同来源的文档。LangChain 提供了 100 多种不同的文档加载器，并与其他主要提供商（如 AirByte 和 Unstructured）集成，能够加载各种类型的文档（如 HTML、PDF、代码）和从各种位置（如私有 S3 存储桶、公共网站）获取文档。

（2）文本分割

检索过程的一个关键部分是获取文档的相关内容。这涉及多个转换步骤，用以准备文档进行检索，其中一个主要步骤是将大型文档分割成更小的部分。LangChain 为此提供了多种转换算法，并针对特定文档类型（如代码、Markdown 等）优化了逻辑。

（3）文本嵌入模型

检索的另一个关键部分是为文档创建嵌入向量。嵌入向量能够捕捉文本的语义含义，使用户能够快速高效地找到其他相似的文本片段。LangChain 集成了超过 25 个不同的嵌入提供商和方法，从开源到专有 API，让用户可以选择最适合的模型，并提供了一个标准接口，以方便在不同模型间切换。

（4）向量存储

随着嵌入技术的发展，出现了对数据库的需求，以支持高效存储和搜索这些嵌入向量。LangChain 提供了超过 50 种不同的向量存储的集成，从开源的本地解决方案到云托管的专有解决方案，让用户可以选择最适合的解决方案。LangChain 提供了一个标准接口，方便在不同的向量存储之间切换。

（5）检索器

数据一旦进入数据库，就需要进行检索。LangChain 支持大多数常见的检索方法，例如语义搜索。此外，还增加了一系列优质检索算法以提高其性能。

- 父文档检索器：允许为每个父文档创建多个嵌入，以便查找较小的块，但返回更大的上下文。
- 自查询检索器：用户问题通常包含对某些内容的引用，这不仅是语义的引用，更是用元数据过滤器表示的逻辑。自查询允许从查询中分离出语义部分和其他元数据过滤器。
- 集成检索器：有时可能想要从多个不同的来源检索文档，或使用多种不同的算法，集成检索器可以轻松实现这一点。

（6）索引

通过使用 LangChain 的索引 API，可以将数据从任何来源同步到向量存储中，这样做的好处如下。

- 避免向向量存储中写入重复内容。
- 避免重写未更改的内容。
- 避免重新计算未更改内容的嵌入。

通过使用 RAG 模块不但可以节省开发时间和成本，而且还能够提升搜索结果的质量。

5.2 LangChain 中常用的文档加载器

文档加载器（Document Loaders）用于从不同数据源加载数据并将其转换为文档（document）。一个“文档”是指一段文本及其相关的元数据。例如，文档加载器可以用来加载一个简单的“.txt”文件、任意网页的文本内容，甚至是视频的文字记录。

5.2.1 加载数据的方法

在 LangChain 中，文档加载器提供了如下几种处理和加载数据的方法。

• 加载（load）方法：从配置好的数据源加载文档。这意味着文档加载器能够连接到指定的数据源，获取所需的文本和元数据，并将它们作为文档对象加载到系统中。

• 加载并分割（load and split）方法：除加载文档外，还可以使用传入的文本分割器对文档进行分割。这通常用于处理大型文档，将其分割成更小的、更易于处理的片段。

• 延迟加载（lazy load）方法：这是一个可选功能，它允许系统以延迟的方式将文档加载到内存中。这意味着数据只有在被真正需要时才会被加载，从而可以提高效率和性能，特别是在处理大量数据时。

通过上述方法，开发者可以根据自己的需求选择合适的加载方法。这些文档加载器为开发者提供了灵活且标准化的方式来处理和准备数据，从而为后续的检索和生成任务做准备。通过上述文档加载器的方法，可以更容易地将各种来源的数据转换为 LangChain 可以处理的格式，从而为构建基于语言模型的应用程序提供支持。

假设有一个名为 example.txt 的文本文件，内容如下。

```
Load
Load
Load
Load
```

下面的代码使用 LangChain 中的 TextLoader 类来加载名为 example.txt 的文本文件，并将文件内容打印到控制台。

```
from langchain_community.document_loaders import TextLoader
loader = TextLoader("example.txt")
# 打印加载的文本内容
print(loader.load())
```

执行后输出：

```
[Document(page_content='Load\nLoad\nLoad\nLoad', metadata={'source': 'example.txt'})]
```

总的来说，这段代码演示了使用 LangChain 中的文档加载器来读取文本文件，并打印输出其内容的过程。在实际应用中，除打印文档内容外，加载的文本还可以用于后续的自然语言处理任务，例如文本分类、情感分析、文本生成等。需要注意的是，实际使用时应确保文件路径正确，并且文件对程序是可读的。

5.2.2 自定义文档加载器

在基于 LLM 的应用程序中，经常需要从数据库或文件（如 PDF）中提取数据，并将其转换为 LLM 可以利用的格式。在 LangChain 中，这通常涉及创建文档（Document）对象操作，这些对象封装了提取的文本（page_content）以及元数据——一个包含有关文档详细信息的字典，例如某图书的作者名字或出版日期。

文档对象通常被格式化为提示信息，然后输入到 LLM 中。这样做的目的是让 LLM 能够利用文档中的信息来生成所需的响应，例如对文档进行总结或者回答特定问题。文档可以被立即使用，也可以被索引到向量存储（vectorstore）中，以备将来检索和使用。

文档加载的主要抽象概念如下。

• 文档（Document）：包含文本和元数据。
• 基础加载器（BaseLoader）：用于将原始数据转换为文档。
• 二进制大对象（Blob）：表示位于文件或内存中的二进制数据。

• 基础的二进制大对象解析器（BaseBlobParser）：解析 Blob 以生成文档对象的逻辑。

（1）标准文档加载器

在 LangChain 中，可以使用基础加载器（BaseLoader）的子类化方式实现标准文档加载器，BaseLoader 提供了如下加载文档的标准接口。

• lazy_load：用于逐个延迟加载文档，并用于生成代码。

• alazy_load：lazy_load 的异步变体。

• load：用于将所有文档加载到内存中，并用于原型设计或交互式工作。

• aload：用于急切地将所有文档加载到内存中，并用于原型设计或交互式工作。2024 年 4 月，在 LangChain 中新增。

实例 5-1：创建一个自定义的标准文档加载器（源码路径：codes\5\Biao.py）。

代码如下。

```
from langchain_core.document_loaders import BaseLoader
from langchain_core.documents import Document
import aiofiles

class CustomDocumentLoader(BaseLoader):
    def __init__(self, file_path: str):
        self.file_path = file_path

    def lazy_load(self):
        with open(self.file_path, 'r', encoding='utf-8') as file:
            for line_number, line in enumerate(file, start=1):
                yield Document(
                    page_content=line.strip(),
                    metadata={"line_number": line_number, "source": self.file_path}
                )

    async def alazy_load(self):
        async with aiofiles.open(self.file_path, 'r', encoding='utf-8') as file:
            line_number = 0
            async for line in file:
                line_number += 1
                yield Document(
                    page_content=line.strip(),
                    metadata={"line_number": line_number, "source": self.file_path}
                )
```

上述代码的实现流程如下。

• 定义了一个名为 CustomDocumentLoader 的类，它继承自 BaseLoader，这是 LangChain 提供的标准加载器基类。这个加载器基类可以用于从文件中逐行加载文档并生成相应的文档对象。

• 在 CustomDocumentLoader 类中，定义了两个方法：lazy_load 和 alazy_load。其中，lazy_load 方法用于按需地逐行加载文档，而 alazy_load 方法是其异步版本，用于在异步环境中加载文档。

• 在 lazy_load 方法中，使用 Python 内置的 open 函数来打开文件，并通过 enumerate 函数逐行读取文件内容。然后，创建 Document 对象来表示每一行文本，并将其作为生成器的输出。

• 在 alazy_load 方法中，使用库 aiofiles 来异步地打开文件，并通过异步循环 async for 来逐行读取文件内容。同样地，创建 Document 对象来表示每一行文本，并将其作为异步生成器的输出。

- 展示了如何使用这个加载器来加载文档，并打印文档内容以及相应的元数据。执行后输出：

```
文档内容: Load, 元数据: {'line_number': 1, 'source': 'example.txt'}
文档内容: Load, 元数据: {'line_number': 2, 'source': 'example.txt'}
文档内容: Load, 元数据: {'line_number': 3, 'source': 'example.txt'}
文档内容: Load, 元数据: {'line_number': 4, 'source': 'example.txt'}
```

（2）基础二进制大对象解析器（BaseBlobParser）

在加载文档时，许多加载器需要解析文件。它们之间的区别通常在于文件的解析方式，而不是文件的加载方式。例如，可以使用 open 函数读取 PDF 或 Markdown 文件的二进制内容，但是需要不同的解析逻辑将该二进制数据转换为文本。因此，将解析逻辑与加载逻辑解耦是很有帮助的，这样可以更轻松地重用给定的解析器，而不管数据是如何加载的。

BaseBlobParser 是一个接口，用于接收二进制大对象（Blob）并将其解析为文档对象列表。BaseBlobParser 负责解析文件或内存中的二进制数据，将其转换为可处理的文档对象。

（3）二进制大对象（Blob）

Blob 表示位于文件或内存中的二进制数据。Blob 是文档加载过程中的中间数据表示，它可以是从文件中读取的内容，也可以是在内存中生成的数据块。在 LangChain 中，Blob 是一个抽象概念，用于描述存储在文件系统中或内存中的原始数据块。Blob 可以包含任何形式的二进制数据，例如图像、音频、视频、文档等，这些数据通常不能直接作为文本处理。

Blob 的主要特点是它将数据作为原始字节序列（byte array）进行存储和传输，而不对其进行任何形式的解析或解释。这种处理方式使得 Blob 非常适合用于文件传输、文件系统操作和数据持久化等场景。下面的例子演示了使用 BaseBlobParser 和 Blob 来逐行读取文本文件的内容，并将每一行作为一个文档对象进行处理的用法。在这个例子中，首先创建了一个自定义的解析器类，然后将文本文件表示为 Blob 对象，并使用解析器逐行解析 Blob，生成相应的文档对象。

实例 5-2： 逐行读取文本文件的内容（源码路径：codes\5\Da.py）。

代码如下。

① 创建一个基于 BaseBlobParser 的自定义解析器类，用于解析文本文件中的数据。

```
from langchain_core.document_loaders import BaseBlobParser, Blob
from langchain_core.documents import Document

class LineByLineParser(BaseBlobParser):
    def lazy_parse(self, blob: Blob):
        line_number = 0
        with blob.as_bytes_io() as f:
            for line in f:
                line_number += 1
                yield Document(
                    page_content=line.strip(),
                    metadata={"line_number": line_number, "source": blob.source}
                )
```

② 创建一个文本文件 example1.txt，并将其表示为 Blob。接着，可以使用自定义的解析器来解析这个 Blob，并处理每一行数据。

```
# 创建一个文本文件
with open("example1.txt", "w") as file:
    file.write("Hello, world!\nThis is the second line.\
nAnd this is the third line.")
```

```
# 将文本文件表示为 Blob
blob = Blob.from_path("example1.txt")

# 使用解析器解析 Blob
parser = LineByLineParser()
for document in parser.lazy_parse(blob):
    print(document.page_content)
    print(document.metadata)
```

这样就成功地使用了基础二进制大对象解析器和二进制大对象来逐行解析文本文件的内容，并生成了相应的文档对象。执行后输出：

```
Hello, world!
{'line_number': 1, 'source': 'example1.txt'}
This is the second line.
{'line_number': 2, 'source': 'example1.txt'}
And this is the third line.
{'line_number': 3, 'source': 'example1.txt'}
```

此时文本文件 'example1.txt' 的内容如下：

```
Hello, world!
This is the second line.
And this is the third line.
```

注意：基础二进制大对象解析器是用于解析 Blob 中的数据的工具，而 Blob 本身是数据的一种表示形式。

（4）Blob 加载器

解析器负责将二进制数据解析为文档，而 Blob 加载器则负责从给定存储位置加载 Blob 对象。目前，LangChain 仅支持文件系统 Blob 加载器 FileSystemBlobLoader，它用于从文件系统中加载 Blob 对象。通常，FileSystemBlobLoader 与 Blob 解析器（Blob parsers）结合使用，后者将 Blob 中的二进制数据解析为文档对象。

在下面的例子中，假设有一个存储在本地文件系统中的文件夹，里面包含了多个文本文件。想使用 Blob 加载器将这些文件加载为 Blob 对象，并使用自定义的 Blob 解析器将这些 Blob 对象解析成文档对象。

实例 5-3：从指定文件夹加载所有文本文件（源码路径：codes\5\Bl.py）。

代码如下。

```
from langchain_core.document_loaders import BaseBlobParser, Blob

class CustomBlobParser(BaseBlobParser):
    """A custom parser that creates a document from each line."""

    def lazy_parse(self, blob: Blob):
        """Parse a blob into a document line by line."""
        with blob.as_bytes_io() as f:
            for line_number, line in enumerate(f, start=1):
                yield {"page_content": line.decode("utf-8"), "metadata": {"line_
number": line_number}}
from langchain_community.document_loaders.blob_loaders import FileSystemBlobLoader

# 创建一个文件系统Blob加载器实例，指定要加载的文件夹路径
blob_loader = FileSystemBlobLoader(path="../5", glob="*.txt")

# 创建一个自定义Blob解析器实例
```

```
parser = CustomBlobParser()

# 使用Blob加载器迭代获取Blob对象
for blob in blob_loader.yield_blobs():
    # 使用自定义解析器解析Blob对象，并获取文档对象
    for doc in parser.lazy_parse(blob):
        print(doc)
```

上述代码的实现流程如下。

- 定义了一个名为 CustomBlobParser 的自定义 Blob 解析器类，其中实现了 lazy_parse 方法，用于逐行解析 Blob 对象。
- 通过导入 FileSystemBlobLoader 类，创建了一个文件系统 Blob 加载器实例 blob_loader，指定了要加载的文件夹的路径和文件类型（glob="*.txt"）。
- 创建了一个自定义 Blob 解析器实例 parser。
- 通过循环遍历文件系统 Blob 加载器迭代生成的 Blob 对象，对每个 Blob 对象使用自定义解析器进行解析，得到文档对象，并将其打印出来。执行后输出：

```
•100%|█████████████| 9/9 [00:00<00:00, 172.88it/s]
•文档内容：Load
•，元数据：{'line_number': 1}
•文档内容：Load
•，元数据：{'line_number': 2}
•文档内容：Load
•，元数据：{'line_number': 3}
•文档内容：Load
•，元数据：{'line_number': 4}
•文档内容：Hello, world!
•，元数据：{'line_number': 1}
•文档内容：This is the second line.
•，元数据：{'line_number': 2}
•文档内容：And this is the third line.，元数据：{'line_number': 3}
•文档内容：The Supreme Court of the United States is the highest court in the
   federal judiciary of the United States. It consists of the Chief Justice of the
   United States and eight associate justices who are nominated by the President and
   confirmed by the Senate. The Supreme Court has original jurisdiction in a small
   number of cases, such as disputes between states. However, its primary function is
   to act as the court of last resort, reviewing decisions of lower courts and
   interpreting federal law, including the United States Constitution.
•，元数据：{'line_number': 1}
•文档内容：
•，元数据：{'line_number': 2}
•文档内容：Justice Stephen Breyer, an Army veteran and Constitutional scholar, has
   served on the Supreme Court since 1994. He has been a key figure in many landmark
   cases, contributing to the development of American jurisprudence. His dedication
   to public service and his deep understanding of the law have earned him widespread
   respect among his peers and the public.
•/////////////////省略部分结果
•，元数据：{'line_number': 1}
文档内容：4月15日，有博主爆料称买完小米SU7汽车后，自己被所在单位——一家新能源车企开除。据该博主
表述，自己就职于一家新能源车企，前几天买了小米SU7，5天后就被公司开除了。该博主称，公司以违反竞业协议为
由将其开除，且未给予其赔偿金。，元数据：{'line_number': 2}
```

上述代码执行后会输出文件夹“5”中每个文档对象的内容和元数据，其中包括页面内容和行号信息。具体来说，输出了四个包含单词“Load”的文档对象，每个文档对象对应一行文本；然后输出了三个包含具体文本内容的文档对象，每个文档对象对应多行文本。

（5）通用加载器（GenericLoader）

通用加载器（GenericLoader）是 LangChain 中的一个抽象概念，它提供了一种标准化的

方式来实现——使用现有的 Blob 加载器（BlobLoader）和 Blob 解析器（BaseBlobParser）。设计 GenericLoader 的目的是简化和统一从不同数据源加载和解析数据的过程，使得开发者可以更容易地创建和使用自定义的数据加载流程。下面是一个使用通用加载器（GenericLoader）的完整例子，功能是打印输出文件夹“5”中每个文档对象的内容和元数据，其中包括页面内容和行号信息。

实例 5-4： 使用通用加载器输出文件夹中文档对象的内容和元数据（源码路径：codes\5\Tong.py）。

代码如下。

```
from langchain_community.document_loaders.generic import GenericLoader
from langchain_core.document_loaders import BaseBlobParser
from langchain_core.documents import Document

# 自定义解析器类，继承自BaseBlobParser
class MyParser(BaseBlobParser):
    def lazy_parse(self, blob):
        with blob.as_bytes_io() as f:
            for line_number, line in enumerate(f, start=1):
                yield Document(page_content=line.decode("utf-8"), metadata={"line_
number": line_number})

# 使用通用加载器从文件系统中加载并解析文档
def load_documents_from_filesystem():
    # 指定文件夹路径和文件类型
    loader = GenericLoader.from_filesystem(path="./data", glob="*.txt", show_
progress=True, parser=MyParser())

    # 逐个获取文档对象
    for doc in loader.lazy_load():
        print(f"文档内容: {doc.page_content}, 元数据: {doc.metadata}")

# 执行加载文档的函数
load_documents_from_filesystem()
```

在上述代码中，首先定义了一个自定义的解析器类 MyParser，它继承自 BaseBlobParser，用于将每行文本转换为文档对象。然后，使用通用加载器 GenericLoader 从文件系统中加载以 .txt 结尾的文档，并指定解析器为定义的 MyParser。最后，逐个获取加载并解析后的文档对象，打印出其内容和元数据信息。执行后输出：

```
100%|████████████| 9/9 [00:00<00:00, 183.16it/s]
文档内容: Load
, 元数据: {'line_number': 1}
文档内容: Load
, 元数据: {'line_number': 2}
文档内容: Load
, 元数据: {'line_number': 3}
文档内容: Load
, 元数据: {'line_number': 4}
文档内容: Hello, world!
, 元数据: {'line_number': 1}
文档内容: This is the second line.
, 元数据: {'line_number': 2}
文档内容: And this is the third line., 元数据: {'line_number': 3}
文档内容: The Supreme Court of the United States is the highest court in the federal
judiciary of the United States. It consists of the Chief Justice of the United States
and eight associate justices who are nominated by the President and confirmed by the
Senate. The Supreme Court has original jurisdiction in a small number of cases, such
```

```
as disputes between states. However, its primary function is to act as the court of
last resort, reviewing decisions of lower courts and interpreting federal law,
including the United States Constitution.
    , 元数据: {'line_number': 1}
    文档内容:
    , 元数据: {'line_number': 2}
    文档内容: Justice Stephen Breyer, an Army veteran and Constitutional scholar, has
served on the Supreme Court since 1994. He has been a key figure in many landmark
cases, contributing to the development of American jurisprudence. His dedication
to public service and his deep understanding of the law have earned him widespread
respect among his peers and the public.
    , 元数据: {'line_number': 3}
    ////省略部分内容
    , 元数据: {'line_number': 1}
    文档内容: 4月15日，有博主爆料称买完小米SU7汽车后，自己被所在单位——一家新能源车企开除。据该博主
表述，自己就职于一家新能源车企，前几天买了小米SU7，5天后就被公司开除了。该博主称，公司以违反竞业协议为
由将其开除，且未给予其赔偿金。, 元数据: {'line_number': 2}
```

5.2.3 CSV 加载器

CSV 文件是一种以逗号分隔值的文本文件，每一行都是一个数据记录，每个记录由一个或多个字段组成，字段之间由逗号分隔。在 LangChain 中，CSV 加载器（CSVLoader）是用于从 CSV 文件中加载数据并将其转换为文档对象的组件。

（1）加载 CSV 数据

CSV 加载器允许用户指定要加载的 CSV 文件的路径，然后加载文件并将其内容解析为文档对象。用户可以使用 CSV 加载器的默认设置，也可以根据需要自定义解析器参数，如指定分隔符、引号字符和字段名等。例如文件 mlb_teams_2012.csv 的主要内容如下。

```
Team,Payroll (millions),Wins
Nationals,81.34,98
Reds,82.20,97
Yankees,197.96,95
Giants,117.62,94
Braves,83.31,94
Athletics,55.37,94
Rangers,120.51,93
Orioles,81.43,93
Rays,64.17,90
Angels,154.49,89
Tigers,132.30,88
Cardinals,110.30,88
Dodgers,95.14,86
White Sox,96.92,85
Brewers,97.65,83
Phillies,174.54,81
Diamondbacks,74.28,81
Pirates,63.43,79
Padres,55.24,76
Mariners,81.97,75
Mets,93.35,74
Blue Jays,75.48,73
Royals,60.91,72
Marlins,118.07,69
Red Sox,173.18,69
Indians,78.43,68
Twins,94.08,66
Rockies,78.06,64
Cubs,88.19,61
Astros,60.65,55
```

这个 CSV 文件的每一行代表一个 MLB 队伍的记录，其中包含三个字段：队伍名称（Team）、球员薪资 [以百万美元计，Payroll (millions)] 以及胜场数（Wins）。这些数据可以用于各种统计分析，例如分析薪资和胜场之间的关系，或者评估各个队伍的经济效益等。

下面的代码将加载文件 mlb_teams_2012.csv，并将每一行数据作为一个单独的文档（Document）对象。

```
from langchain_community.document_loaders.csv_loader import CSVLoader
loader = CSVLoader(file_path='./example_data/mlb_teams_2012.csv')
data = loader.load()
print(data)
```

执行后输出：

```
[Document(page_content='Team: Nationals\nPayroll (mil-
lions): 81.34\nWins: 98', metadata={'source': 'mlb_teams_2012.
csv', 'row': 0}), Document(page_content='Team: Reds\nPayroll (mil-
lions): 82.20\nWins: 97', metadata={'source': 'mlb_teams_2012.
csv', 'row': 1}), Document(page_content='Team: Yankees\nPayroll (mil-
lions): 197.96\nWins: 95', metadata={'source': 'mlb_teams_2012.
csv', 'row': 2}), Document(page_content='Team: Giants\nPayroll (mil-
lions): 117.62\nWins: 94', metadata={'source': 'mlb_teams_2012.
csv', 'row': 3}), Document(page_content='Team: Braves\nPayroll (mil-
lions): 83.31\nWins: 94', metadata={'source': 'mlb_teams_2012.
csv', 'row': 4}), Document(page_content='Team: Athletics\nPayroll (mil-
lions): 55.37\nWins: 94', metadata={'source': 'mlb_teams_2012.
csv', 'row': 5}), Document(page_content='Team: Rangers\nPayroll (mil-
lions): 120.51\nWins: 93', metadata={'source': 'mlb_teams_2012.
csv', 'row': 6}), Document(page_content='Team: Orioles\nPayroll (mil-
lions): 81.43\nWins: 93', metadata={'source': 'mlb_teams_2012.
csv', 'row': 7}), Document(page_content='Team: Rays\nPayroll (mil-
lions): 64.17\nWins: 90', metadata={'source': 'mlb_teams_2012.csv', 'row': 8}), Doc-
ument(page_content='Team: Angels\nPayroll (mil-
lions): 154.49\nWins: 89', metadata={'source': 'mlb_teams_2012.
csv', 'row': 9}), Document(page_content='Team: Tigers\nPayroll (mil-
lions): 132.30\nWins: 88', metadata={'source': 'mlb_teams_2012.
csv', 'row': 10}), Document(page_content='Team: Cardinals\nPayroll (mil-
lions): 110.30\nWins: 88', metadata={'source': 'mlb_teams_2012.
csv', 'row': 11}), Document(page_content='Team: Dodgers\nPayroll (mil-
lions): 95.14\nWins: 86', metadata={'source': 'mlb_teams_2012.
csv', 'row': 12}), Document(page_content='Team: White Sox\nPay-
roll (millions): 96.92\nWins: 85', metadata={'source': 'mlb_teams_2012.
csv', 'row': 13}), Document(page_content='Team: Brewers\nPayroll (mil-
lions): 97.65\nWins: 83', metadata={'source': 'mlb_teams_2012.
csv', 'row': 14}), Document(page_content='Team: Phillies\nPayroll (mil-
lions): 174.54\nWins: 81', metadata={'source': 'mlb_teams_2012.
csv', 'row': 15}), Document(page_content='Team: Diamondbacks\nPay-
roll (millions): 74.28\nWins: 81', metadata={'source': 'mlb_teams_2012.
csv', 'row': 16}), Document(page_content='Team: Pirates\nPayroll (mil-
lions): 63.43\nWins: 79', metadata={'source': 'mlb_teams_2012.csv', 'row': 17}), Doc-
ument(page_content='Team: Padres\nPayroll (mil-
lions): 55.24\nWins: 76', metadata={'source': 'mlb_teams_2012.
csv', 'row': 18}), Document(page_content='Team: Mariners\nPayroll (mil-
lions): 81.97\nWins: 75', metadata={'source': 'mlb_teams_2012.
csv', 'row': 19}), Document(page_content='Team: Mets\nPayroll (mil-
lions): 93.35\nWins: 74', metadata={'source': 'mlb_teams_2012.csv', 'row': 20}), Doc-
ument(page_content='Team: Blue Jays\nPayroll (mil-
lions): 75.48\nWins: 73', metadata={'source': 'mlb_teams_2012.
csv', 'row': 21}), Document(page_content='Team: Royals\nPayroll (mil-
lions): 60.91\nWins: 72', metadata={'source': 'mlb_teams_2012.
csv', 'row': 22}), Document(page_content='Team: Marlins\nPayroll (mil-
lions): 118.07\nWins: 69', metadata={'source': 'mlb_teams_2012.
csv', 'row': 23}), Document(page_content='Team: Red Sox\nPayroll (mil-
```

```
lions): 173.18\nWins: 69', metadata={'source': 'mlb_teams_2012.
csv', 'row': 24}), Document(page_content='Team: Indians\nPayroll (mil-
lions): 78.43\nWins: 68', metadata={'source': 'mlb_teams_2012.
csv', 'row': 25}), Document(page_content='Team: Twins\nPayroll (mil-
lions): 94.08\nWins: 66', metadata={'source': 'mlb_teams_2012.
csv', 'row': 26}), Document(page_content='Team: Rockies\nPayroll (mil-
lions): 78.06\nWins: 64', metadata={'source': 'mlb_teams_2012.csv', 'row': 27}), Doc-
ument(page_content='Team: Cubs\nPayroll (millions): 88.19\nWins: 61', meta-
data={'source': 'mlb_teams_2012.csv', 'row': 28}), Document(page_
content='Team: Astros\nPayroll (millions): 60.65\nWins: 55', metadata={'source': 'mlb_
teams_2012.csv', 'row': 29})]
```

（2）自定义 CSV 解析和加载

CSV 加载器支持自定义参数，以适应不同格式的 CSV 文件。例如，可以指定不同的分隔符、引用字符或字段名。又如，在下面的代码中，使用自定义参数来指定 CSV 文件的字段名，从而改变生成的文档对象的内容和结构。

```
loader = CSVLoader(file_path='mlb_teams_2012.csv', csv_args={
    'delimiter': ',',
    'quotechar': '"',
    'fieldnames': ['MLB Team', 'Payroll in millions', 'Wins']
})

data = loader.load()

print(data)
```

（3）指定列作为文档来源

在使用加载了 CSV 文件的文档进行问题回答时，可以通过参数 source_column 指定某一列作为文档的来源。例如，在下面的代码中，将每行的 "Team" 列值作为文档的来源，而不是使用文件路径。

```
loader = CSVLoader(file_path='mlb_teams_2012.csv', source_column="Team")
data = loader.load()
print(data)
```

通过上面的介绍可知，LangChain 中的 CSV 加载器提供了灵活的方式来加载和解析 CSV 文件数据。开发者可以根据实际需求自定义解析过程，并将每行数据转换为 LangChain 可以处理的文档对象。这些文档对象可以用于进一步的数据分析、文本处理或其他应用程序。

5.2.4 目录加载器

在 LangChain 中，目录加载器（DirectoryLoader）是一个强大的工具，用于从文件系统中加载文件。DirectoryLoader 可以递归地遍历目录，并加载目录中的所有文件。每个文件都会被加载成一个 Blob 对象，可以进一步由解析器进行处理。

实例 5-5： 用 DirectoryLoader 加载一个目录下所有的 .txt 文件（源码路径：codes\5\Dir.py）。代码如下。

```
from langchain_community.document_loaders import DirectoryLoader, TextLoader
import glob
import os

# 假设我们有一个包含文本文件的目录，我们将从这个目录加载所有.txt文件
directory_path = '../5'  # 替换为你的目录路径
```

```
# 定义文件匹配模式，这里我们只加载.txt文件
file_pattern = os.path.join(directory_path, '**', '*.txt')

# 创建DirectoryLoader实例，这里我们指定使用TextLoader来加载文本文件
loader = DirectoryLoader(directory_path, glob=file_pattern, loader_cls=TextLoader)

# 调用load方法加载文档
docs = loader.load()

# 遍历所有加载的文档
for doc in docs:
    # 打印文档的内容
    print(f"Content of {doc.metadata['source']}:")
    print(doc.page_content)

    # 打印文档的元数据
    print(f"Metadata for {doc.metadata['source']}:")
    for key, value in doc.metadata.items():
        print(f"  {key}: {value}")

    # 打印分隔线，以便区分不同文档的输出
    print('-' * 80)
```

上述代码的具体说明如下。

- DirectoryLoader：用于加载目录中的文件。通过设置 glob 参数，可以指定加载文件的模式（如所有 .txt 文件）。
- TextLoader：专门用于加载文本文件。通过 loader_cls=TextLoader 指定 DirectoryLoader 使用 TextLoader 来加载文件。
- load 方法：加载目录中的所有匹配文件，并返回一个包含文档对象的列表。
- 文档对象：每个文档对象包含 page_content（文件内容）和 metadata（元数据，如文件路径等）。

执行上述代码后，会输出每个匹配的文本文件的内容和元数据。具体的输出格式如下。

- 文件内容：每个文件的文本内容将被打印出来。
- 文件元数据：每个文件的相关元数据将被列出，通常包括文件的路径（source）、大小（size）等信息。
- 分隔线：为了区分不同文件的输出，每个文件的输出之间将有一条分隔线。

5.2.5　HTML 加载器

HTML（超文本标记语言）是用于设计在网页浏览器中显示的文档的标准标记语言，它允许开发者通过一系列标记和属性来定义网页的结构和内容。

（1）使用 UnstructuredHTMLLoader

在 LangChain 中，可以使用 UnstructuredHTMLLoader 加载 HTML 文档，并将其转换为可以在后续流程中使用的文档格式。UnstructuredHTMLLoader 的主要作用是将 HTML 文件加载为文档对象，而不对 HTML 的结构进行解析或处理。这意味着 HTML 文件中的所有标记和格式都将被保留，并作为原始文本内容存储在文档对象的 page_content 属性中。

通过使用 UnstructuredHTMLLoader，可以快速地将 HTML 文件的内容导入到 LangChain 系统中，这适用于那些不需要对 HTML 内容进行结构化解析的场景。例如，如果只需要读取 HTML 文件中的文本数据，而不需要关心其布局或样式信息，那么这个加载器将是一个非常合适的选择。

假设有一个名为 example.html 的 HTML 文件，它的内容如下。

```
<!DOCTYPE html>
<html lang="en">
<head>
    <meta charset="UTF-8">
    <meta name="viewport" content="width=device-width, initial-scale=1.0">
    <title>Example Page</title>
</head>
<body>
    <h1>Welcome to Example Page</h1>
    <p>This is a paragraph of text in the example HTML file.</p>
    <p>Another paragraph to demonstrate loading HTML content.</p>
</body>
</html>
```

下面的例子演示了使用 UnstructuredHTMLLoader 加载上述文件的过程。

实例 5-6：使用 UnstructuredHTMLLoader 加载 HTML 文件（源码路径：codes\5\Ht.py）。

代码如下。

```
from langchain_community.document_loaders import UnstructuredHTMLLoader

# 指定HTML文件的路径
html_file_path = "example.html"

# 创建UnstructuredHTMLLoader实例
loader = UnstructuredHTMLLoader(html_file_path)

# 加载文档
documents = loader.load()

# 输出加载的文档对象
for document in documents:
    print("Document Content:")
    print(document.page_content)  # 打印文档的提取文本内容
    print("\nDocument Metadata:")
    print(document.metadata)      # 打印文档的元数据信息，如文件路径等
    print("\n" + "-" * 80)  # 打印分隔线
```

上述代码的具体说明如下。

• UnstructuredHTMLLoader：这个加载器会解析 HTML 文件并提取出文本内容和一些元数据。

• load 方法：加载 HTML 文件并返回一个包含文档对象的列表。

• 文档对象：每个文档对象包含 page_content（提取的文本内容）和 metadata（元数据，如文件路径等）。

执行后输出：

```
Document Content:
Welcome to Example Page

This is a paragraph of text in the example HTML file.

Another paragraph to demonstrate loading HTML content.

Document Metadata:
{'source': 'example.html', 'title': 'Example Page'}

--------------------------------------------------------------------------------
```

注意：UnstructuredHTMLLoader 只是简单地将 HTML 内容作为字符串读取，不会提取或解析任何 HTML 元素或属性。如果需要对 HTML 内容进行更复杂的处理，例如提取文本、解析表格或提取链接等，可能需要使用其他更高级的加载器，如 BSHTMLLoader，它使用 BeautifulSoup 库来解析和处理 HTML 文档。

（2）使用 FireCrawlLoader

FireCrawlLoader 是 LangChain 中的一个特殊加载器，它利用 FireCrawl 服务来爬取和转换网站内容为 Markdown 格式或其他指定格式。FireCrawl 是一种强大的网页爬虫工具，可以处理各种复杂的网页内容，包括那些通过反向代理、缓存、速率限制和 JavaScript 动态加载的内容。

FireCrawlLoader 加载器特别适合于需要从网页中提取信息并将其转换为易于处理格式的场景。通过使用 FireCrawlLoader，开发者可以将任何网站的内容转换为结构化的文档，这些文档可以用于进一步的文本分析、数据提取或其他 NLP 任务。

在使用 FireCrawlLoader 之前，需要先拥有一个 FireCrawl API 密钥，这需要在 FireCrawl 网站上注册来获取。如下面的代码所示。

```
from langchain_community.document_loaders import FireCrawlLoader

# 你的 FireCrawl API 密钥
api_key = "YOUR_FIRECRAWL_API_KEY"

# 目标网站的 URL
url = "https://example.com"

# 创建 FireCrawlLoader 实例
loader = FireCrawlLoader(api_key=api_key, url=url, mode="crawl")

# 加载文档
data = loader.load()

# 输出加载的数据
for document in data:
    print(document.page_content)  # 打印文档的 Markdown 内容
    print(document.metadata)    # 打印文档的元数据信息
```

首先从 langchain_community.document_loaders 模块导入 FireCrawlLoader。然后，准备了 FireCrawl API 密钥和目标网站的 URL，并创建了 FireCrawlLoader 实例。然后，通过调用 load 方法加载了目标网站的内容，并遍历了返回的文档对象，最终打印输出每个文档的 Markdown 内容和元数据信息。

（3）使用 AzureAIDocumentIntelligenceLoader

AzureAIDocumentIntelligenceLoader 是 LangChain 中的一个加载器类，能够利用微软的 Azure AI Document Intelligence（以前称为 Azure 表单识别器）服务来处理和提取文件内容。这项服务基于机器学习，能够从多种格式的文件中提取文本、表格、文档结构（例如标题、小节标题等）以及键值对。支持的文件格式包括 PDF、JPEG/JPG、PNG、BMP、TIFF、HEIF、DOCX、XLSX、PPTX 和 HTML。

AzureAIDocumentIntelligenceLoader 特别适用于需要从结构化或半结构化文档中提取信息的场景，例如可以自动从合同、发票、报告或其他官方文档中提取关键数据，并将这些数据转换为可进一步处理的格式。

要使用 AzureAIDocumentIntelligenceLoader，需要拥有一个 Azure AI Document Intelligence 资源，并且需要在三个预览区域之一（东美国、西美国、西欧）中创建该资源。另外，还需要 API 密钥和终端节点 URL 来访问该服务。下面是一个使用 AzureAIDocumentIntelligenceLoader 的例子。

```
from langchain_community.document_loaders import AzureAIDocumentIntelligenceLoader

# 你的 Azure AI Document Intelligence API 密钥和终端节点 URL
endpoint = "<your-azure-endpoint>"
key = "<your-azure-key>"

# 文件路径（可以是本地路径或 URL）
file_path = "path/to/your/document.pdf"

# 创建 AzureAIDocumentIntelligenceLoader 实例
loader = AzureAIDocumentIntelligenceLoader(
    api_endpoint=endpoint,
    api_key=key,
    file_path=file_path,
    api_model="prebuilt-layout"
)

# 加载文档
documents = loader.load()

# 输出加载的文档
for document in documents:
    print(document.page_content)  # 打印文档的内容
    print(document.metadata)      # 打印文档的元数据信息
```

在上述代码中，首先从 langchain_community.document_loaders 模块导入了 AzureAIDocumentIntelligenceLoader。然后，提供了 Azure AI Document Intelligence 的终端节点 URL、API 密钥和要处理文件的路径，并创建了 AzureAIDocumentIntelligenceLoader 实例。通过调用 load 方法，加载了文件并输出了每个文档的内容和元数据信息。

5.2.6 JSON 加载器

在 LangChain 中，JSONLoader 是一个用于加载 JSON 文件的工具，它可以帮助用户将 JSON 格式的数据加载到 LangChain 的工作流中。在使用 JSONLoader 之前，需要先通过下面的命令安装 Python 的 jq 包：

```
pip install jq
```

假设有一个名为 data.json 的 JSON 文件，其内容如下：

```
[
    {"name": "Alice", "age": 30, "occupation": "Engineer"},
    {"name": "Bob", "age": 25, "occupation": "Designer"},
    {"name": "Charlie", "age": 35, "occupation": "Manager"}
]
```

实例 5-7：使用 JSONLoader 加载指定的 JSON 文件（源码路径：codes\5\Jso.py）。

代码如下。

```
from langchain_community.document_loaders import JSONLoader

# 指定JSON文件的路径
json_file_path = "data.json"
```

```
# 定义jq解析模式，这里直接提取整个对象作为字符串
jq_schema = '.[]'

# 创建JSONLoader实例，设置text_content为False
loader = JSONLoader(json_file_path, jq_schema, text_content=False)

# 加载JSON数据
documents = loader.load()

# 遍历并打印加载的文档
for doc in documents:
    print(f"Content: {doc.page_content}")
    print(f"Metadata: {doc.metadata}")
    print("-" * 50)
```

在上述代码中，通过 LangChain 的 JSONLoader 加载 JSON 文件，使用 jq_schema 定义数据提取模式，并将 text_content 设为 False 以保留原始数据类型。加载后的数据被转换为文档对象，其中 page_content 包含 JSON 内容，metadata 包含文件元数据信息。执行后输出：

```
Content: {"name": "Alice", "age": 30, "occupation": "Engineer"}
Metadata: {'source': 'D:\\huabook\\大模型应用开发：基于Langchain\\codes\\5\\data.
json', 'seq_num': 1}
--------------------------------------------------
Content: {"name": "Bob", "age": 25, "occupation": "Designer"}
Metadata: {'source': 'D:\\huabook\\大模型应用开发：基于Langchain\\codes\\5\\data.
json', 'seq_num': 2}
--------------------------------------------------
Content: {"name": "Charlie", "age": 35, "occupation": "Manager"}
Metadata: {'source': 'D:\\huabook\\大模型应用开发：基于Langchain\\codes\\5\\data.
json', 'seq_num': 3}
--------------------------------------------------
```

5.3　文本分割器

在 LangChain 中，文本分割器（text splitters）是用于处理和转换文档的工具，可以帮助开发者将长文档分割成更小的、语义上有意义的块，以适应应用程序或模型的上下文窗口。LangChain 的 langchain-text-splitters 包中提供了多种文本分割器，本节将介绍这些文本分割器的知识。

5.3.1　长文本分割器

RecursiveCharacterTextSplitter 是 LangChain 中的一个文本分割器，专门用于将长文本分割成更小的、易于处理的块。RecursiveCharacterTextSplitter 通过递归应用字符分隔符列表来分割文本，直到文本块达到指定的大小为止。它的设计目的是尽可能地保持文本的语义相关性，例如，它会尝试将整个段落、句子和单词保持在一起，因为这些通常是文本中最具有语义关联的部分。

RecursiveCharacterTextSplitter 有如下两种文本分割方式。

• 按字符列表分割：RecursiveCharacterTextSplitter 使用一个字符序列列表来进行文本分割。默认的分隔符列表是 ["\n\n", "\n", " ", ""], 这意味着它会首先尝试在两个空行、一个空行、空格和制表符之间进行分割。

• 按块大小的度量分割：文本块的大小是按照字符数来衡量的。

下面的例子使用 LangChain 中的 RecursiveCharacterTextSplitter 分割了一个长文本文件 123.txt。这个分割器按照字符列表分割文本，直到达到指定的块大小为止。

实例 5-8： 使用 RecursiveCharacterTextSplitter 分割长文本文件（源码路径：codes\5\Fen01.py）。

代码如下。

```
from langchain_text_splitters import RecursiveCharacterTextSplitter

# 这是一个我们可以分割的长文本。
with open("123.txt") as f:
    state_of_the_union = f.read()

text_splitter = RecursiveCharacterTextSplitter(
    # 设置一个非常小的块大小，仅作展示。
    chunk_size=100,
    chunk_overlap=20,
    length_function=len,
    is_separator_regex=False,
)

texts = text_splitter.create_documents([state_of_the_union])
print(texts[0])
print(texts[1])
```

执行后输出：

```
page_content='LangChain is a framework dedicated to building language model
applications, offering various tools'
page_content='various tools and methods to enhance the performance of language
models. Among these,'
```

上面的结果是打印输出分割后的文本块的第一部分和第二部分，每个块包含最多 100 个字符，并且块之间会有 20 个字符的重叠，以确保文本的连续性和上下文的保持。

在实际应用中，对于一些没有明显单词边界的书写系统，如中文、日文和泰文，使用默认的分隔符列表可能会导致单词在块之间被分割。为了保持单词的完整性，可以覆盖分隔符列表，包含额外的标点符号，下面的实例演示了这一用法。在下面这个例子中，通过修改 RecursiveCharacterTextSplitter 的分隔符列表，以包含更多适合这些语言的标点符号，从而避免将词语分割开。

实例 5-9： 分割中文内容的文本（源码路径：codes\5\Fen02.py）。

代码如下。

```
from langchain_text_splitters import RecursiveCharacterTextSplitter

# 假设我们有以下中文文本
chinese_text = """
“孔子曰：‘学而时习之，不亦说乎？有朋自远方来，不亦乐乎？人不知而不愠，不亦君子乎？’”
    孔子强调学习的重要性，并且强调了学以致用的理念。他认为不断地学习和实践是一种快乐，同时也提倡了宽容包容、不以小人之见而忧愤的胸怀。这表达了孔子的教育理念和人生态度。
“曾子曰：‘吾日三省吾身：为人谋而不忠乎？与朋友交而不信乎？传不习乎？’”
    曾子是孔子的学生之一，他在这段话中表达了对自我反省和修养的追求。他提出了自我审问的三个问题：是否对他人真诚，是否对朋友诚信，是否不断学习不断进步。这反映了儒家强调修身养德的核心价值观。
“子曰：‘温故而知新，可以为师矣。’”
    孔子认为，通过温习过去的知识和经验，才能够更好地理解和把握新知识，因此可以成为他人的良师益友。这体现了孔子对于教育的理念，即尊重传统、融会贯通，使之能够应用于当下的实际生活。
“子曰：‘学而不思则罔，思而不学则殆。’”
    孔子强调了学习和思考的相辅相成。他认为，单纯地学习而不进行思考，会导致知识的空泛和浅薄；而单纯地思
```

```
考而不进行学习，则会陷入无法确证的迷茫之中。这句话鼓励人们在学习过程中注重思考，反思和总结经验，以求得真知。
    "子曰：'知之者不如好之者，好之者不如乐之者。'"
    孔子强调了对于学识、道德、美德等的追求应该是一种内心的热爱和欢愉。他认为，仅仅是拥有知识还不足以体现一个人的价值，真正有价值的是能够将知识转化为行动，并从中获得愉悦和满足。
    """

    # 创建 RecursiveCharacterTextSplitter 实例，添加适合中文的分隔符
    text_splitter = RecursiveCharacterTextSplitter(
        separators=["\n", "。", "，", "，", "；", "！", "？", " "],
        chunk_size=200,  # 设置合适的块大小
        chunk_overlap=50,  # 设置合适的重叠大小
        length_function=len,
        is_separator_regex=False,
    )

    # 分割中文文本
    chinese_splits = text_splitter.split_text(chinese_text)

    # 打印第一个文本块
    print(chinese_splits[0][:200])
    # 在尝试打印第二个文本块之前检查是否有多个块
    if len(chinese_splits) > 1:
        print(chinese_splits[1][:200])  # 打印第二个文本块的前200个字符
    else:
        print("没有足够的文本块可供打印。")
```

在上述代码中，定义了一个包含中文文本的字符串 chinese_text，然后创建了一个 RecursiveCharacterTextSplitter 实例，并设置了适合中文的分隔符列表，包括中文的句号"。"、逗号"，"、分号"；"等。这样，分割器在分割文本时会考虑到这些标点符号，从而尽量避免在词语之间进行分割。执行后输出：

```
    "孔子曰：'学而时习之，不亦说乎？有朋自远方来，不亦乐乎？人不知而不愠，不亦君子乎？'"
    孔子强调学习的重要性，并且强调了学以致用的理念。他认为不断地学习和实践是一种快乐，同时也提倡了宽容包容、不以小人之见而忧愤的胸怀。这表达了孔子的教育理念和人生态度。
    "曾子曰：'吾日三省吾身：为人谋而不忠乎？与朋友交而不信乎？传不习乎？'"
    曾子是孔子的学生之一，他在这段话中表达了对自我反省和修养的追求。他提出了自我审问的三个问题：是否对他人真诚，是否对朋友诚信，是否不断学习不断进步。这反映了儒家强调修身养德的核心价值观。
    "子曰：'温故而知新，可以为师矣。'"
```

RecursiveCharacterTextSplitter 分割器特别适用于需要将长文本输入到有输入长度限制的模型或系统中的场景，例如自然语言处理模型。通过这种方式，可以确保文本被分割成大小合适的块，同时尽量减少语义上的断裂。

5.3.2　HTML 文本分割器

HTMLHeaderTextSplitter 也是一个文本分割器，能够在 HTML 文档中根据元素级别进行分割，并为每个相关的标题块添加元数据。这个分割器的目标是保持相关文本的语义分组，并且保留文档结构中编码的丰富的上下文信息。HTMLHeaderTextSplitter 可以根据提供的标题标签来分割文本，并且可以与其他文本分割器一起使用。

下面的实例使用 HTMLHeaderTextSplitter 来处理一个 HTML 格式的字符串，并根据其中的标题标签（<h1>、<h2>、<h3> 等）将文档分割成多个部分。每个部分都会保留与其相关的标题元数据。这样做的目的是在分割文档的同时，保持相关文本的语义分组，并保留文档结构中编码的丰富的上下文信息。

实例 5-10：使用 HTMLHeaderTextSplitter 分割 HTML 文本（源码路径：codes\5\Fen03.py）。

代码如下。

```
from langchain_text_splitters import HTMLHeaderTextSplitter

html_string = """
<!DOCTYPE html>
<html>
<body>
    <div>
        <h1>标题1</h1>
        <p>关于标题1的一些介绍文本。</p>
        <div>
            <h2>子标题1</h2>
            <p>关于子标题1的一些介绍文本。</p>
            <h3>子子标题1</h3>
            <p>关于子子标题1的一些文本。</p>
            <h3>子子标题2</h3>
            <p>关于子子标题2的一些文本。</p>
        </div>
        <div>
            <h2>子标题2</h2>
            <p>关于子标题2的一些文本。</p>
        </div>
        <br>
        <p>关于标题1的一些结束文本。</p>
    </div>
</body>
</html>
"""

headers_to_split_on = [
    ("h1", "一级标题"),
    ("h2", "二级标题"),
    ("h3", "三级标题"),
]

html_splitter = HTMLHeaderTextSplitter(headers_to_split_on=headers_to_split_on)
html_header_splits = html_splitter.split_text(html_string)
print(html_header_splits)
```

上述代码的实现流程如下。

• 定义 HTML 字符串：首先定义了一个包含多个标题级别的 HTML 字符串。这个字符串模拟了一个典型的网页结构，其中包含一级标题、二级标题、三级标题以及段落文本。

• 设置标题分割规则：定义了一个 headers_to_split_on 列表，分别设置了一级标题（<h1>）、二级标题（<h2>）和三级标题（<h3>）标签作为分割点。

• 创建分割器实例：创建了 HTMLHeaderTextSplitter 实例，并将 headers_to_split_on 列表传递给它，告诉分割器根据这些标题标签来分割文本。

• 执行分割操作：调用 split_text 方法传入 HTML 字符串，分割器会根据标题标签将 HTML 内容分割成多个文档对象，并为每个对象添加元数据。

• 输出结果：打印输出分割后的文档对象列表，每个文档对象包含分割后的文本内容以及与之相关的标题元数据。执行后输出：

```
[Document(metadata={'一级标题': '标题1'}, page_content='标题1'), Document(metadata=
{'一级标题': '标题1'}, page_content='关于标题1的一些介绍文本。'), Document(metadata=
{'一级标题': '标题1', '二级标题': '子标题1'}, page_content='子标题1'),
Document(metadata={'一级标题': '标题1', '二级标题': '子标题1'}, page_content='关于子标
题1的一些介绍文本。'), Document(metadata={'一级标题': '标题1', '二级标题': '子标题1', '
```

```
三级标题': '子子标题 1'}, page_content='子子标题 1'), Document(metadata={'一级标题': '标题1', '二级标题': '子标题 1', '三级标题': '子子标题 1'}, page_content='关于子子标题 1 的一些文本。'), Document(metadata={'一级标题': '标题 1', '二级标题': '子标题 1', '三级标题': '子子标题 2'}, page_content='子子标题 2'), Document(metadata={'一级标题': '标题 1', '二级标题': '子标题 1', '三级标题': '子子标题 2'}, page_content='关于子子标题 2 的一些文本。'), Document(metadata={'一级标题': '标题 1', '二级标题': '子标题 2'}, page_content='子标题 2'), Document(metadata={'一级标题': '标题 1'}, page_content='关于子标题 2 的一些文本。  \n 关于标题 1 的一些结束文本。')]
```

5.3.3　字符文本分割器

CharacterTextSplitter 是一个简单的文本分割器，它基于单个字符进行分割，并根据字符数来衡量文本块的大小。其适用于那些不需要根据语义或结构进行分割，而是需要将长文本分割成较小的部分以便处理的场景。在默认情况下，CharacterTextSplitter 会逐个字符进行分割，块的大小通过字符数量来衡量。

实例 5-11： 使用 CharacterTextSplitter 分割文本（源码路径：codes\5\Fen04.py）。

代码如下。

```
from langchain_text_splitters import CharacterTextSplitter

# 读取长文本文件
with open("123.txt") as f:
    state_of_the_union = f.read()

# 创建 CharacterTextSplitter 实例
text_splitter = CharacterTextSplitter(
    separator="\n\n",  # 分隔符，这里使用两个连续的换行符
    chunk_size=1000,  # 每个块的大小为1000个字符
    chunk_overlap=200,  # 块之间的重叠为200个字符
    length_function=len,  # 使用 len 函数来计算字符长度
    is_separator_regex=False,  # 不将分隔符作为正则表达式处理
)

# 使用分割器创建文档列表
texts = text_splitter.create_documents([state_of_the_union])
print(texts[0])  # 打印第一个分割后的文本块
```

在上述代码中，首先读取一个名为“123.txt”的长文本文件，然后使用 langchain_text_splitters 中的 CharacterTextSplitter 类将文本分割成多个块。在初始化 CharacterTextSplitter 时，设置了分隔符为两个连续的换行符（\n\n），每个文本块的大小为 1000 个字符，并且相邻块之间有 200 个字符的重叠。使用 len 函数来计算文本长度，并且不将分隔符作为正则表达式处理。最后，通过调用 create_documents 方法将文本分割成文档列表，并打印出第一次分割后的文本块。执行后输出：

```
    page_content='LangChain is a framework dedicated to building language model applications, offering various tools and methods to enhance the performance of language models. Among these, Retrieval-Augmented Generation (RAG) is a crucial component.
    Basic Principles
    Retrieval Phase: Before generating text, relevant fragments or information related to the current task or input content are retrieved from an external knowledge base (such as a collection of documents or a database). This retrieval process typically employs information retrieval techniques like inverted indexing and vector search, calculating the similarity between the input query vector and the vectors of documents in the knowledge base to identify the most relevant document fragments.
    Generation Phase: The retrieved relevant information is provided to the language
```

```
model as context or prompt. The language model then generates more accurate, rich,
and targeted text content by incorporating these additional contextual details.
    Advantages
    Knowledge Up-to-dateness: The knowledge of a language model is based on its training
data and becomes relatively fixed once training is complete. RAG introduces the
latest information by searching the most recent external knowledge base, ensuring
that the generated text reflects the most up-to-date knowledge and facts, thus
avoiding the issue of outdated knowledge in language models.
    Improved Accuracy: When dealing with tasks that require specific domain knowledge
or accurate factual support, relying solely on the language model's inherent
knowledge may not guarantee the accuracy of the generated content. RAG enhances
accuracy by providing more precise context from relevant external knowledge, enabling
the generation of more reliable text.
    Content Richness: The retrieved information offers additional details and perspectives
to the language model, resulting in more diverse and comprehensive text content.
This prevents the issue of overly simplistic or templated content that might arise
from relying solely on the language model.
    Application Scenarios
    Question-Answering Systems: By retrieving relevant document fragments, more
accurate and detailed answers can be provided to user questions. For example,
a medical Q&A system can search medical literature and case studies to offer more
professional medical advice.
    Content Creation: Assisting creators in obtaining inspiration and background
information during writing. For instance, when writing a news report, relevant news
events, data, and expert opinions can be retrieved to enrich the article's content.
    Smart Customer Service: Quickly retrieving relevant knowledge base content in
response to customer inquiries allows for more accurate and targeted answers,
enhancing customer satisfaction.'
```

在处理文本的过程中，有时候只是想简单地将文本分割成块，而不需要关注文档的其他信息。直接分割文本就是在不使用元数据的情况下，直接将文本传递给文本分割器进行分割。

实例 5-12：使用 CharacterTextSplitter 直接分割文本（源码路径：codes\5\Fen05.py）。

代码如下。

```
from langchain_text_splitters import CharacterTextSplitter

# 创建 CharacterTextSplitter 实例
text_splitter = CharacterTextSplitter(
    separator="\n\n",
    chunk_size=1000,
    chunk_overlap=200,
    length_function=len,
    is_separator_regex=False,
)

# 定义要分割的文本
state_of_the_union = " LangChain is a framework dedicated to building language model
applications"

# 使用 CharacterTextSplitter 对文本进行分割
texts = text_splitter.create_documents([state_of_the_union])

# 打印分割后的文本
print(texts[0])  # 打印第一个分割后的文本块
```

在上述代码中，创建了一个 CharacterTextSplitter 实例，然后使用 create_documents 方法直接对文本进行分割。LangChain 会根据指定的分割参数将文本切分成块，并将结果存储在 texts 列表中。执行后输出：

```
page_content='LangChain is a framework dedicated to building language model
applications'
```

5.3.4 代码分割器

在 LangChain 中，可以使用 RecursiveCharacterTextSplitter 分割不同编程语言的代码片段。通过下面的代码，可以打印输出目前所支持的编程语言。

```
from langchain_text_splitters import Language, RecursiveCharacterTextSplitter
# 支持的所有编程语言列表
print([e.value for e in Language])
```

执行后输出：

```
['cpp', 'go', 'java', 'kotlin', 'js', 'ts', 'php', 'proto', 'python', 'rst', 'ruby',
'rust', 'scala', 'swift', 'markdown', 'latex', 'html', 'sol', 'csharp', 'cobol',
'c', 'lua', 'perl']
```

在使用 RecursiveCharacterTextSplitter 分割程序代码时，首先需要通过 Language 枚举设置编程语言的类型，然后将一个代码片段传递给分割器，分割器根据预定义的代码分隔符将程序代码分割成块。例如分割 Python 代码的流程如下。

① 使用 RecursiveCharacterTextSplitter 将编程语言设置为 Language.PYTHON。

② 将一个 Python 代码片段传递给分割器。

③ 分割器根据预定义的 Python 代码分隔符将 Python 代码分割成块。

实例 5-13：使用 RecursiveCharacterTextSplitter 分割 Python 代码片段（源码路径：codes\5\Fen06.py）。

代码如下。

```
from langchain_text_splitters import Language, RecursiveCharacterTextSplitter

# 定义Python代码文本
python_code = """
def hello_world():
    print("Hello, World!")
hello_world()
"""

# 使用RecursiveCharacterTextSplitter创建Python文本分割器实例
python_splitter = RecursiveCharacterTextSplitter.from_language(
    language=Language.PYTHON, chunk_size=50, chunk_overlap=0
)

# 分割Python代码文本
python_docs = python_splitter.create_documents([python_code])

# 打印分割后的文档
for doc in python_docs:
    print(doc.page_content)
```

在上述代码中，使用 for 循环遍历文档列表 python_docs，并打印每个文档的内容。在这个例子中只有一个文档，所以只打印了整个 Python 代码文本。执行后输出：

```
def hello_world():
    print("Hello, World!")
# Call the function
hello_world()
```

5.3.5 Markdown 分割器

MarkdownHeaderTextSplitter 用于根据指定的标题层级分割 Markdown 文档中的文本，它可以帮助用户将 Markdown 文档按照标题层级进行划分。用户选择是否保留被划分的标题内容，并将文档传递给 MarkdownHeaderTextSplitter 实例的 split_text 方法，即可获得按照指定标题层级划分后的文档列表。

假设现在有一个文件 README.md，内容如下。

```
# drone_path_planning
A path planning and trajectory generation  ROS package  for collaborating drones flying into formations in 3D space .Obstacle avoidance and Minimum Snap Trajectories
!AAAAAAAAAAAAAAAAAAAAAAAAAAAAAAAAAAAAAAAAAA
```

实例 5-14：使用 MarkdownHeaderTextSplitter 分割指定文档（源码路径：codes\5\Fen07.py）。

代码如下。

```
from langchain_text_splitters import MarkdownHeaderTextSplitter
# 读取README.md文件内容
with open("README.md", "r", encoding="utf-8") as file:
    readme_content = file.read()

# 指定要分割的标题级别
headers_to_split_on = [
    ("#", "Header 1"),
    ("##", "Header 2"),
    ("###", "Header 3"),
]

# 创建MarkdownHeaderTextSplitter实例
markdown_splitter = MarkdownHeaderTextSplitter(headers_to_split_on=headers_to_split_on)
# 分割Markdown文档
md_header_splits = markdown_splitter.split_text(readme_content)
# 打印分割结果
for chunk in md_header_splits:
    print(chunk)
```

在上述代码中，首先使用 open 函数读取 README.md 文件的内容。然后创建了一个 MarkdownHeaderTextSplitter 实例，并使用 split_text 方法对 README.md 文件进行分割。最后，打印输出了分割后的结果，在每个结果中包含了分割后的内容以及相应的元数据。执行后输出：

```
page_content='A path planning and trajectory generation  ROS package  for collaborating drones flying into formations in 3D space .Obstacle avoidance and Minimum Snap Trajectories\n!AAAAAAAAAAAAAAAAAAAAAAAAAAAAAAAAAAAAAAAAAA' metadata={'Header 1': 'drone_path_planning'}
```

5.3.6 JSON 文本分割器

JSON 文本分割器 RecursiveJsonSplitter 用于递归地将大型 JSON 文档分割成较小的片段。RecursiveJsonSplitter 能够根据指定的最小块大小和最大块大小来拆分 JSON 文档，并尽可能保持嵌套的 JSON 对象完整。

实例 5-15：使用 JSON 文本分割器拆分 JSON 数据（源码路径：codes\5\Fen08.py）。代码如下。

```
import json
import requests
from langchain_text_splitters import RecursiveJsonSplitter  # 导入 JSON 文本分割器
json_data = requests.get("https://api.smith.langchain.com/openapi.json").json()
                                                        # 从 API 获取 JSON 数据
splitter = RecursiveJsonSplitter(max_chunk_size=300)    # 创建 JSON 文本分割器实例
json_chunks = splitter.split_json(json_data=json_data)  # 递归地分割 JSON 数据
docs = splitter.create_documents(texts=[json_data])     # 也可以创建文档
texts = splitter.split_text(json_data=json_data)        # 或者创建字符串列表
print(texts[0])                                         # 打印结果的前两个片段
print(texts[1])
print([len(text) for text in texts][:10])               # 打印分割后的片段大小
print(texts[1])                                         # 打印一个较大的片段
texts = splitter.split_text(json_data=json_data, convert_lists=True)    # 启用列表转
                                                        # 换，预处理 JSON 中的列表
print([len(text) for text in texts][:10])               # 打印列表转换后的结果
print(texts[1])                                         # 打印转换后的较大片段
print(docs[1])                                          # 也可以查看文档
```

执行后打印输出分割后的结果，包括前两个片段的内容、它们的大小，以及转换列表后的结果。

```
{"openapi": "3.1.0", "info": {"title": "LangSmith", "version": "0.1.0"}, "paths": {"/api/v1/sessions/{session_id}/dashboard": {"post": {"tags": ["tracer-sessions"], "summary": "Get Tracing Project Prebuilt Dashboard", "description": "Get a prebuilt dashboard for a tracing project."}}}}
{"paths": {"/api/v1/sessions/{session_id}/dashboard": {"post": {"operationId": "get_tracing_project_prebuilt_dashboard_api_v1_sessions__session_id__dashboard_post", "security": [{"API Key": []}, {"Tenant ID": []}, {"Bearer Auth": []}]}}}}
[286, 238, 344, 207, 227, 224, 231, 126, 469, 210]
{"paths": {"/api/v1/sessions/{session_id}/dashboard": {"post": {"operationId": "get_tracing_project_prebuilt_dashboard_api_v1_sessions__session_id__dashboard_post", "security": [{"API Key": []}, {"Tenant ID": []}, {"Bearer Auth": []}]}}}}
[291, 253, 214, 232, 207, 227, 224, 236, 141, 203]
{"paths": {"/api/v1/sessions/{session_id}/dashboard": {"post": {"operationId": "get_tracing_project_prebuilt_dashboard_api_v1_sessions__session_id__dashboard_post", "security": {"0": {"API Key": {}}, "1": {"Tenant ID": {}}, "2": {"Bearer Auth": {}}}}}}}
page_content='{"paths": {"/api/v1/sessions/{session_id}/dashboard": {"post": {"operationId": "get_tracing_project_prebuilt_dashboard_api_v1_sessions__session_id__dashboard_post", "security": [{"API Key": []}, {"Tenant ID"
```

5.4 文本嵌入

文本嵌入模型（text embedding）是一种将文本转换为数值向量的技术，这些向量能够捕捉到文本的语义信息。通过文本嵌入，用户可以在数学上处理和比较文本数据，这在自然语言处理（NLP）和机器学习领域非常有用。

5.4.1 文本嵌入模型介绍

文本嵌入模型是一类用于将文本数据转换为数值向量的模型，通常用于自然语言处理任务。这些模型能够将文字信息转换为向量表示，从而使得计算机能够更好地理解和处理

文本数据。通过文本嵌入模型，用户可以将文本信息映射到一个高维向量空间中，其中每个维度代表着文本的不同语义或特征。

文本嵌入模型的工作原理通常涉及深度学习技术，例如词嵌入（word embedding）和句子嵌入（sentence embedding）。词嵌入模型（如 Word2Vec、GloVe）将单词映射到连续向量空间中，而句子嵌入模型（如 BERT、GPT）则能够将整个句子或段落映射到向量空间中。文本嵌入模型的主要优势如下。

- 降维：文本嵌入可以将高维的文本数据转换为低维的向量表示，有助于减少计算复杂度。
- 语义捕捉：嵌入向量能够捕捉到文本的语义信息，使得语义相似的文本在向量空间中距离更近。
- 泛化能力：通过预训练的文本嵌入模型，可以很好地泛化到新的文本数据上，即使是未见过的词汇或短语。

在目前的应用中，常见的文本嵌入模型如下。

- Word2Vec：由 Google 开发，是一种经典的词嵌入模型，它可以将每个单词表示为一个固定长度的向量。
- GloVe（Global Vectors for Word Representation）：斯坦福大学开发的一种词嵌入方法，它结合了全局统计信息和局部上下文信息。
- BERT（Bidirectional Encoder Representations from Transformers）：由 Google AI 开发的一种预训练语言表示模型，它使用 Transformer 架构来学习文本的双向表示。
- GPT（Generative Pre-trained Transformer）：OpenAI 开发的模型，它使用 Transformer 架构进行单向语言模型预训练，可以用于各种下游任务。

5.4.2 DeepSeek 的文本嵌入

DeepSeek 可以作为文本嵌入模型使用。它能够将文本数据转化为固定长度的向量表示，这些向量能够捕捉到文本的语义信息。DeepSeek 的嵌入功能基于预训练的语言模型，如 BERT、GPT 等，通过模型的隐藏层输出生成文本的向量表示。这些向量可用于后续的机器学习任务，例如相似度计算、聚类分析等。

在实际应用中，DeepSeek 的文本嵌入模型可以用于以下多种场景。

- 信息检索：通过将文本嵌入向量空间，可以快速检索与查询与文本最相似的文档或片段。
- 问答系统：利用文本嵌入模型将问题和答案嵌入同一向量空间，从而实现更准确的问答匹配。
- 文档分类：将文档嵌入向量空间后，可以使用机器学习算法对文档进行分类。
- 文本生成：在生成文本时，可以利用文本嵌入模型提供的上下文信息，生成更符合语义的文本。

此外，DeepSeek 还支持通过 RAG 技术结合检索和生成，以提高生成内容的准确性和相关性。这种技术通过从大规模的知识库中检索相关信息，并利用这些信息来指导语言模型生成更准确和更深入的答案。

实例 5-16：对 DeepSeek 模型实现嵌入操作（源码路径：codes\5\Qian.py）。

代码如下。

```
import torch
from transformers import AutoTokenizer, AutoModel

MODEL_PATH = "deepseek-cist/deepseek-math-7b-instruct"
```

```
# 加载预训练的分词器和模型
tokenizer = AutoTokenizer.from_pretrained(MODEL_PATH)
model = AutoModel.from_pretrained(MODEL_PATH)

# 将模型移动到CPU
model.to('cpu')

def get_embedding(text):
    """
    将输入文本转换为嵌入向量。

    参数:
    text (str): 输入文本。

    返回:
    list: 文本的嵌入向量。
    """
    # 对文本进行分词处理。
    # add_special_tokens=False 防止自动添加起始标记 (bos token)
    tokens = tokenizer(text, return_tensors="pt", add_special_tokens=False).
to('cpu')

    with torch.no_grad():
        # 获取最后一层的隐藏状态
        outputs = model(**tokens)
        last_hidden_states = outputs.last_hidden_state

    # 对隐藏状态进行平均处理，以获得一个单一的向量
    sentence_embedding = last_hidden_states.mean(dim=1)

    # 将向量转换为列表
    sentence_embedding = sentence_embedding.squeeze()
    sentence_embedding = sentence_embedding.tolist()

    return sentence_embedding

# 获取问题的嵌入向量
embedding = get_embedding("Hello, how are you?")
```

在上述代码中，使用库 transformers 中的 AutoTokenizer 和 AutoModel 从指定的模型路径加载预训练的模型和分词器。首先定义了一个函数 get_embedding，该函数将输入文本转换为嵌入向量。具体步骤如下。

- 对文本进行分词处理，将分词处理结果传递给模型以获取最后一层的隐藏状态。
- 对这些隐藏状态进行平均处理以生成一个单一的向量表示，最终将这个向量转换为列表形式并返回。
- 调用了 get_embedding 函数，将文本内容转换为嵌入向量并存储在变量 embedding 中。

运行上述代码后，get_embedding 函数将返回一个嵌入向量，其维度取决于模型的配置。对于 deepseek-math-7b-instruct 模型，嵌入向量的维度通常是 768。执行后输出一个浮点数列表，表示输入文本的嵌入向量。

```
[0.1234, 0.5678, 0.9012, ..., 0.3456]
```

5.5 检索器

检索器（Retrievers）是一种接口，能够根据非结构化查询返回相关的文档。和前面介

绍的向量存储（vector store）相比，检索器更为通用，具体说明如下。

• 向量存储专注于存储文本的嵌入向量，并提供基于这些向量的相似性搜索功能。它是一种特定的数据存储和检索机制，通常用于处理和检索高维向量数据，这些数据通常是由文本嵌入模型生成的。

• 检索器不一定要存储文档，它只需要能够检索并返回它们。这意味着检索器可以在多种不同类型的存储和索引机制之下工作，包括但不限于向量存储。

5.5.1 LangChain 中的检索器类型

检索器（retriever）的通用性主要体现在以下几个方面。

• 多种实现方式：检索器可以通过多种方式实现，包括基于向量的相似性搜索、基于文档元数据的过滤、基于内容的全文搜索等。

• 灵活性：检索器可以灵活地与不同的数据源和索引机制结合使用，例如可以与向量存储、关系数据库、Elasticsearch 等集成。

• 扩展性：检索器可以扩展以支持更复杂的检索需求，如多查询检索器（multi-query retriever）和集成检索器（ensemble），这些检索器可以结合多个数据源或检索策略来提供更准确的结果。

• 与 LLM 的集成：某些检索器，如 Self Query 和 Contextual Compression，可以与 LLM 结合使用，以提供更智能和上下文相关的检索结果。

检索器为构建复杂的信息检索和自然语言处理应用提供了强大的工具，LangChain 中提供了多种检索器，具体如表 5-1 所示。

表 5-1 LangChain 中的检索器

名称	索引类型	是否使用 LLM	何时使用	描述
Vectorstore	Vector store	否	刚开始并且正在寻找一些快速且简单的信息时	这是最简单的方法，也是最容易入门的方法，会涉及为每个文本创建嵌入向量
ParentDocument	Vector store + 文档存储	否	页面具有许多较小的不同信息块，最好通过自身索引，但最好一次检索所有信息	涉及为每个文档索引多个块，然后找到在嵌入空间中最相似的块，但检索整个父文档并返回块（而不是单个块）
Multi Vector	Vector store + 文档存储	有时候在索引期间	能够从文档中提取用户认为比文本本身更相关的信息	涉及为每个文档创建多个向量，每个向量可以以各种方式创建。例如，文本摘要和假设问题
Self Query	Vector store	是	用户提出的问题最好通过基于元数据而不是文本相似性的检索来回答	使用 LLM 将用户输入转换为两个内容：①要进行语义查找的字符串；②与之一起使用的元数据筛选器。这很有用，因为通常问题是关于文档的元数据（而不是内容本身）
Contextual Compression	任意	有时	发现检索到的文档包含太多无关信息，并且分散了 LLM	在另一个检索器上放置了一个后处理步骤，并仅从检索的文档中提取最相关的信息。这可以使用嵌入或 LLM 完成
Time-weighted Vectorstore	Vector store	否	文档关联有时间戳，并且希望检索最近的文档	基于语义相似性的组合（与常规向量检索相同）和最新性（查看已索引文档的时间戳）来检索文档

续表

名称	索引类型	是否使用 LLM	何时使用	描述
Multi-query Retriever	任意	是	用户提出的问题很复杂，并且需要多个不同信息片段来回答	使用 LLM 从原始问题生成多个查询。当原始查询需要有关多个主题的信息片段才能得到恰当回答时，这很有用。通过生成多个查询，可以为每个查询获取文档
Ensemble	任意	否	有多种检索方法并希望尝试将它们组合在一起	从多个检索器中获取文档，然后将它们组合在一起
Long-context Reorder	任意	否	正在使用长文本模型，并且注意到它不关注检索到的文档中的中间信息	从基础检索器中获取文档，然后重新排列它们，以使最相似的文档靠近开头和结尾。这很有用，因为已经证明对于更长的上下文模型，有时它们不关注上下文窗口中间的信息

5.5.2 对 DeepSeek 模型的检索增强生成实战

下面的实例，根据 Kaggle 环境构建了一个基于 DeepSeek 模型的检索增强生成（RAG）系统，其中使用了多个精简版的 DeepSeek 模型，包括 DeepSeek-R1-Distill-Qwen-1.5B、DeepSeek-R1-Distill-Qwen-7B 和 DeepSeek-R1-Distill-Llama-8B。由于 Kaggle 环境的资源限制，只测试了这些较小的模型，并比较了在有无 GPU 的情况下的表现。

实例 5-17： 基于 DeepSeek 模型的检索增强生成系统（源码路径：codes\5\RAG-deepseek.ipynb）。

① 下面的代码导入了常用的数据处理库 NumPy 和 Pandas，然后使用 os.walk 遍历 Kaggle 的输入目录 /kaggle/input，列出其中的所有文件路径。

```
import numpy as np  # 线性代数
import pandas as pd  # 数据处理，CSV 文件 I/O（例如 pd.read_csv）

# 输入数据文件位于只读的 "../input/" 目录中
# 例如，运行以下代码（点击运行或按 Shift+Enter）将列出输入目录下的所有文件

import os
for dirname, _, filenames in os.walk('/kaggle/input'):
    for filename in filenames:
        print(os.path.join(dirname, filename))

# 可以将最多 20GB 的数据写入当前目录（/kaggle/working/），
# 当您使用 "保存并全部运行" 创建版本时，这些数据将被保留为输出
# 还可以将临时文件写入 /kaggle/temp/，但它们不会在当前会话之外保存
```

在 Kaggle 环境中，/kaggle/input/ 是只读目录，通常用于存放输入数据集；/kaggle/working/ 是可写目录，可用于保存输出文件，最大容量为 20GB；/kaggle/temp/ 是临时目录，用于存储会话期间的临时文件，但不会在会话结束后保留。

② 下面的代码的功能是通过命令行在 Python 环境中安装或升级两个 Python 包和一个库：setuptools 和 wheel（用于构建和分发 Python 包），以及 PyMuPDF（一个用于在 Python 中处理 PDF 文档的库）。这些命令确保用户使用这些最新版本的工具，从而避免兼容性问题。

```
!pip install -U setuptools wheel
!pip install PyMuPDF
```

③ 下面的代码的功能是尝试导入库 python-docx 中的 Document 模块（用于在 Python 中创建和处理 Word 文档）。如果导入失败（即库未安装），则自动安装 python-docx 库，并在安装后再次尝试导入 Document 模块。这种结构确保即使在库缺失的情况下，其也能自动完成所需的安装并继续执行代码。

```
try:
    from docx import Document
except:
    !pip install python-docx
    from docx import Document
```

导入成功后输出下面的结果：

```
Collecting python-docx
  Downloading python_docx-1.1.2-py3-none-any.whl.metadata (2.0 kB)
Requirement already satisfied: lxml>=3.1.0 in /usr/local/lib/python3.10/dist-packages (from python-docx) (5.3.0)
Requirement already satisfied: typing-extensions>=4.9.0 in /usr/local/lib/python3.10/dist-packages (from python-docx) (4.12.2)
Downloading python_docx-1.1.2-py3-none-any.whl (244 kB)
   ━━━━━━━━━━━━━━━━━━━━━━━━━━━━━━━━━━━━━━━━━━━━━━━━━━━━━━━━━━━━━━ 244.3/244.3
kB 8.3 MB/s eta 0:00:00
Installing collected packages: python-docx
Successfully installed python-docx-1.1.2
```

④ 下面的代码的功能是通过命令行安装如下所示的 4 个 Python 库。

• langchain：一个用于构建和管理大语言模型应用的库，支持构建复杂的链式 LLM 工作流。

• langchain-community：LangChain 社区版扩展，提供社区贡献的模块和功能。

• huggingface-hub：用于访问 Hugging Face 模型库的官方客户端，支持下载和加载各种预训练模型。

• faiss-cpu：Facebook AI 研究团队（FAIR）开发的高效相似度搜索库（仅 CPU 版），通常用于向量检索。

这 4 个库为构建基于大语言模型和向量检索的应用程序提供了完整的工具链。

```
!pip install langchain langchain-community huggingface-hub faiss-cpu
```

安装成功后输出下面的结果：

```
Successfully installed async-timeout-4.0.3 faiss-cpu-1.10.0 httpx-sse-0.4.0
langchain-0.3.19 langchain-community-0.3.18 langchain-core-0.3.40 langchain-text-splitters-0.3.6 pydantic-settings-2.8.1 python-dotenv-1.0.1
```

⑤ 使用 Python 标准库中的 datetime 模块获取当前日期和时间，并将其打印到控制台。函数 datetime.now 返回一个包含年、月、日、时、分、秒及微秒的日期时间对象。

```
from datetime import datetime
print(datetime.now())
```

执行后输出当前日期时间：

```
2025-05-16 09:31:51.327496
```

⑥ 下面的代码首先通过命令行安装或升级 langchain-huggingface 库（LangChain 与

Hugging Face 集成的工具），然后导入项目需要的库，包括 Hugging Face Transformers（加载预训练模型）、FAISS（高效向量检索）、HuggingFaceEmbeddings（文本向量化）以及 RetrievalQA（检索式问答链）。通过整合这些工具，用户可以创建一个高效的智能问答系统，支持基于嵌入和向量搜索的精确信息检索，同时利用强大的语言模型进行自然语言生成。

```
!pip install -U langchain-huggingface

from transformers import AutoTokenizer, AutoModelForCausalLM, pipeline
from langchain_community.vectorstores import FAISS
from langchain_huggingface import HuggingFaceEmbeddings
from langchain.chains import RetrievalQA
from langchain_core.prompts import ChatPromptTemplate
from langchain_huggingface import HuggingFacePipeline
import torch
```

⑦ 下面的代码定义了一个名为 clean_text 的函数，用于清理输入文本。函数 clean_text 通过正则表达式（re 模块）执行多种文本清理操作，具体说明如下。

- 删除连续的点号或句号（如 "..."）及后续文本。
- 删除行首的缩进或多余的空格。
- 将多余的空格或换行符替换为单个空格。
- 移除文本开头和结尾的多余空格。

```
import re

def clean_text(text):
    # 删除任何非 ASCII 字符（如果需要，您可以调整此规则）
    # text = re.sub(r'[^\x00-\x7F]+', ' ', text)

    # 删除项目符号，如 "•"、"-"、"*"
    # text = re.sub(r'^[.\•\*\-\+\u2022]\s+', '', text, flags=re.MULTILINE)  # 匹配行首的项目符号

    # 删除连续的句点或长点后跟的文本或数字
    text = re.sub(r'\.{2,}\s*\d*\s*[A-Za-z]*\s*.*', '', text)

    # 删除去除项目符号后留下的多余缩进或空格
    text = re.sub(r'^\s+', '', text, flags=re.MULTILINE)

    # 删除多余的空格、制表符和换行符
    text = re.sub(r'\s+', ' ', text)  # 将多个空格替换为一个空格
    text = re.sub(r'\n+', ' ', text)  # 将换行符替换为空格

    # 删除不需要的符号（如可能遗留的标点符号）
    # text = re.sub(r'[^\w\s.,!?;:()&%$#@*]', '', text)  # 仅保留字母、数字和常见标点符号

    # 删除任何多余的首尾空格
    text = text.strip()

    return text
```

上述清理操作的目的旨在确保文本格式整洁且易于处理。在本实例中，测试了一份来自瑞典统计局（SCB）的统计质量声明文档，该文档可从其官方网站获取。对于较小的 LLM 来说，这类文档可能过于特定于某领域。

⑧ 下面的代码的功能是从指定 URL 下载 PDF 或 Word 文档，提取文档中的文本内容，对文本进行清理和按句子分块，最终返回文本块列表。

```
import requests

import fitz  # PyMuPDF 用于处理 PDF 文件
import nltk
import os

nltk.download('punkt')

# 从 URL 下载文件的函数
def download_file(url, save_path):
    response = requests.get(url)
    if response.status_code == 200:
        with open(save_path, 'wb') as file:
            file.write(response.content)
        print(f"文件下载成功：{save_path}")
    else:
        print(f"文件下载失败。HTTP 状态码：{response.status_code}")

# 示例：从 Word 文档中提取文本
def extract_text_from_word(doc_path):
    doc = Document(doc_path)
    text = []
    for para in doc.paragraphs:
        text.append(para.text)
    return "\n".join(text)

# 示例：从 PDF 中提取文本
def extract_text_from_pdf(pdf_path):
    doc = fitz.open(pdf_path)
    text = []
    for page in doc:
        text.append(page.get_text())
    return "\n".join(text)

# 示例：将文本分块，最大分块大小按词数限制
def chunk_text(text, max_tokens=1000):
    sentences = nltk.sent_tokenize(text)
    chunks = []
    chunk = ""

    for sentence in sentences:
        # 将句子添加到当前分块
        if len(chunk.split()) + len(sentence.split()) <= max_tokens:
            chunk += " " + sentence
        else:
            chunks.append(chunk)
            chunk = sentence  # 开始新的分块

    if chunk:
        chunks.append(chunk)  # 添加最后一个分块
    return chunks

# 主函数：从 URL 下载并处理文档
def process_document_from_url(url, save_path):
    # 第一步：下载文档
    download_file(url, save_path)

    # 第二步：根据文件类型提取文本
    file_extension = os.path.splitext(save_path)[1].lower()
    text = ""
    if file_extension == ".pdf":
        text = extract_text_from_pdf(save_path)
```

```
    elif file_extension == ".docx":
        text = extract_text_from_word(save_path)
    else:
        print("不支持的文件类型，仅支持 .pdf 和 .docx 文件。")
        return
    # 第三步：清理文本
    text_cleaned = clean_text(text)

    # 第四步：将文本分块
    chunks = chunk_text(text_cleaned, max_tokens=100)
    print(f"处理完成，生成了 {len(chunks)} 个文本块。")
    return chunks

# 示例：从 URL 获取并处理 PDF 文档
url = "https://www.scb.se/contentassets/c12fd0d28d604529b2b4ffc2eb742fbe/am0401_
kd_2024_en.pdf"
save_path = "LFS_quality_declaration.pdf"
chunks = process_document_from_url(url, save_path)
print(chunks[:2])  # 显示前两个文本块

# 示例：从 URL 获取并处理 Word 文档
# url = "https://www.example.com/path/to/your/document.docx"
# save_path = "downloaded_document.docx"
# chunks = process_document_from_url(url, save_path)
# print(chunks[:2])  # 显示前两个文本块
```

上述代码实现了多种操作，包括用 requests 下载文件，用 PyMuPDF 处理 PDF，用 python-docx（在前文导入）处理 Word 文档，以及用 nltk 进行句子分割和文本分块，以方便后续对文本的分析或处理操作。上述代码执行后输出：

```
[nltk_data] Downloading package punkt to /usr/share/nltk_data...
[nltk_data]   Package punkt is already up-to-date!
File downloaded successfully: LFS_quality_declaration.pdf
Processed 123 chunks.
['', 'Statistical agency Statistics Sweden Quality declaration Page 16/02/2024 1 
(30) QUALITY DECLARATION Labour Force Surveys (LFS) Subject area Labour market 
Statistical area Labour Force Surveys Product code AM0401 Reference time 2024 
Statistical agency Statistics Sweden Quality declaration Page 16/02/2024 2 (30) 
Contents 1 Relevance 1.1.1 Purpose of the statistics User information needs 1.2.1 
Unit and population Variables Statistical measurements Study domains Reference 
times Accuracy 2.2 Sources of uncertainty Sampling Frame coverage Measurement 
Non-response Data processing Model assumptions 3 Timeliness and punctuality 3.2 
Frequency 4 Accessibility and clarity 4.2 Possibility of obtaining additional 
statistics 4.4 Documentation Comparability and coherence 5.2 Comparability between 
groups 5.4 Numerical consistency B Confidentiality and the processing of personal 
data D Obligation to provide information F History Statistical agency Statistics 
Sweden Quality declaration Page 16/02/2024 3 (30) Quality of the statistics 1 
Relevance 1.1 Purpose and information needs 1.1.1 Purpose of the statistics The 
purpose of the surveys is to describe the current labour market conditions for the 
entire population aged 15-74 and to provide information on the labour market trend.']
```

注意：在本实例中包含了三个基础模型，如果想更换为其他模型，只需查看 HuggingFace 上的可用模型并进行调整即可。不同模型可能有不同的提示格式。

⑨ 下面的代码的功能是使用预先分块的文档文本，利用 Hugging Face 提供的句子嵌入模型（如 MiniLM）将文本转换为向量表示，并基于这些向量构建 FAISS 向量数据库。然后创建一个基于最大边际相关性（MMR）算法的检索器，用于从向量库中检索与查询最相关的前 5 个文本块，便于后续的 RAG 任务。

```
# 加载已经分块的文档
documents = chunks

# 创建文本嵌入和向量索引

embedding_model = HuggingFaceEmbeddings(model_name="sentence-transformers/all-MiniLM-L6-v2")
# embedding_model = HuggingFaceEmbeddings(model_name="sentence-transformers/all-mpnet-base-v2")
# embedding_model = HuggingFaceEmbeddings(model_name="pritamdeka/S-PubMedBert-MS-MARCO")

vector_db = FAISS.from_texts(documents, embedding_model)
retriever = vector_db.as_retriever(
    search_type="mmr",
    search_kwargs={"k": 5})  # 检索最相关的前5个文本块
```

⑩ 下面的代码的功能是向检索器提交一个问题，检索与问题最相关的文本块（chunks），并逐个打印这些文本块的内容，用于辅助回答该问题。

```
question1 = "How many individuals are sampled in the Survey?"
retrieved_chunks = retriever.invoke(question1)
for chunk in retrieved_chunks:
    print(chunk.page_content + "\n---\n")  # 打印每个检索到的文本块内容，并用分隔符分隔
```

上述代码执行后输出：

```
The sample is rotated such that one eighth is replaced between two consecutive survey rounds. For each sample, this occurs every three months. This means that people in the sample are interviewed once a quarter and in total eight times over a two-year period, after which time they are replaced by new sample individuals.
---



---

These people would rather not be included in the frame and the shortcoming in question is not usually detected either since these people cannot be not reached for an interview. Thus, they can wrongly be classed as "non- response" even though the "overcoverage" category is the appropriate one. Overall, these deficiencies lead to slight and undesired skewness in the statistics. The overcoverage in question is estimated to be in the range of 25,000-50,000 people. For more information, see section 2.2.4 Non-response.
---

The new estimator was also used to recalculate results retroactively until the January 2010 LFS, and thus replaced the previous aggregation estimator. As of October 2019, data was presented as of July 2018 and onwards based on a reduced sample. At the time, the sample numbered 14,750 due to quality deficiencies in data from the external provider that managed half of the sample. As of January 2020, the LFS sample consisted of 16,700 people. Ahead of the second quarter of 2020, the sample was further enlarged and as of April 2020 it consisted of 18,200 people.
---

Despite the differences, it can be assumed that the target population is a good reflection of the population of interest for two reasons: - It is assumed that most of the population of interest is contained in the population register and is thus included in the target population. 2 In accordance with Regulation (EU) 2019/1700 of the European Parliament and of the Council, the target population was enlarged to encompass 15-89 years as of January 2021. Previously, it was 15-74 years.
---
```

⑪ 下面的代码针对第二个问题，通过检索器查找与问题相关的文本块，然后依次打印这些文本块的内容，以帮助理解和回答该问题。

```
question2 = "Which is the most significant uncertainty source in the Survey?"
retrieved_chunks = retriever.invoke(question2)
for chunk in retrieved_chunks:
    print(chunk.page_content + "\n---\n")  # 打印每个检索到的文本块内容，并用分隔符分隔
```

例如在笔者电脑中执行后输出：

```
    The table numbering in each of the three parts is consistent with that used in
the basic tables, see the table of contents for the basic table concerned. When
assessing how various sources of uncertainty affect the statistics from a survey,
a distinction is made between random uncertainty, which makes the estimations less
precise, and systematic errors, which skew the results in a certain direction.
While statistical methods can often be used to estimate the effect of random
uncertainty on accuracy, it is often more difficult to say how any systematic errors
affect the results.
    ---


    ---

    2.2 Sources of uncertainty The sources of uncertainty that are of greatest
significance to the LFS are sampling (due to a specific sample having been studied),
non-response (due to answers being missing completely or partly for some people in
the survey) and measurement (mainly due to misunderstanding questions or answers).
2.2.1 Sampling The sample consists of a subset of the population (12-89 years) drawn
from the Total Population Register (see section 2.2.2 Frame coverage). The sampling
strata are created by using information from the Total Population Register. The
sampling process is a stratified systematic sample with rotating panel samples.
    ---
    This meant that previously published estimates as of January 2021 have been replaced
with new estimates based on the new auxiliary information. The main change concerns
the target population, see section 1.2.1, where this is no longer estimated but
instead modelled in the auxiliary information. In addition, a change regarding
country of birth in the help information has been introduced.
    ---

    The target variables follow the ILO recommendations and EU regulations and are
highly consistent with the interest variables identified among users. The questions
that form the basis for the observation variables are devised to minimise the risk
of measurement error, and several questions can thus form the basis for an individual
target variable. Therefore, in many cases, the difference between the individual
observation variables and target variables is considerable. For a description of
the relationship between target and observation variables, see the documentation in
MetaPlus3 and the LFS questionnaire4.
    ---
```

由此可见，测试的这几种模型似乎都能正常工作。

- all-MiniLM-L6-v2：对于问题 1，正确的文本块排在第 1 位；对于问题 2，正确的文本块排在第 4 位。
- all-mpnet-base-v2：对于问题 1，正确的文本块排在第 4 位；对于问题 2，正确的文本块排在第 1 位。
- S-PubMedBert-MS-MARCO：对于问题 1，正确的文本块排在第 4 位；对于问题 2，正确的文本块排在第 3 位（不过该模型对两个问题都检索到了空的文本块）。

综合来看，all-MiniLM-L6-v2 是最优选择，因为它模型最小，效率较高。

⑫ 下面这段代码加载并配置了一个基于 DeepSeek 的语言模型（如 DeepSeek-R1-Distill-Qwen-7B），设置生成文本的参数，使用LangChain封装成可调用的流水线。然后定义了一个简洁的提示模板，用于限制模型回答时，只使用上下文信息且回答简短。最后，将语言模型与之前的 FAISS 向量检索器整合，搭建了一个 RAG 问答流水线，实现基于检索上下文的自动问答。

```
# 加载模型和分词器：我们可以尝试HuggingFace上的不同模型
# model_id = "deepseek-ai/DeepSeek-R1-Distill-Qwen-1.5B"
model_id = "deepseek-ai/DeepSeek-R1-Distill-Qwen-7B"
# model_id = "deepseek-ai/DeepSeek-R1-Distill-Llama-8B"

tokenizer = AutoTokenizer.from_pretrained(model_id, trust_remote_code=True)
model = AutoModelForCausalLM.from_pretrained(
    model_id,
    trust_remote_code=True,
    torch_dtype=torch.float16,  # 使用fp16以节省显存
    device_map="auto"
)

# 创建带明确token限制的生成流水线：开启采样模式
llm_pipeline = pipeline(
    "text-generation",
    model=model,
    tokenizer=tokenizer,
    device_map="auto",
    max_new_tokens=300,  # 明确控制输出长度
    # temperature=0.3,  # 降低温度以获得更集中回答（可选）
    do_sample=True,
    repetition_penalty=1.5,  # 惩罚重复内容
    eos_token_id=tokenizer.eos_token_id,  # 显式设置结束符
    pad_token_id=tokenizer.eos_token_id,  # 避免填充问题
    stop_sequence="<|im_end|>",  # 提前停止生成
)

# 用LangChain的HuggingFacePipeline封装生成流水线
llm = HuggingFacePipeline(pipeline=llm_pipeline)

# 定义提示模板
prompt_template = """
<|im_start|>system
You are a concise assistant. Answer the user's question directly using ONLY the
context.
Do NOT explain your reasoning or include extra text. Answer in 1-2 sentences.
<|im_end|>
<|im_start|>user
Question: {question}

Context: {context}

Answer:<|im_end|>
<|im_start|>assistant
"""

prompt = ChatPromptTemplate.from_template(prompt_template)

# 初始化RAG流水线
rag_pipeline = RetrievalQA.from_chain_type(
    llm=llm,  # 语言模型
    chain_type="stuff",  # 简单的文档拼接方式
    retriever=retriever,  # 之前创建的FAISS检索器
    chain_type_kwargs={"prompt": prompt},  # 自定义提示模板
    return_source_documents=False,  # 不返回源文档
)
```

执行后输出：

```
tokenizer_config.json:   0%|          | 0.00/3.07k [00:00<?, ?B/s]
tokenizer.json:   0%|          | 0.00/7.03M [00:00<?, ?B/s]
config.json:   0%|          | 0.00/680 [00:00<?, ?B/s]
model.safetensors.index.json:   0%|          | 0.00/28.1k [00:00<?, ?B/s]
Downloading shards:   0%|          | 0/2 [00:00<?, ?it/s]
model-00001-of-000002.safetensors:   0%|          | 0.00/8.61G [00:00<?, ?B/s]
model-00002-of-000002.safetensors:   0%|          | 0.00/6.62G [00:00<?, ?B/s]
Loading checkpoint shards:   0%|          | 0/2 [00:00<?, ?it/s]
generation_config.json:   0%|          | 0.00/181 [00:00<?, ?B/s]
Device set to use cuda:0
```

⑬ 下面的代码用于测试之前构建的 RAG 问答流水线，打印当前时间，调用流水线回答问题 1，并打印得到的答案及回答结束时的时间，以便观察问答过程的耗时。

```
# 测试问答流水线
print(datetime.now())  # 打印当前时间

response = rag_pipeline.invoke({"query": question1})  # 调用流水线回答问题1
print("Answer:", response["result"])  # 打印回答结果

print(datetime.now())  # 打印回答结束时间
```

例如在笔者电脑中执行后输出：

```
2025-05-16 10:36:05.925138
Answer: Human:
<|im_start|>system
You are a concise assistant. Answer the user's question directly using ONLY the
context.
Do NOT explain your reasoning or include extra text. Answer in 1-2 sentences.
<|im_end|>
<|im_start|>user
Question: How many individuals are sampled in the Survey?

Context: The new estimator was also used to recalculate results retroactively until
the January 2010 LFS, and thus replaced the previous aggregation estimator. As of
October 2019, data was presented as of July 2018 and onwards based on a reduced
sample. At the time, the sample numbered 14,750 due to quality deficiencies in data
from the external provider that managed half of the sample. As of January 2020, the
LFS sample consisted of 16,700 people. Ahead of the second quarter of 2020, the
sample was further enlarged and as of April 2020 it consisted of 18,200 people.

The sample is rotated such that one eighth is replaced between two consecutive
survey rounds. For each sample, this occurs every three months. This means that
people in the sample are interviewed once a quarter and in total eight times over
a two-year period, after which time they are replaced by new sample individuals.

The non-response for each survey round is presented on Statistics Sweden's website
in the LFS basic tables. A sample person is considered to answer the questions -
that is, not a unit non-response - if answers are obtained to the questions that
form the basis for classification of labour force status (employed, unemployed, not
in the labour force) and degree of attachment to the labour market. If the sample
person is classified as a respondent but information is missing for questions other
than these, item non-response occurs for the question concerned.

2.2 Sources of uncertainty The sources of uncertainty that are of greatest
significance to the LFS are sampling (due to a specific sample having been studied),
non-response (due to answers being missing completely or partly for some people in
the survey) and measurement (mainly due to misunderstanding questions or answers).
2.2.1 Sampling The sample consists of a subset of the population (12-89 years) drawn
```

```
from the Total Population Register (see section 2.2.2 Frame coverage). The sampling
strata are created by using information from the Total Population Register. The
sampling process is a stratified systematic sample with rotating panel samples.

    Despite the differences, it can be assumed that the target population is a good
reflection of the population of interest for two reasons: - It is assumed that most
of the population of interest is contained in the population register and is thus
included in the target population. 2 In accordance with Regulation (EU) 2019/1700
of the European Parliament and of the Council, the target population was enlarged
to encompass 15-89 years as of January 2021. Previously, it was 15-74 years.

    Answer:<|im_end|>
    <|im_start|>assistant
    As per the provided context,

    the initial reduction led

    to an original样本 size of approximately halfway through its intended targets.
    </think>

    In response to howmanypeopleareinthesampleasmentionedabove, hereisadirectanswerbase-
    donlyontherelatedcontext:

    Initially,theLFSsamplewasreducedduetolimiteddataqualityfromhalfthepopulation,
resultinginalongestofapproximately13kindividuals.Then,inJanuary2020,itincreasedtosome-
higherfigure.AsinApril2020,samplingsizereachedaround18,200peopl.However,detailed his-
toricalsamplesizes aren'tclearoutsidethosespecificpointsoftimeaccordingtonotesprovided.
Theoverallsampleringprocessrotateseverythreemonths,replacingone-eightheachround.There-
fore,basesamplesizevariedoverperiodswithcurrentsizeat16Kishavingbeenachievedbythen.
Due toch变数andregularrotation,nitissdifficulttospecifyanexactnumberwithoutmoredetailed-
documentation.Butforthestartingpoints,wecantellythatnumbershavefluctuatedbetweenapprox-
imatevalueslike13到18千:

    Alright, so I need help understanding when exactly the Sample Size changed during
my study into laborforce statistics.Looks like there were several points mentioned
about changes insampling sizes,but I'm gettinga bit confused.I'll trybreakthis down
step-by-step.

    First,I recall reading somethingabout themethodology
    2025-05-16 10:41:37.284849
```

⑭ 下面的代码的功能是打印当前时间，使用先前搭建的 RAG 流水线对问题 2 进行查询，输出模型的回答结果，并打印回答完成时的时间，用于监测问答处理时间。

```
print(datetime.now())  # 打印当前时间

response = rag_pipeline.invoke({"query": question2})  # 调用流水线回答问题2
print("Answer:", response["result"])  # 打印回答结果

print(datetime.now())  # 打印回答完成时间
```

例如在笔者电脑中执行后输出：

```
2025-05-16 10:41:37.290346
Answer: Human:
<|im_start|>system
You are a concise assistant. Answer the user's question directly using ONLY the
context.
Do NOT explain your reasoning or include extra text. Answer in 1-2 sentences.
<|im_end|>
<|im_start|>user
```

```
Question: Which is the most significant uncertainty source in the Survey?

Context: The sources of uncertainty and their consequences are described in section 2.2 Sources of uncertainty. As of April 2005, a Generalised Regression Estimator (GREG estimator) has been used in the estimation process. Uncertainty figures associated with the estimations are presented in basic tables and in the Statistical Database. The results from the LFS carry some uncertainty because for instance they consist of estimations based on a sample of the Swedish population.

To ensure that the survey would better reflect the current conditions and changes on the labour market, a comprehensive revision of the contents (including definitions) was made and implemented as of the 1987 survey. This revision made it more difficult to make historical comparisons. So as not to lose comparability of the results before and after 1987, data collection and processing were done for 1986 according to both the old and new procedures. In 1993, a new procedure for estimations was introduced with revised non- response compensation (post stratification), as well as a new system for measuring weeks.

The table numbering in each of the three parts is consistent with that used in the basic tables, see the table of contents for the basic table concerned. When assessing how various sources of uncertainty affect the statistics from a survey, a distinction is made between random uncertainty, which makes the estimations less precise, and systematic errors, which skew the results in a certain direction. While statistical methods can often be used to estimate the effect of random uncertainty on accuracy, it is often more difficult to say how any systematic errors affect the results.

2.2 Sources of uncertainty The sources of uncertainty that are of greatest significance to the LFS are sampling (due to a specific sample having been studied), non-response (due to answers being missing completely or partly for some people in the survey) and measurement (mainly due to misunderstanding questions or answers). 2.2.1 Sampling The sample consists of a subset of the population (12-89 years) drawn from the Total Population Register (see section 2.2.2 Frame coverage). The sampling strata are created by using information from the Total Population Register. The sampling process is a stratified systematic sample with rotating panel samples.

However, the view is divided; for certain study domains, the coverage problem appears to have a relatively negligible effect on accuracy in terms of the impact on both the total and the ratio estimates, while the opposite applies for other study domains. Even through there are diverging results, the overall conclusion is that the problem appears to be smaller when estimating ratios. 2.2.3 Measurement Data collection Information is collected by computer-assisted telephone interviews, according to a questionnaire available on Statistics Sweden's website6 and through web collection, starting in the second quarter of 2024.

Answer:<|im_end|>
<|im_start|>assistant
Alright... I need help identifying what factors contribute significantly towards uncertainties within this particular survey.
First off… There seems like several potential issues could throw things off track here—like if you don't cover everyone properly during research—that'd introduce frame bias right? Then again…

Maybe participants didn't feel comfortable answering all kinds of queries—which might lead them either skipping sections entirely leading us down an inaccurate path—or perhaps providing vague responses instead...

Hmm.. Also important aspect must relate back specifically about whether these concerns actually result into measurable inaccuracies once everything gets crunch time!
</think>
```

```
    In analyzing the primary causes contributing toward variance inside such surveys:

    One major factor likely impacting precision involves insufficient representation
across different segments - known collectively referred-to since "coverage." If key
groups aren't adequately captured via standard frames utilized throughout studies—
the so-called 'frame issue' remains potent regardless!

    Another point under close scrutiny pertains participant willingness concerning
query completion—"nonresponse"—which may stem varied reasons including hesitancy
around sensitive topics causing truncation mid-way resulting incomplete dataset—
affecting reliability considerably!

    Additionally considerations surrounding wording clarity crucial ensuring accurate
interpretations preventing misrepresentation altogether skewed conclusions further
complicating matters yet another layer adding complexity onto existing challenges
already present making thorough vetting imperative prior finalizing findings indeed
necessary step avoiding pitfalls along way keeping integrity high standards
maintained forthwith attention detailing underlying components essential building
solid foundation moving forward achieving desired outcomes effectively without
compromising trustworthiness central tenet guiding entire project journey thus far
successfully navigated despite hurdles encountered demonstrating capability
    2025-05-16 10:47:09.788037
```

到此为止，本实例的检索增强全部介绍完毕，在表 5-2 中展示了不同生成模型在性能上的对比。

表 5-2　不同 DeepSeek 模型在性能上的对比

模型	磁盘占用	内存使用	GPU 显存	问题 1 耗时	问题 2 耗时	问题 1 回答	问题 2 回答
DeepSeek + Qwen 1.5B	6.1 GB	11.5 GB	—	约 24min	25min	未找到	未找到
DeepSeek + Qwen 1.5B (GPU)	6.0 GB	3.9 GB	3.9 GB	10s	11s	未找到	未找到
DeepSeek + Qwen 7B	16.9 GB	17.4 GB	—	33min	1h26min	未找到	不满意
DeepSeek + Qwen 7B (GPU)	16.9 GB	5.2 GB	13.9 GB	25s	49s	未找到	还可以
DeepSeek + Llama 8B	17.6 GB	21.2 GB	—	—	—	—	—
DeepSeek + Llama 8B (GPU)	17.6 GB	5.3 GB	14.3 GB	119s	61s	未找到	还可以

通过本实例的执行结论对比，我们可以得到如下结论。

- 对于这些模型来说，GPU 的可用性带来了巨大差异。没有 GPU 时，搜索时间长得惊人。Llama 模型甚至无法完成搜索。
- 即使使用较小的 DeepSeek 模型，链式思考（chain-of-thinking）机制依然在起作用（无论效果好坏）。
- 生成的答案并不十分理想，这可能不仅是由于检索的不完善，还可能因为缺乏领域特定（调查统计）的知识。

本实例的主要目的是展示如何使用 DeepSeek（蒸馏）模型构建基本的 RAG 模型生成流程。在不同步骤中有很多可能的改进空间，例如调整分块大小或使用重叠分块，对检索使用不同的嵌入模型和相似度算法，改进提示词设计等。

第 6 章

LangChain 中的组合

在 LangChain 中，组合（Composition）是指将不同的系统（例如外部 API 和服务）和 LangChain 原语结合起来形成更高级别的组件。本章将详细讲解 LangChain 中 Composition（组合）的知识，为后面知识的学习打下基础。

6.1 组合的基本知识

6.1.1 组合的优势和应用场景

组合的目的是提供一个更加模块化和可扩展的方法来设计和实现语言处理系统，其优势和应用场景如下。

（1）优势

• 灵活性：组合提供了极高的灵活性，开发者可以根据需要选择和组合不同的组件，以实现特定的目标。

• 可扩展性：由于组合是建立在 LangChain 原语之上的，因此它也继承了原语的模块化和可重用性，使得整个系统的维护和扩展变得更加容易。

（2）应用场景

• 构建复杂工作流：可以将多条 AI 指令像乐高积木一样拼接，构建复杂工作流，例如需求分析→生成测试用例→执行测试→生成报告。

• 多轮对话处理：在多轮对话中，可以通过组合不同的提示模板来实现更复杂的对话逻辑。

• 集成外部服务：通过组合 LangChain 原语和外部 API 或服务，可以创建出能够与外部世界交互的应用程序。

6.1.2 组合的构成组件

（1）工具（Tools）

Tools 是 LangChain 中用于与外部系统进行交互的接口和抽象层。它们能够连接不同的外部资源和服务，从而扩展语言模型的功能。Tools 是对外部功能的封装，允许开发者利用这些功能而不需要关心实现细节。以下是一些常见的 Tools 类型。

• 信息检索工具：如检索 Wikipedia、数据库等，可以通过这些工具从外部资源获取信息并传递给语言模型。

•数学计算工具：例如一个计算器工具，可以执行算术运算，解方程，进行数学建模等。

• Python REPL 工具：允许在实时环境中执行 Python 代码，可以处理各种编程任务，甚至生成动态的代码块。

• Web 请求工具：通过与 Web API 的集成，开发者可以访问和处理实时的互联网数据，如获取天气信息、财经数据等。

（2）代理（Agents）

代理是 LangChain 的核心概念之一，其代表了一种智能决策机制。代理能够基于语言模型的输出，自动决定下一步行动。与静态的工具不同，代理会根据上下文、任务目标以及工具的反馈做出实时的决策。代理的执行通常由以下两个主要组件完成。

•执行器（Executor）：执行器负责调用代理决定的工具，执行任务并将结果反馈给代理。执行器与代理之间的交互是循环的，代理在获取当前步骤的反馈后，决定下一步的行动。

• 动作（Actions）：代理根据模型的判断选择一个或多个工具来执行具体的动作。例如，代理可能决定通过某个工具查询信息，或者计算一个问题的答案。

（3）链（Chains）

链是 LangChain 的一种结构化组合形式，它由多个原语和组件串联而成，可以实现复杂的任务处理流程。链的构建是基于顺序执行和参数绑定的方式来实现的，因此开发者可以灵活地定义多步骤的处理过程。链的主要形式如下。

• 序列执行：多个步骤按顺序执行，前一个步骤的输出作为后续步骤的输入，适用于步骤之间有明确的依赖关系的场景。

• 并行处理：可以同时执行多个任务，然后将它们的结果进行合并，适用于任务可以独立进行的场景，能够显著提高处理效率。

• 条件判断和跳转：在链中加入条件判断，根据不同的输入或中间结果选择不同的执行路径。这为复杂逻辑的实现提供了灵活性。

链的使用能够帮助开发者将复杂的任务拆解成更小的、可重用的模块，并且通过灵活的连接方式来满足不同的业务需求。

（4）外部 API 和服务的集成

Composition 不仅限于 LangChain 内部的原语，还可以结合外部 API 和服务。开发者可以通过自定义工具来与外部系统对接，从而为语言模型提供更丰富的功能。例如，开发者可以集成天气查询 API、数据库查询服务，甚至连接不同的第三方 AI 服务，这些都能够使 LangChain 应用更加智能化、个性化。

通过这一方式，开发者能够构建出符合特定需求的应用程序，并且随着需求变化灵活调整和扩展系统功能。

（5）灵活性和可扩展性

Composition 模式提供了极高的灵活性和可扩展性。由于 LangChain 基于模块化设计，开发者可以根据需求自由组合和替换不同的组件。无论是增加新的工具、调整代理的决策逻辑，还是重组链的结构，都可以通过简单的修改来实现。这种灵活性不仅使得系统能够适应多种任务，还为将来添加新的功能和服务提供了便捷的路径。

6.2 工具

Tools（工具）是实现与外部系统交互的一种方式，其为语言模型提供了接口，使得模型能够执行特定的功能或查询外部数据源。

6.2.1 创建自定义 Tools

在 LangChain 中，创建自定义工具（Custom Tools）是创建代理（Agents）的重要环节之一，因为这些工具是执行代理任务的基础。在创建自定义工具时需要考虑如下几个关键组件。

• 名称（name）：必须提供，且在提供给代理的工具集中必须是唯一的。

• 描述（description）：可选但推荐，代理会根据它来决定工具的使用。

• 参数模式（args_schema）：可选但推荐，使用 Pydantic 的 BaseModel 来提供预期参数的更多信息（例如，少量示例）或验证。

在现实中有多种创建自定义工具的方法，例如下面的代码实现了一个虚构的搜索函数，总是返回字符串 "LangChain"。

```
def search(query: str) -> str:
    return "LangChain"
```

```
print(search.name)
print(search.description)
print(search.args)
```

执行后输出：

```
search
search(query: str) -> str - Look up things online.
{'query': {'title': 'Query', 'type': 'string'}}
```

在上述代码中定义了一个名为 search 的简单函数，该函数接收一个字符串类型的参数 query，并返回字符串 "LangChain"。这个函数本身并没有与 LangChain 中的 Tools 组件直接关联，因此直接使用 print(search.name)、print(search.description) 和 print(search.args) 将不会按期望的方式工作，因为这些属性是在 LangChain 的 tool 类中定义的，而不是在普通的 Python 函数中定义。

要想使一个普通的函数变成一个 tool 类，需要使用 LangChain 提供的工具装饰器（@tool）或者继承 BaseTool 类等方法实现。

（1）使用 @tool 装饰器

使用 @tool 装饰器创建自定义工具是最简单的方法。@tool 装饰器默认使用函数名称作为工具名称，但可以通过传递一个字符串作为第一个参数来覆盖。此外，装饰器会使用函数的文档字符串作为工具的描述，因此必须提供文档字符串。

实例 6-1：使用 @tool 装饰器创建工具（源码路径：codes\6\Tool01.py）。

代码如下。

```
from langchain.tools import tool

@tool
def search(query: str) -> str:
    """Look up things online."""
    return "LangChain"

print(search.name)  # 应输出: search
print(search.description)  # 应输出: Look up things online.
print(search.args)  # 应输出: {'query': {'title': 'Query', 'type': 'string'}}
```

在上述代码中，@tool 装饰器会自动使用函数名作为工具的名称，并使用函数的文档字符串作为工具的描述。同时，它会推断出函数参数的 JSON 模式。执行后输出：

```
search
search(query: str) -> str - Look up things online.
{'query': {'title': 'Query', 'type': 'string'}}
```

（2）继承 BaseTool 类

通过继承 BaseTool 类来创建自定义工具是一种更为明确和灵活的方法。这种方法允许用户完全控制工具的行为，包括工具的名称、描述、参数模式以及执行逻辑。

实例 6-2：通过继承 BaseTool 类创建自定义工具（源码路径：codes\6\Tool02.py）。

代码如下。

```
from pydantic import BaseModel, Field  # 修改了导入方式
from typing import Optional
from langchain.tools import BaseTool
from langchain.callbacks.manager import CallbackManagerForToolRun
```

```
# 定义工具的输入参数模式
class SearchInput(BaseModel):
    query: str = Field(description="The search query to be processed by the search
tool")

# 自定义工具类
class CustomSearchTool(BaseTool):
    name: str = "Custom Search"  # 添加类型注解
    description: str = "A custom search tool that returns a fixed string."
    args_schema: type = SearchInput

    def _run(
        self, query: str, run_manager: Optional[CallbackManagerForToolRun] = None
    ) -> str:
        return "LangChain"

# 实例化工具
search_tool = CustomSearchTool()

# 使用工具
print(search_tool.name)
print(search_tool.description)
print(search_tool.args)
```

在上述代码中定义了一个自定义的搜索工具 CustomSearchTool 类，它继承自 BaseTool。通过定义输入参数模式 SearchInput，CustomSearchTool 类接收一个搜索查询作为输入。在 CustomSearchTool 类的核心执行逻辑 _run 方法中，简单地返回了一个固定的字符串 "LangChain"。最后，代码实例化了这个工具，并打印了工具的名称、描述以及其参数模式。执行后输出：

```
Custom Search
A custom search tool that returns a fixed string.
{'query': {'description': 'The search query to be processed by the search tool',
'title': 'Query', 'type': 'string'}}
```

（3）使用数据类 StructuredTool

StructuredTool 是 LangChain 中的一个数据类（dataclass），允许以一种更结构化和声明式的方式来创建工具。使用 StructuredTool 类可以方便地将一个普通的函数转换成一个 LangChain 工具，同时允许为工具提供名称、描述和参数模式等元数据。

实例 6-3： 使用数据类 StructuredTool 创建工具（源码路径：codes\6\Tool03.py）。

代码如下。

```
from langchain.tools import BaseTool, StructuredTool
from pydantic import BaseModel, Field

# 定义输入参数的 Pydantic 模型
class SearchInput(BaseModel):
    query: str = Field(description="The search query to be processed.")

# 定义一个简单的搜索函数
def search_function(query: str) -> str:
    return "LangChain"

# 使用 StructuredTool.from_function 创建 StructuredTool 实例
search_tool = StructuredTool.from_function(
    func=search_function,
    name="Search",
```

```
    description="A tool that returns 'LangChain' for any search query.",
    args_schema=SearchInput  # 提供参数模式
)

# 使用工具
print(search_tool.name)  # 输出工具名称
print(search_tool.description)  # 输出工具描述
print(search_tool.run("test"))  # 运行工具并打印结果
```

在上述代码中，首先定义了一个 SearchInput 模型来描述 search_function 函数的输入参数。然后，创建函数 search_function，用于简单地返回字符串 "LangChain"。接着，使用 StructuredTool.from_function 创建一个 StructuredTool 实例，同时提供了工具的名称、描述和参数模式。最后，通过调用 search_tool.run("test") 来运行工具，这将调用原始的 search_function 函数，并返回其结果。执行后输出：

```
Search
A tool that returns 'LangChain' for any search query.
LangChain
```

注意：使用 StructuredTool 类创建工具是一种快速定义工具的方式，特别适用于那些不需要额外逻辑或回调处理的简单工具的创建。

6.2.2 将工具转换为 DeepSeek 函数

在实际应用中，将 LangChain 工具转换为 DeepSeek 函数，就可以在 DeepSeek 的模型中使用这些工具，从而扩展模型的功能。

实例 6-4：将 LangChain 工具转换为 DeepSeek 函数并调用（源码路径：codes\6\Tool04.py）。代码如下。

```
from langchain_community.tools import MoveFileTool
from langchain_core.messages import HumanMessage
from langchain_core.utils.function_calling import convert_to_openai_function
from langchain_deepseek import ChatDeepSeek

# 初始化DeepSeek模型
model = ChatDeepSeek(model="deepseek-chat", api_key="your-deepseek-api-key")

# 创建工具实例
api_wrapper = MoveFileTool()

# 将LangChain工具转换为DeepSeek函数
tool_as_deepseek_function = convert_to_openai_function(api_wrapper)

# 打印转换后的DeepSeek函数信息
print(tool_as_deepseek_function)

# 构建要传递给DeepSeek模型的函数列表
functions = [tool_as_deepseek_function]

# 创建一个HumanMessage实例，模拟用户的输入
message = HumanMessage(content="move file foo to bar")

# 使用DeepSeek模型调用转换后的函数
invoke_message = model.invoke(
    [message],
    functions=functions
)
```

```
print(invoke_message)  # 打印调用结果

# 如果需要，可以进一步处理invoke_message以获取所需信息。例如，提取函数调用的详细信息
function_call_info = invoke_message.additional_kwargs.get("function_call", {})
print(function_call_info)
```

上述代码展示了如何将 LangChain 工具（MoveFileTool）转换为 DeepSeek 函数，并在 DeepSeek 模型中使用这些工具。具体实现步骤如下。

- 初始化 DeepSeek 模型并创建一个 MoveFileTool 工具实例。
- 使用 convert_to_openai_function 将工具转换为 DeepSeek 函数。
- 打印转换后的 DeepSeek 函数信息。
- 创建一个 HumanMessage 实例，模拟用户的输入。
- 使用 DeepSeek 模型调用转换后的函数，并打印调用结果。
- 提取并打印函数调用的详细信息（如果有）。

通过上述步骤，可以将 LangChain 工具转换为 DeepSeek 函数，并在 DeepSeek 模型中扩展功能，实现更复杂的任务。执行后输出：

```
{
    "name": "move_file",
    "description": "Move or rename a file from one location to another",
    "parameters": {
        "properties": {
            "source_path": {
                "description": "Path of the file to move",
                "type": "string"
            },
            "destination_path": {
                "description": "New path for the moved file",
                "type": "string"
            }
        },
        "required": ["source_path", "destination_path"],
        "type": "object"
    }
}
```

代码的输出结果是将 MoveFileTool 工具转换为 DeepSeek 函数后的结果。它定义了一个名为 move_file 的函数，该函数接收两个参数——source_path 和 destination_path，分别表示要移动的文件路径和目标路径。

6.3 智能体

智能体（Agents）也被称为代理，是一种利用语言模型来选择一系列操作的实体。与固定序列的硬编码操作不同，智能体使用语言模型作为推理引擎，以确定要执行的操作及其顺序。Agents 的核心思想是使用语言模型来选择要执行的一系列动作。在传统的链式结构中，动作序列是硬编码（在代码中固定）的。而在代理中，语言模型被用作推理引擎，以确定要执行哪些动作以及执行的顺序。在 LangChain 中，Agents 是一种利用大模型来执行任务和做出决策的系统。

为了更好地理解 Agents，接下来将构建一个含有两种工具的代理：一种是用于在线搜索信息的工具；另一种是用于检索用户已经加载到索引中的特定数据的工具。

6.3.1 设置 LangSmith

在构建基于 LangChain 的代理系统时，调试和监控是非常重要的，因为代理通常会根据用户输入做出决策，并在多步过程中执行动作。这种复杂的决策和执行流程使得代理的行为变得更加难以追踪和调试。为了应对这一挑战，LangSmith 提供了一种有效的解决方案，帮助开发者实时监控、记录并审查代理的行为。

LangSmith 是一个专门为 LangChain 设计的调试工具，它能够自动跟踪和记录代理的每一个执行步骤，包括代理所选择的工具、输入输出数据以及决策过程。通过 LangSmith，开发者可以深入了解代理在每个阶段的行为，以方便在开发和测试过程中进行调试和优化。

为了启用 LangSmith 并开始追踪代理的行为，只需要简单地设置两个环境变量。设置方法如下。

① 启用跟踪：通过设置环境变量 LANGCHAIN_TRACING_V2 为 true，开启 LangChain 的跟踪功能。

```
export LANGCHAIN_TRACING_V2="true"
```

这会激活 LangSmith 的跟踪功能，使得所有代理的操作都能被记录和监控。

② 设置 API 密钥：设置环境变量 LANGCHAIN_API_KEY，以便与 LangSmith API 进行交互，确保可以通过 LangSmith 平台查看和分析跟踪的数据。可以注册 LangChain 平台并获取 API 密钥。

```
export LANGCHAIN_API_KEY=" 你的 API 密钥 "
```

一旦完成这些设置，LangSmith 将自动开始跟踪所有通过 LangChain 构建的代理的执行过程。每个代理的步骤，包括决策选择、工具调用、数据传递等，都将被记录下来，并可以在 LangSmith 平台中进行详细审查。

6.3.2 定义工具

在 LangChain 中构建 Agents 时，首先需要创建想要使用的工具。接下来的内容中将介绍两个工具：Tavily（用于在线搜索）和检索器。

（1）Tavily

在 LangChain 中，通过使用其内置工具 TavilySearchResults，可以非常轻松地将 Tavily 搜索引擎作为工具。TavilySearchResults 允许开发者将 Tavily 搜索引擎集成到他们构建的代理中，以便执行网络搜索任务。下面是在 LangChain 中使用 TavilySearchResults 工具的基本步骤。

• API 密钥：准备一个 Tavily 的 API 密钥。

• 设置环境变量：一旦获得了 API 密钥，需要将其导出为环境变量，以便 LangChain 可以使用它。

```
export TAVILY_API_KEY=" 你的 Tavily API 密钥 "
```

• 导入工具：在代码中导入 TavilySearchResults 工具。

```
from langchain_community.tools.tavily_search import TavilySearchResults
```

• 创建工具实例：创建一个 TavilySearchResults 实例。

```
search = TavilySearchResults()
```

• 执行搜索：使用上述实例执行搜索。

```
search.invoke(" 你想要搜索的关键词 ")
```

执行后展示查询结果：


```
[{'url': 'https://www.weatherapi.com/',
  'content': "{'location': {'name': 'San Francisco', 'region': 'California',
'country': 'United States of America', 'lat': 37.78, 'lon': -122.42, 'tz_id':
'America/Los_Angeles', 'localtime_epoch': 1712847697, 'localtime': '2024-04-11
8:01'}, 'current': {'last_updated_epoch': 1712847600, 'last_updated': '2024-04-11
08:00', 'temp_c': 11.1, 'temp_f': 52.0, 'is_day': 1, 'condition': {'text': 'Partly
cloudy', 'icon': '//cdn.weatherapi.com/weather/64x64/day/116.png', 'code': 1003},
'wind_mph': 2.2, 'wind_kph': 3.6, 'wind_degree': 10, 'wind_dir': 'N', 'pressure_mb':
1015.0, 'pressure_in': 29.98, 'precip_mm': 0.0, 'precip_in': 0.0, 'humidity': 97,
'cloud': 25, 'feelslike_c': 11.5, 'feelslike_f': 52.6, 'vis_km': 14.0, 'vis_miles':
8.0, 'uv': 4.0, 'gust_mph': 2.8, 'gust_kph': 4.4}}"}
```


TavilySearchResults 封装了与 Tavily 搜索引擎的交互，使得在 LangChain 代理中集成在线搜索功能变得简单和直接。通过这种方式，代理可以利用网络搜索来获取信息，并将这些信息用于决策或回答用户的查询。

（2）检索器

在 LangChain 中，创建检索器（Retriever）是一个重要的步骤，它允许代理从自有数据中检索特定信息。创建检索器的基本步骤如下。

• 导入必要的库：从 LangChain 社区库中导入文档加载器、向量存储、嵌入生成器和文本分割器。

```
from langchain_community.document_loaders import WebBaseLoader
from langchain_community.vectorstores import FAISS
from langchain_openai import OpenAIEmbeddings
from langchain_text_splitters import RecursiveCharacterTextSplitter
```

• 加载文档：使用 WebBaseLoader 加载指定 URL 的文档内容。

```
loader = WebBaseLoader("https://docs.smith.langchain.com/overview")
docs = loader.load()
```

• 文本分割：为了处理长文档，使用 RecursiveCharacterTextSplitter 将文档分割成较小的块，同时保留一定的重叠部分以维持上下文。

```
documents = RecursiveCharacterTextSplitter(
    chunk_size=1000, chunk_overlap=200
).split_documents(docs)
```

• 创建向量存储：利用 FAISS（一种高效的相似性搜索和密集向量聚类库）和 OpenAI 生成的嵌入，以文档创建向量存储。

```
vector = FAISS.from_documents(documents, OpenAIEmbeddings())
```

• 生成检索器：以向量存储创建检索器，该检索器能够根据查询返回相关的文档。

```
retriever = vector.as_retriever()
```

• 执行检索：使用检索器执行一个简单的查询，以验证其功能。

```
retriever.invoke("how to upload a dataset")[0]
```

执行后返回检索结果：

```
{
  "Document": {
    "page_content": "import Clientfrom langsmith.evaluation import evaluateclient = Client()# Define dataset: these are your test casesdataset_name = 'Sample Dataset' dataset = client.create_dataset(dataset_name, description='A sample dataset in LangSmith.')client.create_examples(    inputs=[        {'postfix': 'to LangSmith'},        {'postfix': 'to Evaluations in LangSmith'},    ],    outputs=[        {'output': 'Welcome to LangSmith'},        {'output': 'Welcome to Evaluations in LangSmith'},    ],    dataset_id=dataset.id,)# Define your evaluatordef exact_match(run, example):    return {'score': run.outputs['output'] == example.outputs['output']}experiment_results = evaluate(    lambda input: 'Welcome ' + input['postfix'], # Your AI system goes here    data=dataset_name, # The data to predict and grade over    evaluators=[exact_match], # The evaluators to score the results    experiment_prefix='sample-experiment', # The name of the experiment    metadata={      'version': '1.0.0',      'revision_id':",
    "metadata": {
      "source": "https://docs.smith.langchain.com/overview",
      "title": "Getting started with LangSmith | 🦜️🛠️ LangSmith",
      "description": "Introduction",
      "language": "en"
    }
  }
}
```

• 创建检索器工具：到此已经填充了将要检索的索引，可以轻松地将检索器转换为工具（代理正确使用的格式）。接下来将检索器封装成一个工具，这样代理就可以在执行任务时使用这个检索器了。

```
from langchain.tools.retriever import create_retriever_tool

retriever_tool = create_retriever_tool(
    retriever,
    "langsmith_search",
    "Search for information about LangSmith. For any questions about LangSmith, you must use this tool!",
)
```

•工具列表：到此已经创建了两个工具，下面可以创建一个工具列表，以便在下游使用。下面的代码创建了一个包含所有工具的列表，这些工具将被代理在后续操作中使用。

```
tools = [search, retriever_tool]
```

通过上述步骤创建了两个工具：一个用于在线搜索；另一个用于从用户的本地数据中检索信息。这使得代理能够更智能地处理信息检索任务，提高了代理的功能性和效率。

6.3.3 创建智能体

上一小节已经定义了工具，接下来创建一个代理。

实例 6-5： 使用 DeepSeek 模型创建一个代理系统（源码路径：codes\6\Dai01.py）。代码如下。

```
from langchain.prompts import PromptTemplate
from langchain_deepseek import ChatDeepSeek
```

```
from langchain.agents import create_tool_calling_agent, AgentExecutor
from langchain_community.tools import MoveFileTool

# 初始化DeepSeek模型
llm = ChatDeepSeek(model="deepseek-chat", api_key="your-deepseek-api-
key", temperature=0)

# 定义一个包含所有必要变量的提示模板
prompt_template = PromptTemplate(
    template="You are a helpful assistant. Use the provided tools to complete the
task: {task}. {agent_scratchpad}",
    input_variables=["task", "agent_scratchpad"]
)

# 创建工具实例
tools = [MoveFileTool()]

# 初始化代理
agent = create_tool_calling_agent(llm, tools, prompt_template)

# 结合代理与AgentExecutor
agent_executor = AgentExecutor(agent=agent, tools=tools, verbose=True)

# 测试代理执行器
result = agent_executor.invoke({"task": "move file foo to bar"})
print(result)
```

上述代码展示了使用 DeepSeek 模型创建一个代理系统的过程，具体实现步骤如下。

• 初始化 DeepSeek 模型并设置模型名称和 API 密钥。

• 定义一个包含所有必要变量的提示模板，用于引导代理的行为。

• 创建一个 MoveFileTool 工具实例。

• 使用选定的 LLM、提示和工具初始化代理。

• 将代理与 AgentExecutor 结合起来，构建一个完整的代理系统。

• 测试代理执行器，执行一个简单的任务（移动文件）并打印结果，例如执行后输出下面的结果：

```
    > Entering new AgentExecutor chain...

    Invoking: 'move_file' with '{'source_path': 'foo', 'destination_path': 'bar'}'


    Error: no such file or directory foo It seems the file "foo" does not exist in the
specified location, so it cannot be moved to "bar." Could you confirm the correct
path or name of the file you'd like to move? Alternatively, let me know if you'd
like assistance in locating the file.

    > Finished chain.
    {'task': 'move file foo to bar', 'output': 'It seems the file "foo" does not exist
in the specified location, so it cannot be moved to "bar." Could you confirm the
correct path or name of the file you\'d like to move? Alternatively, let me know if
you\'d like assistance in locating the file.'}
```

在下面的内容中，简单介绍上面的输出结果。

① 代理执行器任务链的开始：

```
> Entering new AgentExecutor chain...
```

这行表示代理执行器（AgentExecutor）开始执行一个新的任务链。

② 调用 move_file 工具：

```
Invoking: 'move_file' with '{'source_path': 'foo', 'destination_path': 'bar'}'
```

这行表示代理决定调用 move_file 工具，并传递了参数 {'source_path': 'foo', 'destination_path': 'bar'}。这表明代理正确地解析了用户的输入，并决定使用 move_file 工具来完成任务。

③ 错误信息：

```
Error: no such file or directory foo It seems the file "foo" does not exist in the
specified location, so it cannot be moved to "bar." Could you confirm the correct
path or name of the file you'd like to move? Alternatively, let me know if you'd
like assistance in locating the file.
```

这部分是 move_file 工具的输出，表明它尝试移动文件 foo 到 bar，但发现文件 foo 不存在。因此，工具返回了一个错误信息，提示用户确认文件的正确路径或名称，或者请求帮助定位文件。

④ 代理执行器任务链结束：

```
> Finished chain.
```

这行表示代理执行器完成了任务链的执行。

⑤ 最终输出：

```
{'task': 'move file foo to bar', 'output': 'It seems the file "foo" does not exist
in the specified location, so it cannot be moved to "bar." Could you confirm the correct
path or name of the file you\'d like to move? Alternatively, let me know if you\'d
like assistance in locating the file.'}
```

这是代理执行器的最终输出，包含任务描述和工具的输出信息。它表明代理成功地调用了 move_file 工具，并返回了工具的输出。

通过这些步骤，成功地使用 DeepSeek 模型创建了一个代理系统，结合先进的语言模型和有用的工具实现了复杂的任务自动化。

6.3.4 运行代理

下面介绍使用 LangChain 中的代理来执行实际查询的过程，并介绍如何通过 AgentExecutor 来运行和观察代理的行为。通过这种方式，代理可以被用来自动化各种基于信息检索和数据处理的任务。

① 在前面创建的几个查询的基础上运行代理，例如下面的查询：

```
agent_executor.invoke({"input": "hi!"})
```

注意：目前这些查询都是无状态的（即代理不会记住之前的交互），上述查询将触发代理的响应，例如：

```
> Entering new AgentExecutor chain...
Hello! How can I assist you today?
> Finished chain.
{'input': 'hi!', 'output': 'Hello! How can I assist you today?'}
```

② 查询 LangSmith 的帮助：可以使用代理解答有关 LangSmith 如何帮助测试的问题。

```
agent_executor.invoke({"input": "how can langsmith help with testing?"})
```

上述代理将调用 langsmith_search 工具，并返回有关 LangSmith 如何辅助测试的详细信息。

③ 检索天气信息：还可以使用代理检索特定地点（如旧金山）的天气信息。

```
agent_executor.invoke({"input": "whats the weather in sf?"})
```

执行上述代码，代理将调用 tavily_search_results_json 工具来搜索并返回旧金山的天气信息。在通过代理获取的输出结果中，可能包括当前天气状况、温度、风速和湿度等信息。

```
{'input': 'whats the weather in sf?', 'output': 'The current weather in San
Francisco is partly cloudy with a temperature of 52.0°F (11.1°C). The wind speed
is 3.6 kph coming from the north, and the humidity is at 97%.'}
```

AgentExecutor（代理执行器）是执行代理决策并运行工具的组件，它将重复调用代理并运行所需的工具，同时提供详细的执行过程的输出。

6.3.5 添加记忆

到目前为止，前面创建的代理是无状态的，它不会记住先前的交互。接下来将介绍为代理添加记忆功能的方法。通过添加记忆功能，代理能够根据先前的交互来提供更加个性化和连贯的回答，这对于构建能够进行复杂对话和提供个性化服务的智能体系统是非常重要的。

① 为了让代理具有记忆功能，需要在每次调用时传入先前的 chat_history（对话历史）。例如，在下面的代码中传入了一个空的消息列表作为 chat_history。

```
agent_executor.invoke({"input": "hi! my name is bob", "chat_history": []})
```

这是与代理的第一次交互，所以没有先前的对话消息。尽管是空的，这仍然为将来可能的交互建立了一个框架，使得代理能够跟踪消息历史。下面是此时代理的响应例子：

```
> Entering new AgentExecutor chain...
Hello Bob! How can I assist you today?

> Finished chain.

{'input': 'hi! my name is bob',
 'chat_history': [],
 'output': 'Hello Bob! How can I assist you today?'}
```

在后续的交互中，chat_history 将包含先前交互的消息，这样代理就可以根据之前的对话内容来提供更加相关和连贯的响应。这种设计允许代理随着时间的推移而“记忆”用户的交互，从而模拟更自然和个性化的对话体验。

② 使用消息类：为了在后续的交互中使用对话历史，需要从 langchain_core.messages 中导入 AIMessage 类和 HumanMessage 类。

```
from langchain_core.messages import AIMessage, HumanMessage
```

③ 调用带有对话历史的代理：接下来传递包含先前对话消息的列表和新的输入给代理。

```
agent_executor.invoke(
    {
        "chat_history": [
            HumanMessage(content="hi! my name is bob"),
            AIMessage(content="Hello Bob! How can I assist you today?"),
        ],
        "input": "what's my name?",
    }
)
```

下面是上述代理的响应例子：

```
> Entering new AgentExecutor chain...
Your name is Bob. How can I assist you, Bob?

> Finished chain.

{'chat_history': [HumanMessage(content='hi! my name is bob'),
  AIMessage(content='Hello Bob! How can I assist you today?')],
 'input': "what's my name?",
 'output': 'Your name is Bob. How can I assist you, Bob?'}
```

④ 自动跟踪消息：如果想要自动跟踪这些消息，可以将代理包装在一个 RunnableWithMessageHistory 对象中。

```
from langchain_community.chat_message_histories import ChatMessageHistory
from langchain_core.runnables.history import RunnableWithMessageHistory
message_history = ChatMessageHistory()
agent_with_chat_history = RunnableWithMessageHistory(
    agent_executor,
    lambda session_id: message_history,
    input_messages_key="input",
    history_messages_key="chat_history",
)
```

⑤ 使用包装后的代理：现在可以调用 agent_with_chat_history 了，它将自动包含对话历史。

```
agent_with_chat_history.invoke(
    {"input": "hi! I'm bob"},
    config={"configurable": {"session_id": "<foo>"}}
)
```

下面是上述代理的响应例子：

```
> Entering new AgentExecutor chain...
Hello Bob! How can I assist you today?

> Finished chain.

{'input': "hi! I'm bob",
 'chat_history': [],
 'output': 'Hello Bob! How can I assist you today?'}
```

⑥ 使用一个具有记忆功能的代理来处理查询。

```
agent_with_chat_history.invoke(
    {"input": "what's my name?"},
    # 这是因为在大多数真实场景中，需要一个会话ID
    # 在这里并没有真正使用它，因为我们使用的是一个简单的、在内存中的ChatMessageHistory
    config={"configurable": {"session_id": "<foo>"}},
)
```

上面的代码中的注释部分解释了为什么在调用 invoke 方法时传递了一个 config 参数，其中包含了一个 session_id。下面是此时代理的响应例子：

```
> Entering new AgentExecutor chain...
Your name is Bob! How can I help you, Bob?

> Finished chain.

{'input': "what's my name?",
 'chat_history': [HumanMessage(content="hi! I'm bob"),
```

```
  AIMessage(content='Hello Bob! How can I assist you today?')],
 'output': 'Your name is Bob! How can I help you, Bob?'}
```

在实际应用中，会话 ID 通常用于跟踪和管理特定的用户会话，但在当前的示例中，由于使用了简单的、在内存中的 ChatMessageHistory，会话 ID 并没有被实际使用。<foo> 是一个占位符，表示在实际使用时应该替换为一个有效的会话 ID。

6.4　代理类型

代理类型用于指导代理执行任务时的不同配置和策略，每种代理类型都被设计成与特定类型的 LLM 配合使用，并且具有不同的特性，例如是否支持聊天历史、多输入工具、并行函数调用，以及是否需要额外的模型参数。选择合适的代理类型可以让代理更高效地执行任务，无论是处理单一任务，还是构建复杂的聊天机器人。代理类型包括工具调用、OpenAI 工具、OpenAI 函数、XML 处理、结构化聊天、JSON 聊天、ReAct 以及自问自答带搜索等，每种类型都有其特定的使用场景和优势。开发者可以根据代理的需求和所使用模型的功能来选择最合适的代理类型，以便实现最佳的交互和任务执行效果。

6.4.1　代理调用工具

Tool Calling Agent（代理调用工具）是一种高级的代理类型，它利用了 LangChain 提供的工具调用功能。Tool Calling Agent 的主要作用是利用语言模型智能地选择何时调用一个或多个工具，并生成适当的输入来调用这些工具。也就是说，Tool Calling Agent 能够利用大模型的能力来决定何时以及如何调用不同的工具来处理特定的任务或查询。这种设计使得它能够更可靠地生成有效的工具调用，而不仅是单纯地使用通用的文本完成聊天 API。

实例 6-6： 使用代理调用工具和 DeepSeek 构建一个智能助手（源码路径：codes\6\Agent01.py）。

代码如下。

```
import os
from langchain_community.tools.tavily_search import TavilySearchResults
from langchain.agents import create_tool_calling_agent, AgentExecutor
from langchain.prompts import ChatPromptTemplate
from langchain_deepseek import ChatDeepSeek

# 设置DeepSeek API密钥
os.environ["DEEPSEEK_API_KEY"] = "your-deepseek-api-key"

# 初始化DeepSeek模型
llm = ChatDeepSeek(model="deepseek-chat", temperature=0)

# 设置TAVILY_API_KEY环境变量
os.environ["TAVILY_API_KEY"] = "your-tavily-api-key"

# 创建Tavily搜索工具实例
search_tool = TavilySearchResults(max_results=1)

# 定义提示模板
prompt = ChatPromptTemplate.from_messages(
    [
        ("system", "You are a helpful assistant. Use the search tool to find 
answers."),
        ("human", "{input}"),
    ]
```

```
)

# 创建工具调用代理
agent = create_tool_calling_agent(llm, [search_tool], prompt)

# 结合代理与AgentExecutor
agent_executor = AgentExecutor(agent=agent, tools=[search_tool], verbose=True)

# 调用代理执行器
response = agent_executor.invoke({"input": "What is the capital of France?"})
print(response["output"])
```

上述代码的实现流程如下。

- 设置 API 密钥并初始化 DeepSeek 模型。
- 设置环境变量 TAVILY_API_KEY，以便 Tavily 搜索工具能够使用。
- 创建一个 TavilySearchResults 工具实例，用于执行搜索任务。
- 定义一个提示模板，用于引导代理的行为。
- 使用选定的 LLM、工具和提示创建工具调用代理。
- 将代理与 AgentExecutor 结合起来，构建一个完整的代理系统。
- 调用代理执行器，执行一个简单的任务（如查询法国的首都）并打印结果。执行后输出：

```
•> Entering new AgentExecutor chain...
•Invoking: 'tavily_search_results' with '{'query': 'What is the capital of France?',
'max_results': 1}'
•
•The capital of France is Paris.
•
•> Finished chain.
{'input': 'What is the capital of France?', 'output': 'The capital of France is
Paris.'}
```

在这个例子中，代理使用 Tavily 搜索工具找到法国的首都，并返回了答案“Paris”。这个完整的例子展示了从头开始设置并使用 Tool Calling Agent 的过程，包括安装依赖、初始化模型和工具、创建代理、运行代理及处理结果。通过这种方式，可以构建能够自主调用工具并提供有用回答的智能体。

总的来说，Tool Calling Agent 是一种利用 LangChain 提供的工具调用功能的代理，能够智能地选择何时调用工具，并生成适当的输入来解决特定的查询或问题。这种设计使得它具有更高的灵活性、适用性和可靠性，能够应对各种不同的任务和场景。

6.4.2 XML 代理

XML Agent 是一种特殊的代理类型，它利用了某些语言模型处理 XML 格式数据的能力，它利用的这些模型（如 Anthropic 中的 Claude）特别适合于推理和生成 XML 格式的内容。在 LangChain 中，可以使用 XML 代理创建更加结构化和可定制的交互。

实例 6-7： 使用 XML 代理调用 DeepSeek 回答指定问题（源码路径：codes\6\Agent02.py）。代码如下。

```
import os
from langchain import hub
from langchain.agents import AgentExecutor, create_xml_agent
from langchain_community.tools.tavily_search import TavilySearchResults
from langchain_deepseek import ChatDeepSeek

# 设置DeepSeek API密钥
```

```
os.environ["DEEPSEEK_API_KEY"] = "your-deepseek-api-key"

# 初始化DeepSeek模型
llm = ChatDeepSeek(model="deepseek-chat", temperature=0)

# 初始化网络搜索工具
search_tool = TavilySearchResults(max_results=1)

# 创建提示模板
prompt = hub.pull("hwchase17/xml-agent-convo")

# 创建XML代理
agent = create_xml_agent(llm, [search_tool], prompt)

# 创建AgentExecutor
agent_executor = AgentExecutor(agent=agent, tools=[search_tool], verbose=True)

# 触发搜索任务
response = agent_executor.invoke({"input": "什么是LangChain？"})
print(response["output"])
```

上述代码的实现流程如下。

- 设置 DeepSeek API 密钥，初始化 DeepSeek 模型。
- 初始化 Tavily 搜索工具，用于执行搜索任务。
- 从 LangChain Hub 中选取一个预定义的提示模板，用于引导代理的行为。
- 使用选定的 LLM、工具和提示创建 XML 代理。
- 将代理与 AgentExecutor 结合起来，构建一个完整的代理系统。
- 调用代理执行器，执行一个简单的任务（查询 " 什么是 LangChain？ "）并打印结果。

执行后输出:

```
•> Entering new AgentExecutor chain...
•Invoking: 'tavily_search_results' with '{'query': '什么是LangChain？', 'max_
results': 1}'
•
•LangChain是一个用于构建语言模型应用的框架，它提供了多种工具和方法来增强语言模型的性能，例如检索
  增强生成（Retrieval-Augmented Generation, RAG）等。
•
•> Finished chain.
{'input': '什么是LangChain？', 'output': 'LangChain是一个用于构建语言模型应用的框架，它提供
了多种工具和方法来增强语言模型的性能，例如检索增强生成（Retrieval-Augmented Generation, RAG）等。'}
```

上面的输出结果的具体说明如下。

① 代理执行器任务链的开始:

```
> Entering new AgentExecutor chain...
```

这行表示代理执行器（AgentExecutor）开始执行一个新的任务链。

② 调用 Tavily 搜索工具:

```
Invoking: 'tavily_search_results' with '{'query': '什么是 LangChain？', 'max_re-
sults': 1}'
```

这行表示代理决定调用 TavilySearchResults 工具，并传递了查询参数 {'query': ' 什么是 LangChain？ ', 'max_results': 1}。

③ 搜索结果:

```
LangChain 是一个用于构建语言模型应用的框架，它提供了多种工具和方法来增强语言模型的性能，例如检索
增强生成（Retrieval-Augmented Generation, RAG）等。
```

这是 Tavily 搜索工具返回的结果，对“什么是 LangChain？”这个问题进行了回答。

④ 代理执行器任务链的结束：

```
> Finished chain.
```

这行表示代理执行器完成了任务链的执行。

⑤ 最终输出：

```
{'input': '什么是 LangChain？', 'output': 'LangChain 是一个用于构建语言模型应用的框架，它提供了多种工具和方法来增强语言模型的性能，例如检索增强生成（Retrieval-Augmented Generation, RAG）等。'}
```

这是代理执行器的最终输出，包含任务描述和工具的输出信息。

6.4.3 JSON 代理

JSON Chat Agent（JSON 聊天代理）是一种使用 JSON 格式输出的代理，专门用于支持聊天模型。JSON Chat Agent 的作用是让语言模型以一种适合聊天的方式运行，并以 JSON 格式返回结果。

实例 6-8：使用 DeepSeek 和 Tavily 创建一个 JSON 代理（源码路径：codes\6\Agent03.py）。

代码如下。

```
import os
from langchain import hub
from langchain.agents import AgentExecutor, create_json_chat_agent
from langchain_community.tools.tavily_search import TavilySearchResults
from langchain_deepseek import ChatDeepSeek

# 设置DeepSeek API密钥
os.environ["DEEPSEEK_API_KEY"] = "your-deepseek-api-key"

# 初始化DeepSeek模型
llm = ChatDeepSeek(model="deepseek-chat", temperature=0)

# 初始化网络搜索工具
tools = [TavilySearchResults(max_results=1)]

# 获取要使用的提示模板 - 您可以修改此模板!
prompt = hub.pull("hwchase17/react-chat-json")

# 构建JSON代理
agent = create_json_chat_agent(llm, tools, prompt)

# 创建一个代理执行器，通过传入代理和工具
agent_executor = AgentExecutor(
    agent=agent, tools=tools, verbose=True, handle_parsing_errors=True
)

# 触发搜索任务
response = agent_executor.invoke({"input": "what is LangChain?"})
print(response["output"])
```

上述代码实现了一个 JSON 聊天代理，它利用了特定的语言模型来生成基于 JSON 格式的输出。具体实现流程如下。

- 设置 DeepSeek API 密钥，初始化 DeepSeek 模型。
- 初始化 Tavily 搜索工具，用于执行搜索任务。
- 从 LangChain Hub 中选取一个预定义的提示模板，用于引导代理的行为。
- 使用选定的 LLM、工具和提示创建 JSON Chat Agent。
- 将代理与 AgentExecutor 结合起来，构建一个完整的代理系统。

• 调用代理执行器，执行一个简单的任务（查询 "what is LangChain?"）并打印结果。执行完毕后会输出一个 JSON 对象，例如打印输出下面的执行结果。

```
    • > Entering new AgentExecutor chain...
    • Invoking: 'tavily_search_results' with '{'query': 'what is LangChain?', 'max_
      results': 1}'
    •
    • LangChain is a framework for building language model applications. It provides
      various tools and methods to enhance the performance of language models, such as
      Retrieval-Augmented Generation (RAG).
    •
    • > Finished chain.
    {'input': 'what is LangChain?', 'output': 'LangChain is a framework for building
language model applications. It provides various tools and methods to enhance the
performance of language models, such as Retrieval-Augmented Generation (RAG).'}
```

下面简单对上面的执行结果进行说明。

① 代理执行器任务链的开始：

```
> Entering new AgentExecutor chain...
```

这行表示代理执行器（AgentExecutor）开始执行一个新的任务链。

② 调用 Tavily 搜索工具：

```
Invoking: 'tavily_search_results' with '{'query': 'what is LangChain?', 'max_
results': 1}'
```

这行表示代理决定调用 TavilySearchResults 工具，并传递了查询参数 {'query': 'what is LangChain?', 'max_results': 1}。

③ 搜索结果：

```
    LangChain is a framework for building language model applications. It pro-
vides various tools and methods to enhance the performance of language models,
such as Retrieval-Augmented Generation (RAG).
```

这是 Tavily 搜索工具返回的结果，对"what is LangChain?"这个问题进行了回答。

④ 代理执行器任务链的结束：

```
> Finished chain.
```

这行表示代理执行器完成了任务链的执行。

⑤ 最终输出：

```
    {'input': 'what is LangChain?', 'output': 'LangChain is a framework for building
language model applications. It provides various tools and methods to enhance the per-
formance of language models, such as Retrieval-Augmented Generation (RAG).'}
```

这是代理执行器的最终输出，包含任务描述和工具的输出信息。

注意：

• API 密钥的有效性：确保 DEEPSEEK_API_KEY 和 TAVILY_API_KEY 是有效的，并且已经正确设置。

• 网络连接：确保网络能够正常访问 DeepSeek 和 Tavily 的 API 服务。

• 错误处理：如果 API 密钥无效或网络连接有问题，可能会返回错误信息而不是搜索结果。

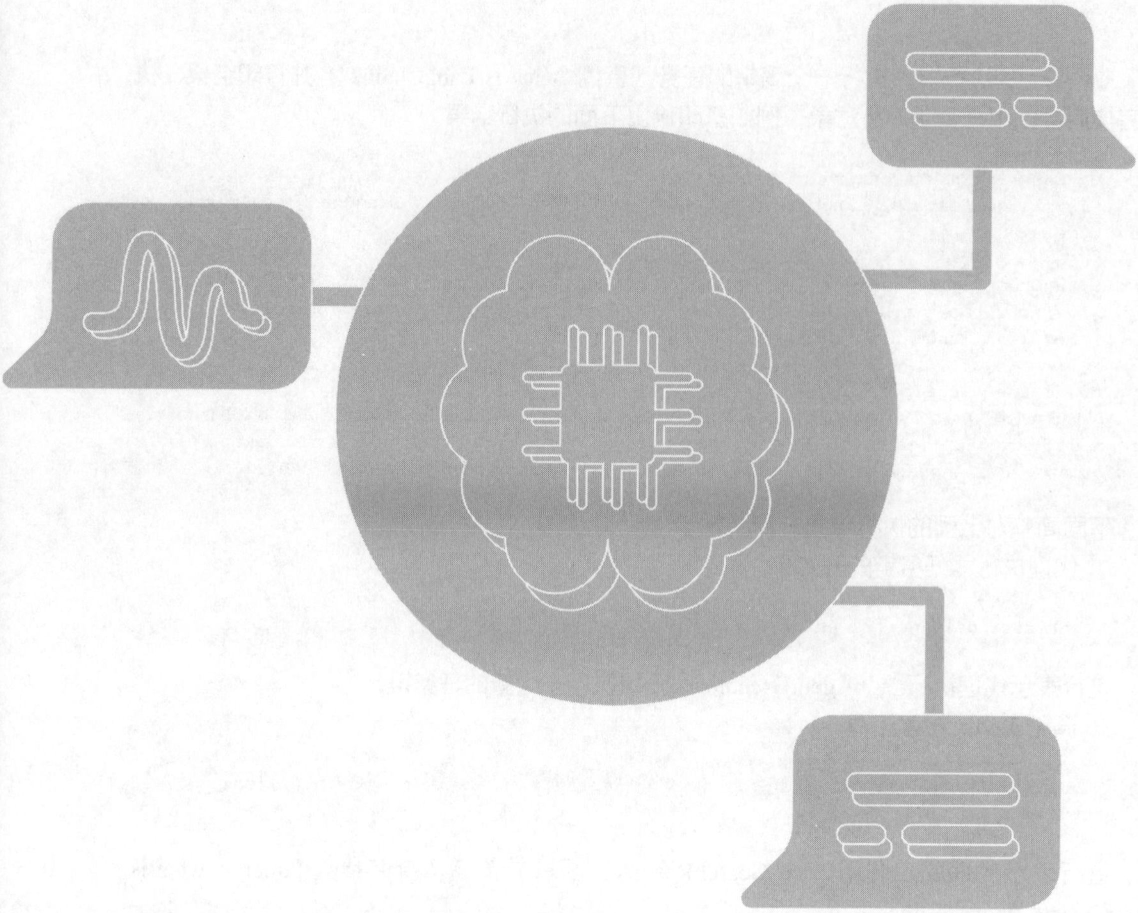

第 7 章

主流大模型的 LangChain 操作实战

通过本书前面的内容可知，LangChain 的主要作用是作为一个中间层，帮助开发者更高效地将语言模型集成到自己的应用程序中，并通过一系列工具和接口来管理和优化模型的使用。本章将详细讲解使用 LangChain 对市面上主流模型实现构建、集成等操作的方法。

7.1　基于本地 DeepSeek 模型的 LangChain 操作实战

本书前面讲解的 LangChain 实例是基于 DeepSeek API（通过 DeepSeek 官网的密钥调用）实现的。其缺点很明显——每次调用是收费的。如果大家想免费体验，可以使用在本地部署的 DeepSeek 模型。

7.1.1　用 Ollama 本地部署 DeepSeek 模型

Ollama 是一个专注于大模型本地部署与管理的解决方案，它通过提供直观的用户界面和标准化 API，使用户能够在本地环境中轻松加载、运行和调优大模型，从而无需依赖云端资源。Ollama 支持多模型协同与动态资源调度，在保证高效响应和低延迟的同时，确保严格保护数据隐私与安全。Ollama 平台特别适合需要实时推理和敏感数据处理的企业级应用，帮助开发者在本地环境中实现大模型的高性能部署和灵活管理。

（1）安装 Ollama

① 登录 Ollama 官网，根据电脑的操作系统类型下载对应的 Ollama 版本。目前，Ollama 支持 MacOS、Linux 和 Windows 操作系统。这里选择的是 Windows 系统版本，如图 7-1 所示。

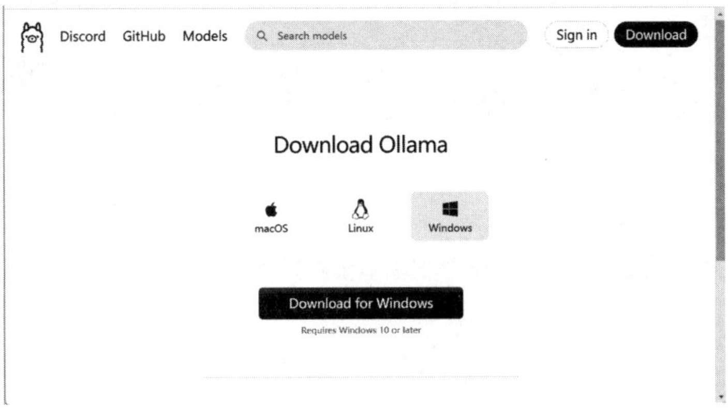

图 7-1　选择的 Windows 系统版本的 Ollama

② 单击“Download for Windows”按钮开始下载，下载完成后，得到一个 .exe 安装包，以管理员身份打开它。

③ 在弹出界面中单击“Install”按钮开始安装，如图 7-2 所示。这里需要注意的是，若要将 Ollama 安装在 C 盘，则不支持更改路径，因此 C 盘的空间必须有大于 5GB 的空余空间。

④ 在弹出的“Installing”界面中等待进度条完成，如图 7-3 所示。

⑤ 完成安装后，为了确保 Ollama 服务已启动，在终端中输入下面的 ollama 命令进行验证，弹出如图 7-4 所示的界面表示安装成功。

```
ollama -h
```

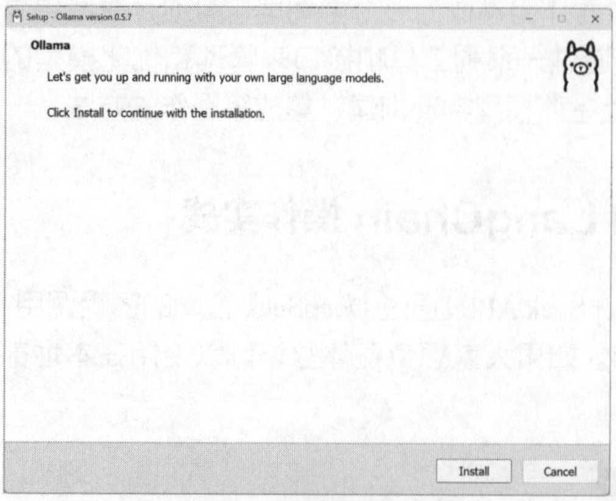

图 7-2　单击“Install”按钮

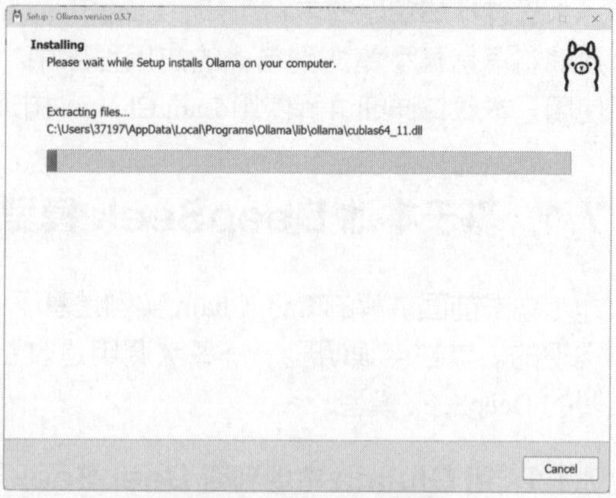

图 7-3　“Installing”界面

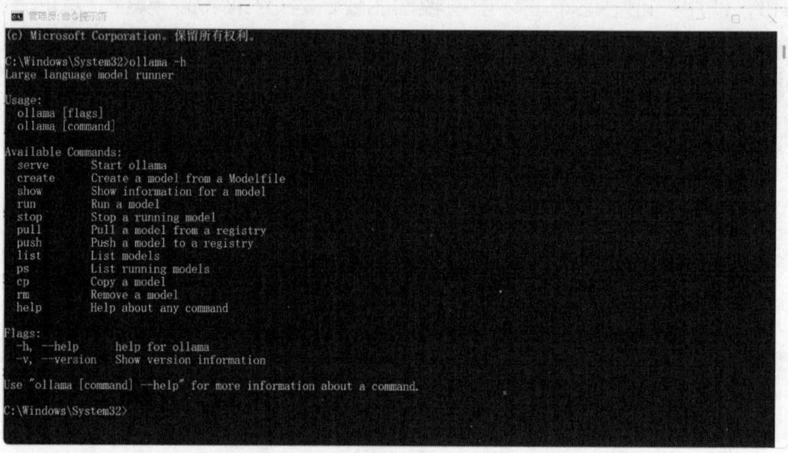

图 7-4　成功安装并启动 Ollama

（2）DeepSeek 模型的安装与配置

在 Ollama 中部署 DeepSeek 大模型的基本步骤如下。

① 登录 Ollama 官网，单击顶部的“Models”链接来到模型界面，如图 7-5 所示。

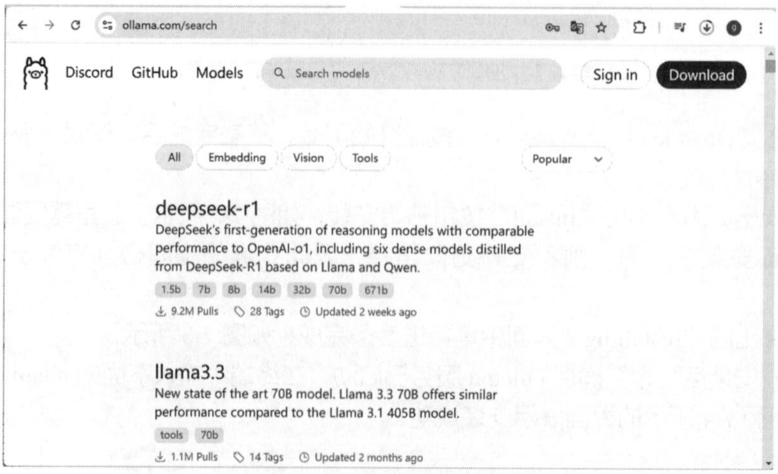

图 7-5　模型界面

② 单击“deepseek-r1”链接来到 DeepSeek 的模型界面，在下拉列表中列出了多个不同大小的模型版本，如 1.5b、7b、8b、14b、32b、70b 和 671b。模型大小不同，需适配的电脑显存、内存也不同。如图 7-6 所示。

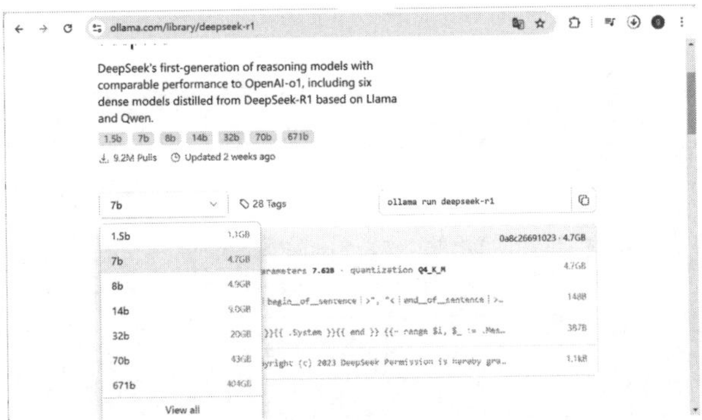

图 7-6　下拉列表中的 DeepSeek 模型

③ 根据用户自己的电脑的硬件配置选择合适的模型版本。假设要安装 70b 版本，在下拉列表中选择 70b，然后复制对应的命令“ollama run deepseek-r1:70b”，如图 7-7 所示。

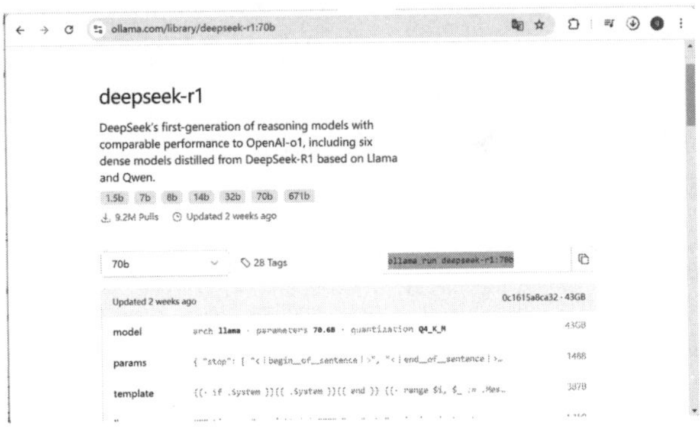

图 7-7　安装 70b 版本

④ 在命令行界面输入刚刚复制的命令：

```
ollama run deepseek-r1:70b
```

按下回车键，开始安装 70b 版本的 DeepSeek 模型。安装时间可能会有点长，需要耐心等待（模型越大，等待时间越长），安装成功的界面效果如图 7-8 所示。

图 7-8　安装成功界面

⑤ 安装成功后，在终端界面输入如下命令即可启动 DeepSeek 进行聊天，输入 /bye 命令可退出模型。用户和 DeepSeek 进行对话的界面效果如图 7-9 所示。

```
ollama run deepseek-r1:70b
```

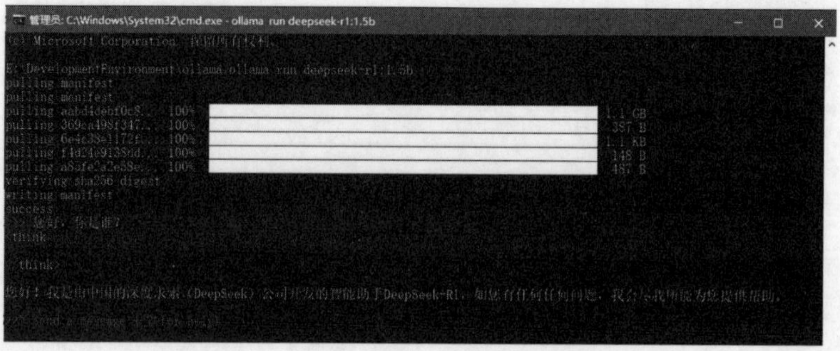

图 7-9　跟 DeepSeek 进行对话的界面效果

7.1.2　Chatbox 可视化部署

Chatbox 是一款开源免费的 AI 客户端工具，专为本地部署的 AI 模型（如 DeepSeek）设计，提供了简洁美观的界面，让用户能够轻松与 AI 模型进行交互。使用 Chatbox 可视化部署 DeepSeek 模型的步骤如下。

① 登录 Chatbox 官网下载安装包，例如单击“免费下载 (for Windows)”按钮下载 Windows 版本的安装包，如图 7-10 所示。

图 7-10　Chatbox 官网

② 下载完成后得到一个“.exe”格式的可安装文件，用鼠标左键双击开始安装。在弹出的“安装选项”界面中选择“仅为我安装”单选项，然后单击“下一步”按钮，如图 7-11 所示。

③ 在弹出的“选定安装位置”界面中设置安装位置，然后单击“下一步”按钮，如图 7-12 所示。

④ 安装好之后自动运行 Chatbox，单击“使用自己的 API Key 或本地模型”按钮，配置刚刚部署的模型，如图 7-13 所示。

⑤ 在弹出的“选择并配置 AI 模型提供方”界面中选择“Ollama API”，如图 7-14 所示。

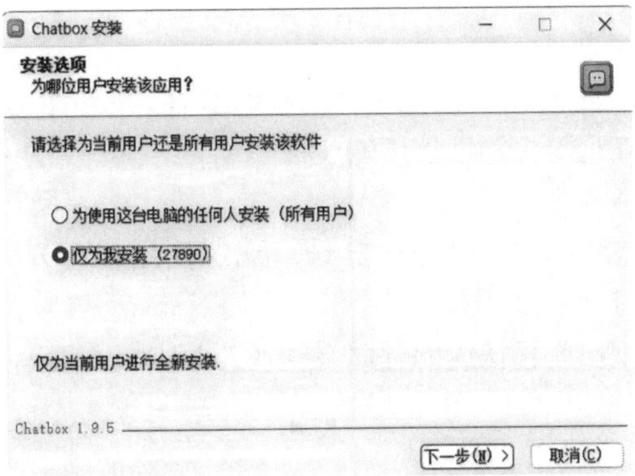

图 7-11　选择“仅为我安装”单选项

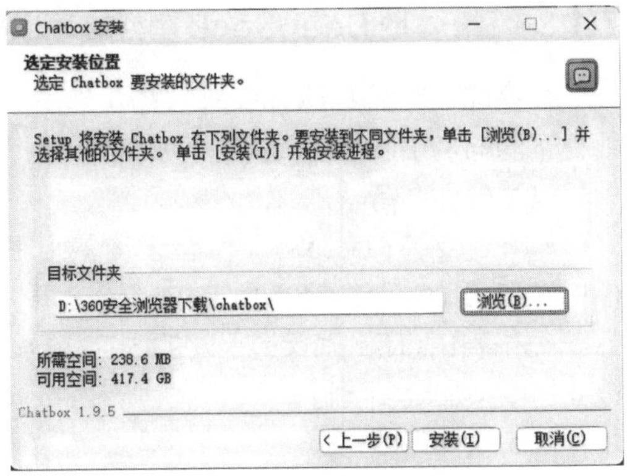

图 7-12　“选定安装位置”界面

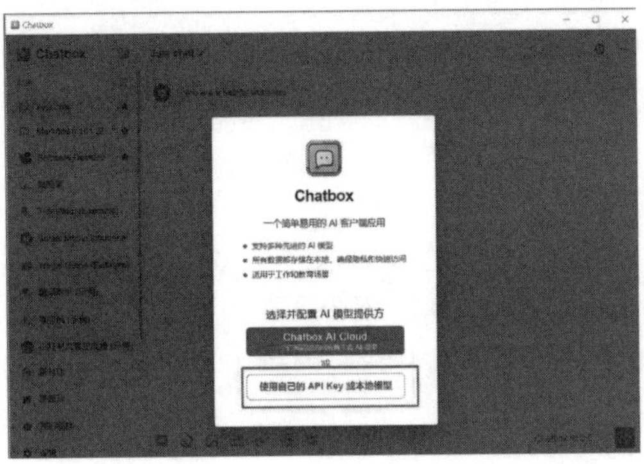

图 7-13　启动界面

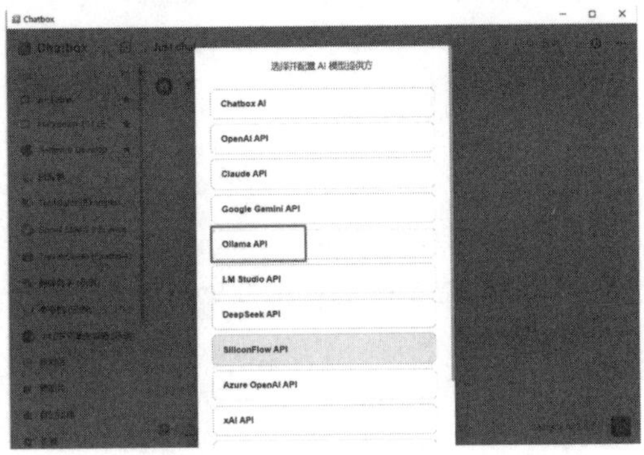

图 7-14　选择 Ollama API

⑥ 选择在本地已经部署好的模型，例如前面部署的 70b 版本的 DeepSeek 模型。当然也可以选择其他已经部署好的模型，例如 14b 版本的 DeepSeek 模型，如图 7-15 所示。

这样就把 DeepSeek 模型部署到本地，并且可以可视化使用 DeepSeek 进行对话，如图 7-16 所示。

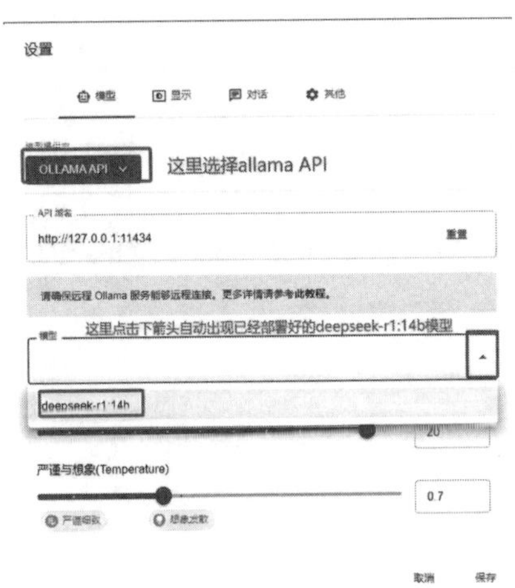

图 7-15　选择部署好的 DeepSeek 模型

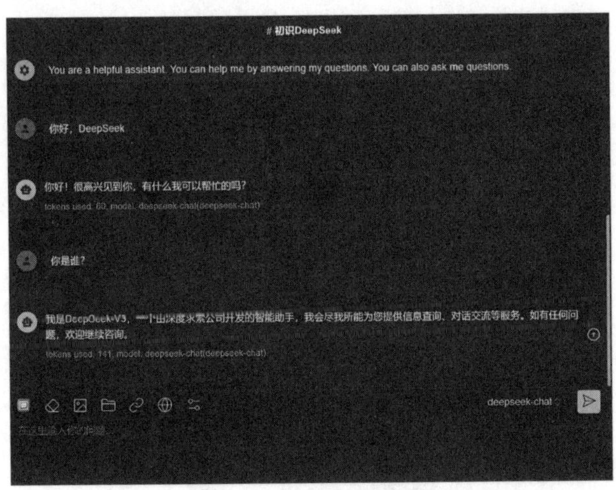

图 7-16　可视化使用 DeepSeek

7.1.3 基于本地 DeepSeek 模型的对话程序

在完成本地部署 DeepSeek 模型工作后，可以通过 Python 程序调用本地模型实现对话功能。下面的例子展示了调用本地 DeepSeek 模型实现一个对话程序的过程。

（1）硬件准备

• GPU 支持：DeepSeek 模型通常需要高性能的 GPU 来加速推理。建议使用 NVIDIA GPU（如 A100、RTX 4090、H100 等），具体要求取决于模型大小。

• 内存和存储：确保有足够的内存（至少 64GB）和快速的存储设备（如 NVMe SSD），以支持模型加载和运行。

（2）软件环境

• 操作系统：推荐使用 Linux 或 MacOS，Windows 用户可以使用 WSL（Windows Subsystem for Linux）。

• Python 环境：安装 Python 3.10 或更高版本。

• 依赖库：安装必要的 Python 库，如 transformers、torch、langchain-ollama 等。可以通过以下命令安装：

```
pip install transformers torch langchain-ollama
```

（3）下载模型权重

① 选择模型版本：根据硬件配置选择合适的 DeepSeek 模型版本（如 1.5B、8B、14B、32B、70B）。

② 通过 Hugging Face 下载：

```
git clone https://github.com/deepseek-ai/DeepSeek-R1.git
cd DeepSeek-R1
python fp8_cast_bf16.py --input-fp7-hf-path /path/to/DeepSeek-R1 --output-bf17-hf-path /path/to/deepseek-R1-bf16
```

③ 使用 Ollama 自动下载。

（4）配置环境变量

• 设置模型路径：确保模型权重文件的路径正确配置到程序中。

• 配置 CUDA 环境：确保 CUDA 和 cuDNN 已正确安装，并设置环境变量。

```
export CUDA_HOME=/usr/local/cuda

export LD_LIBRARY_PATH=$CUDA_HOME/lib64:$LD_LIBRARY_PATH
```

下面的例子使用 subprocess 模块来与 Ollama 进行交互，调用本地运行的 DeepSeek 模型实现对话程序。

实例 7-1： 基于 Ollama 的本地 DeepSeek 模型的对话程序（源码路径：codes\7\Ollama01.py）。

代码如下。

```
import subprocess

def deepseek_query(prompt):
    # 使用 subprocess 运行 Ollama 命令，并传递用户输入
    result = subprocess.run(
        ['ollama', 'run', 'deepseek-r1:1.5b'],
        input=prompt.encode('utf-8'),
```

```
        capture_output=True
    )
    # 返回模型的响应
    return result.stdout.decode('utf-8')

if __name__ == "__main__":
    while True:
        user_input = input("你: ")
        if user_input.lower() in ['退出', 'exit', 'quit']:
            break
        response = deepseek_query(user_input)
        print("DeepSeek:", response)
```

上述代码的核心是函数 deepseek_query，功能是接收用户输入的提示（prompt），将其传递给本地运行的 DeepSeek 模型，并返回模型的响应。函数 deepseek_query 使用 subprocess.run 方法运行 Ollama 命令，具体说明如下。

- ['ollama', 'run', 'deepseek-r1:1.5b']：这是要运行的命令及其参数，表示调用 Ollama 命令行工具运行名为 deepseek-r1:1.5b 的模型。
- input=prompt.encode('utf-8')：将用户输入的提示（prompt）编码为字节后传递给 Ollama 命令。这是因为 subprocess.run 的 input 参数需要字节类型的数据。
- capture_output=True：捕获 Ollama 命令的输出，以便后续处理。
- return result.stdout.decode('utf-8')：将 Ollama 命令的输出（字节类型）解码为字符串，返回模型的响应。

执行后显示下面对话信息，展示和 DeepSeek 模型的交互：

```
你：介绍下Python语言，谢谢
DeepSeek: <think>
嗯，我现在需要介绍一下 Python 语言。首先，我应该知道它是什么，它是谁发明的？我记得是20世纪末的某个人开发的，可能来自美国或者中国。对了，好像是斯蒂芬·皮尔士，对吧？或者是不是其他人？

然后，Python 是什么？听说它是编程语言的一种，但我不太清楚具体有哪些特性。比如，有没有语法简化、动态类型这些特点？我之前听说过动态类型，这会不会让开发更灵活？另外，它支持多重赋值，这个在日常程序中用得上吗？还有分支处理和循环，这些都是基本的编程结构，对吧？

我还知道它有一个社区支持，这对学习很重要，可以参考例子、教程等等。是不是有文档和在线课程呢？这可能是个好的资源来源。

语法方面，Python 的字符串是什么样的？有没有类似的其他语言也有字符串，比如C语言用的是"%s"格式，而在Python中是直接的变量名对吧？

////////省略部分推理过程
</think>

Python 是一种具有深远影响的面向对象编程语言，广泛应用于开发、数据处理和数据分析等领域。它以简洁易懂的语言和丰富的库为特征，是一个非常适合学习者掌握的最佳选择。以下是关于 Python 的详细介绍：

### 基础语法
- **变量命名：** 用字母、数字或前缀'$'表示的字符串。
- **括号：** '()'用于分组表达式，'[]'作为列表和数组。

### 特性：
- **语法简化的特点：** 使用类似C语言的语法，例如直接赋值为变量名。
- **动态类型：** 类型由程序定义，如元组、字符串或整数。这使代码更灵活易用。

### 道具资源
- **官方文档:** 通过'docs'模块访问在线参考和示例。
- **在线课程:** 网站如Coursera、edX提供免费入门课程。
```

```
- **社区支持:** Python 脚本社区活跃，可获取教程和讨论。

### 结论
学习 Python 语言可以从基础语法开始逐步深入，利用在线资源和文档实践，理解其强大的功能并将其应用在编
程开发中。


你:
```

7.1.4 基于本地 DeepSeek 模型的 LangChain 程序

下面实例的功能是通过 LangChain 和 Ollama 实现用户与本地 DeepSeek 模型的交互。用户输入问题后，代码利用 LangChain 构建的链将问题传递给本地运行的 DeepSeek 模型，并获取模型的回答，最后将回答输出显示给用户。

实例 7-2：基于 Ollama 的本地 DeepSeek 模型的 LangChain 程序（源码路径：codes\7\Ollama02.py）。

代码如下。

```
from langchain_ollama import OllamaLLM
from langchain.prompts import PromptTemplate

# 初始化本地 DeepSeek 模型
llm = OllamaLLM(base_url="http://localhost:11434", model="deepseek-r1:1.5b")

# 定义提示模板
template = """
你是一个乐于助人的 AI 助手，现在需要回答用户的问题。
问题：{question}
"""
prompt = PromptTemplate.from_template(template)

# 构建链，将提示模板和模型串联
chain = prompt | llm

# 用户输入问题并得到回答
question = input("请输入你的问题：")
response = chain.invoke({"question": question})

# 输出模型的回答
print("模型的回答：", response)
```

上述代码的实现流程如下。

① 导入模块。

- OllamaLLM：用于连接本地 Ollama 模型。
- PromptTemplate：用于定义提示模板。

② 初始化模型：使用 OllamaLLM 初始化本地 DeepSeek 模型，指定 Ollama 服务的地址和模型名称。

③ 定义提示模板：使用 PromptTemplate 定义提示模板，包含系统角色的描述和用户问题的占位符。

④ 构建链：使用“|”运算符将提示模板和模型串联，形成一个完整的链。

⑤ 调用模型：使用 chain.invoke 方法传递输入参数（字典形式），获取模型生成的响应。

⑥ 输出响应：直接打印 response，因为 chain.invoke 返回的是一个字符串。

假设用户输入问题 " 介绍稀疏矩阵技术 "，程序会调用本地的 DeepSeek 模型进行推理，

模型会生成关于稀疏矩阵技术的回答，然后程序将回答输出给用户。执行后效果如下：

```
请输入你的问题：介绍稀疏矩阵技术
模型的回答： <think>
好，我现在要介绍稀疏矩阵技术。首先，我得理解什么是稀疏矩阵。稀疏矩阵是指在大部分元素为零的情况下形成的矩阵，这通常发生在科学和工程计算中。

接下来，我应该讲讲稀疏矩阵的优势。比如，内存使用量少，因为不需要存储零元素，这样节省空间和时间。此外，在运算时，可以避免频繁访问零元素，提升计算速度，尤其在处理大数据集或图形化模型时。

然后，稀疏矩阵的存储方式很重要。对角线存储、压缩格式如COO、DOK和LIL，逐列或逐行填充等等，这些都是常见的存储方法，需要详细说明每种方法的特点和适用场景。

计算上的优势方面，稀疏矩阵乘法可以减少运算次数，因为零元素可以被跳过，这样在矩阵相乘时会更快。此外，解线性方程组时，使用稀疏算法可以显著提高效率，尤其是在大型系统的求解中。

应用部分，科学计算中的网格、图结构和优化问题常常涉及稀疏矩阵，比如有限元法和网络流问题。机器学习的深度神经网络也常用稀疏矩阵来优化权重参数，减少模型复杂度。

数据处理方面，稀疏矩阵分解如Cholesky分解、LU分解在解线性系统时更为高效，因为可以提前识别零元素部分进行计算。

最后，总结一下，稀疏矩阵技术帮助我们处理大量零元素数据，提升效率和资源利用率。这在科学计算、机器学习和图处理等领域非常重要。
</think>

稀疏矩阵（Sparse Matrix）是一种在大部分元素为零的情况下形成的矩阵。它在科学计算、机器学习和图像处理等 fields 中非常常见，因为稀疏矩阵的存储方式和运算可以显著提高效率和资源利用率。

### 稀疏矩阵的优势：
1. **内存高效**：稀疏矩阵不需要存储所有元素，只保存非零元素的位置和值，从而节省了内存。
2. **计算加速**：在许多操作中（如加减、乘法），零元素可以被跳过，从而减少计算次数。

### 稀疏矩阵的存储方式：
1. **对角线存储法**：仅存储非对角线元素，适用于稀疏对称矩阵。
2. **COO格式**：用于稀疏矩阵的基本形式，只存储非零元素的位置和值。
3. **DOK格式**：联合了字典序存储，允许快速访问非零元素。
4. **LIL格式**：联合了列字典序存储，适用于列满或行满的结构。

### 稀疏矩阵的应用：
1. **科学计算**：在有限元法、图像处理和数值模拟中频繁使用稀疏矩阵，因为它们能有效减少资源占用。
2. **机器学习**：深度神经网络中的权重矩阵通常是稀疏的，使用稀疏矩阵技术可以显著提升运算效率。
3. **图处理**：稀疏矩阵用于表示图的邻接矩阵或度矩阵，适用于大规模图分析。

### 稀疏矩阵计算优势：
- 在矩阵乘法、求逆和分解（如Cholesky分解）中，零元素的减少能显著提高运算速度。
- 在解线性方程组时，稀疏算法可以在较短时间内找到解。

总之，稀疏矩阵技术在处理大量零元素数据时提供了高效的解决方案，广泛应用于科学计算、机器学习和图处理等领域。
```

可以将本书前面的 LangChain 实例转换为用本地 DeepSeek 模型的形式。下面的实例将第 2 章中的实例 2-3 修改为用本地 DeepSeek 模型实现。

实例 7-3： 通过流式调用向本地 DeepSeek 提出问题（源码路径：codes\7\Ollama03.py）。

代码如下。

```
from langchain_ollama import OllamaLLM

# 初始化本地 DeepSeek 模型
```

```
llm = OllamaLLM(base_url="http://localhost:11434", model="deepseek-r1:1.5b")

# 定义对话消息
messages = [
    ("system", "You are a helpful assistant."),
    ("human", "Explain quantum computing in detail.")
]

# 流式调用模型
for chunk in llm.stream(messages):
    print(chunk, end="")
```

上述代码的实现流程如下。

• 初始化本地模型：使用 OllamaLLM 初始化本地 DeepSeek 模型，指定 Ollama 服务的地址和模型名称。

• 定义对话消息：定义一个包含系统消息和用户消息的列表，用于构建对话上下文。

• 流式调用模型：使用 llm.stream 方法进行流式调用，逐块获取模型的响应并打印。每次迭代返回的 chunk 是一个字符串，直接打印即可。

执行后会回答代码中设置的问题 "Explain quantum computing in detail."，执行效果如下：

```
<think>
Okay, so I need to explain quantum computing in detail. Hmm, where do I start? I remember learning about classical computers before, which use bits to process information. They can either be 0 or 1. But quantum computers must work differently because they have something called qubits.

/////省略推理过程

Overall, quantum computing seems transformative but still has a long way to go. I need to make sure I cover all these aspects—superposition, entanglement, algorithms, error correction, hardware challenges, applications, and future directions.
</think>

Quantum computing is a revolutionary advancement in technology, emerging from the intersection of classical computers and quantum mechanics. Here's an organized explanation of how it works:

1. **Fundamentals**:
    - **Qubits**: Unlike classical bits that are either 0 or 1, qubits can exist in multiple states simultaneously thanks to superposition. This allows them to process a vast amount of information at once.
    - **Superposition and Entanglement**: Superposition enables parallel computation, while entanglement links qubits, influencing each other's states even when separated by large distances.

2. **Measurement Challenges**:
    - Quantum measurements collapse the state of a qubit, leading to uncertainty. This necessitates error correction techniques to mitigate issues during measurement and maintain information integrity.

3. **Quantum Algorithms**:
    - **Shor's Algorithm**: Factors large numbers exponentially faster than classical algorithms, enabling breakthroughs in cryptography.
    - **Grover's Algorithm**: Provides a quadratic speedup for database search problems, significantly enhancing computational efficiency.

4. ** Quantum Supremacy and Hardware**:
    - Quantum supremacy refers to the achievement of quantum systems outperforming classical ones, often seen in specific tasks like chemistry or optimization.
```

```
    - Hardware challenges include developing stable qubit technologies
  (superconducting vs. trapped ion) and efficient error correction methods.

  5. **Applications and Scalability**:
    - Beyond computation, quantum computing solves complex problems like drug
discovery, materials science, and logistics. Its scalability, including hybrid models
combining classical and quantum computing, is crucial for practical
implementation.

  6. **Potential and Future Directions**:
    - Quantum cryptography uses principles like entanglement to secure communication,
  such as BB84 protocol.
    - Scalable systems require advancements in qubit connectivity and error correction,
addressing the challenge of maintaining coherence and stability.

  Quantum computing's transformative potential is evident, but it faces significant
hurdles including decoherence mitigation and hardware development. As research
advances, its applications expand into various sectors, poised to revolutionize
computation in an ever-evolving technological landscape.
```

7.1.5　基于本地 PDF 知识库的聊天机器人（本地 DeepSeek 模型）

接下来将讲解的实例是一个基于 LangChain 和大模型的本地知识库问答系统，主要功能是加载指定目录下的 PDF 文件，将其内容进行文本提取、切分和向量化处理，并存储到 FAISS 向量数据库中作为知识库。系统能够根据用户的问题，结合知识库中的内容和对话历史，利用 LLM 生成连贯、准确的回答，支持多轮对话。具体来说，它通过定义中文词元（token）估算函数来优化文本处理，使用 PyPDFLoader 加载 PDF 文件，用 RecursiveCharacterTextSplitter 进行文本切分，用 HuggingFaceEmbeddings 生成向量，用 FAISS 作为向量数据库进行存储和检索。在问答链构建方面，采用 ChatOllama 作为 LLM，并结合 ChatPromptTemplate 定义提示模板，最终通过 RunnableWithMessageHistory 实现带有记忆功能的问答交互。用户可以通过命令行与系统进行交互，输入问题并获取基于知识库的回答，适用于需要基于特定书籍或文档内容进行问答的场景。

实例 7-4：基于书籍内容的 AI 问答系统（源码路径：codes\7\chat_with_memory）。

本实例主要由 chat.py 和 chat_repl.py 两个程序文件构成，接下来介绍这两个文件的具体事项过程。

（1）文件 chat.py

实例文件 chat.py 构建了一个基于书籍内容的中文 AI 聊天应用，主要功能如下。

• PDF 文档加载与向量化：通过加载 PDF 文件并将其内容切分为文本块，使用 Hugging Face 的嵌入模型生成向量，并存储到 FAISS 向量数据库中。

• 对话链式结构：构建了一个带有记忆功能的问答链，通过结合上下文检索和对话历史记录，使 AI 能够基于加载的书籍内容回答用户问题。

• 交互主循环：提供了一个命令行界面，用户可以输入问题，AI 根据知识库给出回答，支持多轮对话。

代码如下。

```
import asyncio
from pathlib import Path
from langchain_community.document_loaders import PyPDFLoader
from langchain_text_splitters import RecursiveCharacterTextSplitter
from langchain_community.vectorstores import FAISS
```

```
from langchain_huggingface import HuggingFaceEmbeddings
from langchain_ollama import ChatOllama
from langchain_core.prompts import ChatPromptTemplate, MessagesPlaceholder
from langchain_core.runnables import RunnableParallel, RunnableLambda
from langchain_core.output_parsers import StrOutputParser
from langchain_core.chat_history import InMemoryChatMessageHistory
from langchain_core.runnables.history import RunnableWithMessageHistory


# 用于中文 token 估算
def count_chinese_tokens(text: str) -> int:
    chinese_chars = sum('\u4e00' <= char <= '\u9fff' for char in text)
    other_chars = len(text) - chinese_chars
    return int(chinese_chars * 1.3 + other_chars * 0.25)


# 加载 PDF 文档并建立向量数据库
def init_vectorstore():
    docs = []
    for pdf_path in Path("docs").glob("*.pdf"):
        loader = PyPDFLoader(str(pdf_path))
        docs.extend(loader.load())

    splitter = RecursiveCharacterTextSplitter(
        chunk_size=1000,
        chunk_overlap=200,
        length_function=count_chinese_tokens
    )
    chunks = splitter.split_documents(docs)

    embeddings = HuggingFaceEmbeddings(
        model_name="BAAI/bge-small-zh-v1.5",
        model_kwargs={"device": "cpu"},
        encode_kwargs={"normalize_embeddings": True}
    )

    return FAISS.from_documents(chunks, embeddings)


# 构造带记忆的 QA Chain
def build_chain(retriever):
    llm = ChatOllama(model="deepseek-r1:1.5b")

    prompt = ChatPromptTemplate.from_messages([
        ("system", "你是一个基于书籍的中文知识助手，请根据上下文回答问题。"),
        MessagesPlaceholder(variable_name="chat_history"),
        ("human", "{question}")
    ])

    chain = (
        RunnableParallel({
            "question": lambda x: x["question"],
            "context": lambda x: retriever.invoke(x["question"]),
            "chat_history": lambda x: x["chat_history"],
        })
        | prompt
        | llm
        | StrOutputParser()
    )

    return RunnableWithMessageHistory(
        chain,
```

```
        lambda session_id: InMemoryChatMessageHistory(),
        input_messages_key="question",
        history_messages_key="chat_history"
    )


# 主循环
async def main():
    vectorstore = init_vectorstore()
    retriever = vectorstore.as_retriever(search_kwargs={"k": 5})
    chain = build_chain(retriever)

    print("输入 'exit' 可退出。")
    while True:
        user_input = await asyncio.to_thread(input, "\n你: ")
        if user_input.lower() in {"exit", "quit", "退出"}:
            break

        response = await chain.ainvoke(
            {"question": user_input},
            config={"configurable": {"session_id": "default"}}
        )
        print("AI: ", response)


if __name__ == "__main__":
    asyncio.run(main())
```

在上述代码中实现了如下函数。

① 函数 count_chinese_tokens：该函数用于估算给定文本中的中文 token 数量。具体来说，通过判断每个字符是否属于中文字符（Unicode 范围在 \u4e00 到 \u9fff 之间）来统计中文字符的数量，然后对其他非中文字符进行计数，按照中文字符一个算 1.3 个 token、其他字符一个算 0.25 个 token 的规则进行加权计算，最终返回估算的 token 数量。这个估算方法是基于特定的模型或使用场景对中文和非中文字符 token 化的规则而设定的。

② 函数 init_vectorstore：此函数负责初始化向量数据库。它会加载项目中“docs”文件夹下的所有 PDF 文件，利用 PyPDFLoader 将每个 PDF 文件的内容加载为文档对象，然后通过 RecursiveCharacterTextSplitter 文本分割器，按照设定的文本块大小（chunk_size=1000）、重叠大小（chunk_overlap=200）以及使用 count_chinese_tokens 函数作为长度度量标准，将加载的文档切分成多个小文本块。接着，使用 Hugging Face 的嵌入模型（BAAI/bge-small-zh-v1.5）对这些文本块进行向量化处理，并将向量存储到 FAISS 向量数据库中，最后返回这个向量数据库对象，为后续基于向量的相似性搜索等操作提供支持。

③ 函数 build_chain：该函数用于构建一个带有记忆功能的问答链式结构，具体实现流程如下。

• 它创建了一个基于 Ollama 的 LLM（ChatOllama），模型选择为“deepseek-r1:1.5b”。然后定义了一个聊天提示模板（ChatPromptTemplate），该模板包含系统角色的指令（告知模型其作为基于书籍内容的中文知识助手，需根据上下文回答问题）、用于放置对话历史记录的占位符（MessagesPlaceholder）以及用户问题的输入部分。

• 构建了一个可运行的并行操作链（RunnableParallel），其输入包含用户问题、通过检索器获取的上下文以及对话历史记录。这个并行操作链通过提示模板和 LLM 进行处理，并最终使用字符串输出解析器（StrOutputParser）将结果解析为字符串形式。

•将整个处理链包装为一个带有消息历史记录功能的可运行对象（RunnableWithMessage-

History），其中消息历史使用内存中的消息历史记录（InMemoryChatMessageHistory）来存储，从而使得问答能够基于先前的对话历史进行连贯的交互。

④ 函数 main：这是程序的主函数，负责整个应用的执行，具体实现流程如下。

• 调用 init_vectorstore 函数来初始化向量数据库，并创建一个检索器（retriever），该检索器配置为从向量数据库中检索与问题最相关的 5 个文档块（search_kwargs={"k": 5}）。

• 构建问答链（chain），接着进入一个命令行交互循环。在循环中，程序等待用户输入问题，若用户输入 "exit" "quit" 或 " 退出 "，则退出循环。否则，将用户问题通过问答链进行处理，获取 AI 的回答并打印出来，从而实现一个基于命令行的、能够与书籍知识库进行多轮对话的聊天应用。

在运行之前先在“docs”目录中准备好几个 PDF 文件，执行文件 chat.py 后会自动加载项目中“docs”文件夹下的所有 PDF 文件，将其内容提取并切分为文本块，然后生成向量存储到向量数据库中。最后，调用本地 DeepSeek 模型 deepseek-r1:1.5b 对话，并基于 PDF 文件的内容回答用户的问题。例如下面的聊天过程：

```
输入 'exit' 可退出。

你：介绍下你自己
AI： <think>
好，用户让我介绍一下自己。我得先想想自己到底是谁。嗯，我是以"知识助手"作为身份，专注于提供信息和帮助解答问题的人。

接下来，我要考虑用户的使用场景是什么。可能是在教科书、工作中或者在某个公共平台上提问。不管怎样，我需要提供准确且有用的信息。

然后是内容方面，我得涵盖哪些部分呢？介绍自己应该包括我的背景，为什么选择这个职位，以及我如何帮助用户解答问题。这部分要简明扼要，让用户能明白我是从哪里来，有什么特点。

另外，我要注意回答的语气和风格，既要正式又不失亲切感，这样更容易被接受。可能还需要提到我在其他领域的工作经验，以增加可信度。

最后，确保整个回答结构清晰，信息全面，方便用户快速获取所需内容。同时，避免使用过于复杂的术语，让用户能够轻松理解。

总结一下，我的思考过程包括：明确身份和职责、确定使用场景、整理内容、选择合适的语气和风格、补充其他相关经验、确保回答结构合理等。这样一步步下来，就能很好地满足用户的需求。
</think>

我是以"知识助手"作为身份，专注于提供准确且有用的信息和解答问题的内容。在回答问题时，我会尽量保持语言的简洁明了，并结合上下文，为用户提供清晰且有针对性的知识或帮助他们解答相关的问题。

你：介绍《高性能MySQL（第4版） ( etc.) (Z-Library)》这本书的内容
AI： <think>
嗯，我现在需要介绍一下《高性能MySQL（第4版）》这本书的内容。首先，我应该明确这本书是什么，它是哪个出版社出版的，是电子书还是纸质书？看起来像电子书，可能有电子存储平台支持。

这本书主要讲的是MySQL数据库的最佳实践，特别是性能方面。我记得MySQL是一种关系型数据库，用于处理大量数据查询和事务。高性能MySQL的目标是让数据库在高可用性和高可用性之外，能够快速响应请求，并且处理大量并发事务。所以这本书应该探讨如何设计和维护一个高效的MySQL系统。

接下来，我应该考虑书中有哪些核心内容。可能包括性能优化策略，比如缓存、索引、物理布局等；事务管理，确保事务的顺序性和一致性；容错设计，防止数据丢失和服务中断；分布式系统设计，提高高可用性；以及数据库架构选择，如采用MySQL还是其他语言库。

此外，书中可能会提到一些前沿技术或最新的优化方法，比如针对边缘计算或云环境的最佳实践。可能还会有一些案例，展示实际应用中的性能提升效果。不过，作为基础知识介绍，通常会聚焦于基本原理和常用策略，而不会深入所有最新的技术细节。
```

我还需要确认这本书的版本信息，是否是第4版，是否有不同的章节安排，或者是否有新增的内容。可能加入了一些新的技巧或优化方案，特别是针对高可用性和高性能的要求。

另外，考虑到电子书的特点，可能会有一些互动性内容，如在线测试或模拟实验，帮助读者验证自己的理解。不过，作为知识介绍，可能会偏向于技术细节和理论分析，而少有实际操作的部分。

最后，我应该总结这本书的价值：它是MySQL数据库的最佳实践指南，适合希望提升高性能的数据库管理员或开发者阅读。通过系统的学习和实践，读者可以更高效地管理和维护数据库，确保其在高可用性和性能上达到最佳状态。
</think>

《高性能MySQL（第4版）》是一本针对关系型数据库优化设计的教程书籍，主要面向希望提高MySQL数据库性能的数据库管理员和开发者。以下是这本书的主要内容：

1. **基本原理**：介绍MySQL的基本概念、性能指标和如何通过优化设计提升其表现。

2. **事务管理与高可用性**：探讨如何确保事务的顺序性和一致性，避免数据冲突，以实现更高的可用性。

3. **缓存与索引优化**：详细讲解缓存机制、索引选择和布局，提高查询性能并降低响应时间。

4. **物理布局与存储**：分析数据库物理布局的影响，包括主磁盘、分页器等结构，优化存储效率以提升性能。

5. **分布式系统设计**：介绍如何将MySQL扩展至分布式架构，提升系统的高可用性和容错能力。

6. **边缘计算与云环境**：探讨在边缘计算和云计算环境中应用MySQL的最佳实践，确保低延迟和高稳定性。

7. **高级技巧与优化**：包含最新的性能优化方法、边缘数据库策略以及对Java和Python的深入分析，提升技术能力。

8. **案例与实践**：通过实际案例展示性能提升的效果，帮助读者理解理论知识在实际中的应用。

这本书旨在提供实用的指导和工具，帮助数据库管理员高效管理和维护MySQL系统，确保其在高可用性和高性能上的最佳表现。

你：高性能 MySQL 中提到的 InnoDB 存储引擎有哪些特点？
AI：<think>
嗯，用户问的是性能最好的MySQL中的InnoDB存储引擎有什么特点。首先，我得回忆一下InnoDB是什么，它是MySQL中常用的存储引擎，主要用于高可用性存储。那它有什么特点呢？

我记得InnoDB的核心是InnoDB缓存分片技术，这可能和物理内存有关，比如在写入数据时，InnoDB会根据磁盘的实际剩余空间来决定数据的大小块，这样可以优化性能。还有，它支持读写分段、多级缓存机制，这有助于提高查询和修改效率。

用户提到高性能，那说明它需要快速处理大量数据。可能还会有一些优化技术，比如并行缓存、容错设计等等。另外，InnoDB的异步读写模式也是其特点之一，这样可以在不同的硬件上进行读写，提升整体性能。

不过，我得确保这些信息准确，尤其是技术细节，比如缓存分片和多级缓存的具体实现方法。可能用户还想知道它如何应对高并发场景，或者在分布式系统中的应用。所以，回答时要涵盖这些方面，并给出一些实际例子或应用场景。
</think>

InnoDB是一种高性能存储引擎，是MySQL中支持高可用性存储的核心技术之一。以下是 InnoDB 提供的特点：

1. **InnoDB 磁盘缓存分片**
   - InnoDB 通过其磁盘缓存分片技术，结合磁盘的剩余空间进行数据分割，优化了内存访问和写入性能。

2. **支持读写分段**
   - 在 InnoDB 中，磁盘可以将数据按块存储在主缓存和辅助缓存中，这有助于提高读取和书写效率，尤其是在高并发场景下。

3. **多级缓存机制**
   - InnoDB 提供了多层级的缓存策略，包括写入缓存、读取缓存和异步缓存（Asynchronous Cache），

```
从而进一步优化数据访问速度。

    4. **支持并行存储**
       - 在特定硬件上（如双端口磁盘或网络端口），InnoDB 采用了并行存储技术，使得多个端口可以同时进行读写操作，提升了整体性能。

    5. **容错设计**
       - InnoDB 使用异步缓存和多级缓存来实现容错性，即使数据丢失，也可以通过其他方式恢复，确保数据的完整性和可用性。

    6. **支持高并发和大规模部署**
       - InnoDB 的异步读写模式使得它能够应对高并发请求，同时还能扩展到分布式存储系统中进行分片存储。
    7. **适应分布式存储环境**
       - 在分布式数据库或容器化应用中，InnoDB 已经被广泛采用，并与其他技术（如多副本复制）相结合，以实现高可用性存储。

    8. **异步读写模式**
       - InnoDB 采用了异步读写（Asynchronous Read/Write）模式，在不同硬件上进行操作时，可以提高整体的性能和稳定性。

    9. **支持文件系统**
       - 在MySQL 中，InnoDB 也支持文件系统的存储，通过其磁盘缓存机制来优化文件系统的访问速度。

    总体而言，InnoDB 的设计目标是为高可用性存储提供高性能解决方案，并能够适应分布式存储环境。
```

（2）文件 chat_repl.py

实例文件 chat_repl.py 构建了一个本地知识库问答机器人，能够加载指定目录下的 PDF 文件，将其内容向量化存储并作为知识库。用户可通过命令行与之交互，机器人结合知识库内容和对话历史，利用大模型生成连贯回答。支持多轮对话。

```python
import asyncio
from pathlib import Path

from langchain_community.chat_message_histories import ChatMessageHistory
from langchain_community.document_loaders import PyPDFLoader
from langchain_community.vectorstores import FAISS
from langchain_huggingface import HuggingFaceEmbeddings
from langchain_ollama import ChatOllama
from langchain_text_splitters import RecursiveCharacterTextSplitter

from langchain_core.prompts import ChatPromptTemplate, MessagesPlaceholder
from langchain_core.output_parsers import StrOutputParser
from langchain_core.runnables import (
    RunnableParallel, RunnablePassthrough, RunnableLambda
)
from langchain_core.runnables.history import RunnableWithMessageHistory


# 中文Token估算函数
def count_chinese_tokens(text: str) -> int:
    chinese_chars = sum('\u4e00' <= char <= '\u9fff' for char in text)
    other_chars = len(text) - chinese_chars
    return int(chinese_chars * 1.33 + other_chars * 0.25)


# 加载PDF并构建向量库
def init_knowledge_base(directory="docs"):
    documents = []
    for pdf_file in Path(directory).glob("*.pdf"):
        if pdf_file.is_file():
```

```
            try:
                loader = PyPDFLoader(str(pdf_file))
                documents.extend(loader.load())
            except Exception as e:
                print(f"跳过文件 {pdf_file.name}, 原因: {e}")
                continue

    text_splitter = RecursiveCharacterTextSplitter(
        chunk_size=1000,
        chunk_overlap=200,
        length_function=count_chinese_tokens
    )
    splits = text_splitter.split_documents(documents)

    embeddings = HuggingFaceEmbeddings(
        model_name="BAAI/bge-small-zh-v1.5",
        model_kwargs={'device': 'cpu'},
        encode_kwargs={'normalize_embeddings': True}
    )

    vectorstore = FAISS.from_documents(splits, embeddings)
    return vectorstore.as_retriever(search_type="mmr", search_kwargs={"k": 5})


# 构建LangChain QA链
# 构建LangChain QA链
def create_qa_chain(retriever):
    llm = ChatOllama(model="deepseek-r1:1.5b")

    prompt = ChatPromptTemplate.from_messages([
        ("system", "你是一个书籍内容分析助手，请根据提供的上下文内容来回答用户的问题。"),
        ("human", "{input}")
    ])

    # 主 QA 任务链
    qa_chain = (
        RunnableParallel({
            "context": RunnablePassthrough() | RunnableLambda(lambda x: x["input"]
if isinstance(x, dict) else x) | retriever,
            "input": RunnablePassthrough() | RunnableLambda(lambda x: x["input"]
if isinstance(x, dict) else x),
        })
        | prompt
        | llm
        | StrOutputParser()
    )

    # 加入 Memory 支持
    return RunnableWithMessageHistory(
        qa_chain,
        lambda session_id: ChatMessageHistory(),
        input_messages_key="input",
        history_messages_key="chat_history"
    )

# 异步对话主流程
async def chat_with_memory():
    retriever = init_knowledge_base()
    qa_chain = create_qa_chain(retriever)

    print("🤖 本地知识库问答机器人已启动，输入 '退出' 结束会话。")
    while True:
```

```
        try:
            user_input = await asyncio.to_thread(input, "你: ")
            if user_input.lower().strip() in ('exit', 'quit', '退出'):
                break

            print("AI: ", end="", flush=True)
            result = await qa_chain.ainvoke(
                {"input": user_input},
                config={"configurable": {"session_id": "fixed_session"}}
            )
            print(result.strip())

        except KeyboardInterrupt:
            print("\n对话中止")
            break


if __name__ == "__main__":
    asyncio.run(chat_with_memory())
```

在上述代码实现了如下函数。

① 函数 count_chinese_tokens：该函数用于估算给定文本中的中文 token 数量。通过判断每个字符是否属于中文字符（Unicode 范围在 \u4e00 到 \u9fff 之间）来统计中文字符的数量，然后对其他非中文字符进行计数，按照中文字符一个算 1.33 个 token、其他字符一个算 0.25 个 token 的规则进行加权计算，最终返回估算的 token 数量。

② 函数 init_knowledge_base：此函数负责初始化知识库，具体实现流程如下。

• 加载指定目录（默认为“docs”）下的所有 PDF 文件，利用 PyPDFLoader 将每个 PDF 文件的内容加载为文档对象。

• 通过 RecursiveCharacterTextSplitter 文本分割器，按照设定的文本块大小（chunk_size=1000）、重叠大小（chunk_overlap=200）以及使用 count_chinese_tokens 函数作为长度度量标准，将加载的文档切分成多个小文本块。

• 使用 Hugging Face 的嵌入模型（BAAI/bge-small-zh-v1.5）对这些文本块进行向量化处理，并将向量存储到 FAISS 向量数据库中。

• 返回一个检索器对象，该检索器配置为使用最大边际相关性（MMR）检索策略，用于后续从知识库中检索与问题最相关的文档块。

③ 函数 create_qa_chain：该函数用于构建一个问答链式结构，具体实现流程如下。

• 创建了一个基于 Ollama 的 LLM（ChatOllama），模型选择“deepseek-r1:1.5b”。然后定义了一个聊天提示模板（ChatPromptTemplate），该模板包含系统角色的指令（告知模型其作为书籍内容的分析助手，需根据上下文回答问题）以及用户问题的输入部分。

• 构建了一个可运行的并行操作链（RunnableParallel），其输入包含用户问题和通过检索器获取的上下文。这个并行操作链通过提示模板和 LLM 进行处理，并最终使用字符串输出解析器（StrOutputParser）将结果解析为字符串形式。

•将整个处理链包装为一个带有消息历史记录功能的可运行对象（RunnableWithMessageHistory），其中使用 ChatMessageHistory 来存储消息历史记录，从而使得问答能够基于先前的对话历史进行连贯的交互。

④ 函数 chat_with_memory：这是程序的主函数，负责整个应用的执行，具体实现流程如下。

•调用函数 init_knowledge_base 来初始化知识库并获取检索器，然后构建问答链（qa_chain）。

• 进入一个命令行交互循环。在循环中，程序等待用户输入问题，若用户输入 "exit" "quit" 或 " 退出 "，则退出循环。否则，将用户问题通过问答链进行处理，获取 AI 的回答并打印出来，从而实现一个基于命令行的、能够与书籍内容知识库进行多轮对话的聊天应用。

执行后输出：

```
🤓 本地知识库问答机器人已启动，输入 '退出' 结束会话。
你：高性能 MySQL 中提到的 InnoDB 存储引擎有哪些特点？
AI：<think>
好，我现在要分析一下"高性能 MySQL 中提到的 InnoDB 存储引擎有哪些特点？"这个问题。首先，我要明确InnoDB是什么。InnoDB是MySQL中用于存储数据的基础引擎，它负责将数据写入文件和目录，确保数据完整性。

接下来，我需要回想一下InnoDB的主要特点。我记得它通常被描述为快速启动、高效管理和稳定运行。那么具体有哪些呢？

第一点，性能优化。InnoDB设计得非常快，几乎可以在最开始就完成数据存储请求，甚至在没有预存磁盘空间的情况下也能工作。这和很多其他数据库一样，比如SQL Server的SSS，都是通过分批写入来提升性能。

第二点是快速启动。当用户首次连接到数据库时，InnoDB会迅速分析磁盘空间，并根据需求重新加载数据，减少等待时间。这对于频繁访问的数据源来说是个大优势，节省了大量I/O操作。

第三点是高效管理。InnoDB不仅存储文件和目录，还维护它们的结构，确保这些对象在使用后被正确删除，避免内存泄漏或碎片化。这也是为了保证系统稳定运行而设计的。

第四点是稳定性。不管数据如何变化，InnoDB都能快速响应，并且不会因为错误操作而中断整个过程。这对于实时的数据应用来说非常重要。

第五个方面，与其他存储引擎的区别。比如，HBase使用Nginx作为存储引擎，而Hive使用Java driver，它们在性能和安全性上的不同在于数据的管理和物理存储方式。InnoDB则专注于文件系统和分布式事务控制，确保数据的安全性和可用性。

另外，我还应该提到InnoDB如何结合了缓存机制。通过缓存磁盘空间中的记录，并利用缓存缓存器的内容，它可以在实际使用中获得更高的性能，减少I/O操作次数。

最后，我想总结一下InnoDB的优势，包括快速启动、高效管理、稳定运行、支持分布式事务控制以及与其他引擎的兼容性。这些特点使得InnoDB在高性能数据库中占据重要地位，广泛应用于实时数据应用如Hive和HBase等。
</think>
InnoDB 是MySQL 中的核心存储引擎，以其卓越的性能和稳定性著称。以下是 InnoDB 提供的特点：

1. **快速启动**：几乎可以在最开始完成数据存储请求，无需预存磁盘空间。

2. **高效管理**：维持和优化磁盘文件和目录，确保它们在使用后被正确删除，避免内存泄漏或碎片化。

3. **稳定运行**：能够适应多种工作负载，处理快速变化的数据，减少I/O操作次数。

4. **缓存机制**：结合了缓存磁盘空间中的记录，并利用缓存缓存器的内容，提高实际性能。

5. **分布式事务控制**：支持高可用性和容错性，确保数据安全和稳定运行。

6. **与其他存储引擎的区别**：
   - HBase 使用 Nginx 作为存储引擎。
   - Hive 使用 Java 系统驱动。
   - InnoDB 支持分布式存取，适用于实时应用如 Hive 和 HBase。

7. **支持 distributed transaction control (DTC)**：保证高可用性和容错性。

综上所述，InnoDB 的特点使其成为高性能数据库的重要引擎，广泛应用于实时数据应用。
```

注意：文件 chat_repl.py 和文件 chat.py 相比，两者的主要区别如下。

• 文本预处理方面：chat_repl.py 中的 count_chinese_tokens 函数将中文字符一个算 1.33 个 token，而 chat.py 中对应的是 1.3 个 token。

• 对话历史处理方面：chat_repl.py 明确引入 ChatMessageHistory 管理对话历史，chat.py 使用 InMemoryChatMessageHistory 处理对话历史，chat_repl.py 在构建问答链时对对话历史的处理逻辑更加明确和细化。

• 问答链构建方面：chat_repl.py 使用 RunnablePassthrough 和 RunnableLambda 对输入进行提取和传递处理，而 chat.py 通过 RunnableParallel 直接分解输入，chat_repl.py 更注重输入预处理和结构化传递。

• 检索策略方面：chat_repl.py 中 init_knowledge_base 函数返回的检索器采用最大边际相关性（MMR）检索策略，chat.py 中的检索器采用简单相似度检索策略。

7.2 ChatGLM 大模型的 LangChain 操作实战

ChatGLM 是一系列开源的中英双语大模型，专为对话任务设计，参数范围从 60 亿到 1300 亿不等，由智谱 AI 和清华大学知识工程组（KEG）联合开发。ChatGLM 模型在庞大的中文和英文语料库上进行训练，针对问答和对话交互进行了优化。

7.2.1 ChatGLM 介绍

ChatGLM 的基本信息如下。

• 模型支持：LangChain 支持 ChatGLM 模型，并且有专门的第三方实现集中在 LangChain-Community 库中。

• 集成 ChatGLM：开发者可以通过继承 LangChain 提供的基类并实现相关方法来创建自定义的 ChatModel，从而集成 ChatGLM 模型。

• API 适配：为了适配 ChatGLM 的 API，开发者可能需要自定义适配器，并确保与 LangChain 的接口兼容。

• 使用示例：有教程和代码示例说明如何在本地环境中部署 ChatGLM 模型，并与 LangChain 结合使用，以创建知识库和执行问答任务。

• 微调和应用：LangChain 不仅可以加载和运行 ChatGLM 模型，还可以用于模型的微调和应用在特定领域。

• 开源社区：LangChain 的开源社区提供了多种集成和应用示例，包括与 ChatGLM 模型的集成。

• 模型升级：LangChain 能够支持 ChatGLM 模型的更新，并实现接口的兼容，这表明 LangChain 能够适应模型的升级和变化，保持应用的连续性。

• 文档和教程：存在详细的文档和教程帮助用户理解如何将 ChatGLM 与 LangChain 结合使用，包括如何加载模型、处理文件、向量化文本以及如何使用 LangChain 进行问答。

ChatGLM 系列大模型包括但不限于执行对话生成、智能问答等任务，LangChain 可以适配并使用这些模型。ChatGLM 已经开源了包括 ChatGLM-6B 在内的多个模型版本，为了降低大家的学习成本，本书以 ChatGLM-6B 为例介绍 LangChain 操作 ChatGLM 的知识。在开发过程中，建议直接参考 ChatGLM-6B 开源地址中的配置文件（https://github.com/THUDM/ChatGLM-6B/blob/main/requirements.txt）。

```
protobuf
transformers==4.27.1
cpm_kernels
torch>=1.10
```

```
gradio
mdtex2html
sentencepiece
accelerate
```

通过如下命令安装所需要的库:

```
pip install -r requirements.txt
```

7.2.2 ChatGLM 程序开发基础

在开发 ChatGLM-6B 应用程序之前，可以通过如下三种方法准备大模型文件。

① 直接从 huggingface 模型仓库选取模型文件。这种方法的缺点是需要先安装 Git LFS，选取速度很慢。

```
git clone https://huggingface.co/THUDM/chatglm-6b
```

② 从 huggingface 模型仓库选取模型实例，然后从清华仓库下载模型参数文件，最后替换到 chatglm-6b 文件夹中。

```
GIT_LFS_SKIP_SMUDGE=1 git clone https://huggingface.co/THUDM/chatglm-6b
# 下载模型参数文件...
mv chatglm-6b/* THUDM/chatglm-6b/
```

③ 通过使用 transformers 库中的 AutoTokenizer 类和 AutoModel 类，自动实现 ChatGLM-6B 模型和分词器的下载及加载工作。

```
import os
from transformers import AutoTokenizer, AutoModel
tokenizer = AutoTokenizer.from_pretrained("THUDM/chatglm-6b", trust_remote_
code=True)
model = AutoModel.from_pretrained("THUDM/chatglm-6b", trust_remote_code=True)
```

下面的实例演示了使用第三种方法调用 ChatGLM-6B 模型进行对话的过程。

实例 7-5：使用第三种方法调用 ChatGLM-6B 模型进行对话（源码路径：codes\7\qing.py）。

代码如下。

```
import os
from transformers import AutoTokenizer, AutoModel

# 指定使用编号为0的GPU
os.environ["CUDA_VISIBLE_DEVICES"] = "0"

# 加载分词器和模型
tokenizer = AutoTokenizer.from_pretrained("THUDM/chatglm-6b", trust_remote_
code=True)
model = AutoModel.from_pretrained("THUDM/chatglm-6b", trust_remote_code=True)

# 将模型发送到GPU，并设置为评估模式
model = model.to('cuda')  # 这将模型移动到默认的GPU上
model = model.eval()

# 将模型转换为半精度
model.half()
```

```
human_input = "你好"
response, history = model.chat(tokenizer, human_input, history=[])

print(f"Human: {human_input}")
print(f"AI: {response}")
```

上述代码的目的是使用 transformers 库从 huggingface 模型库中加载并运行一个名为 "THUDM/chatglm-6b" 的预训练对话模型，以下是代码的详细介绍。

① 环境设置。os.environ["CUDA_VISIBLE_DEVICES"] = "0"：这行代码设置了环境变量，指定程序只能看到编号为 0 的 GPU。如果用户的系统中有多个 GPU，这可以用来决定哪个 GPU 用于模型的推理或训练。

② 加载分词器和模型。

- tokenizer = AutoTokenizer.from_pretrained("THUDM/chatglm-6b", trust_remote_code=True)：加载与 "THUDM/chatglm-6b" 模型配套的分词器。分词器用于将文本转换为模型可以理解的格式。

- model = AutoModel.from_pretrained("THUDM/chatglm-6b", trust_remote_code=True)：加载预训练的 "THUDM/chatglm-6b" 模型。trust_remote_code=True 参数允许加载远程代码，这在加载自定义或第三方模型时是必需的。

③ 准备模型进行推理。

- model = model.to('cuda')：将模型的权重移动到 GPU 上，以利用 GPU 加速模型的推理过程。这一步假定用户的机器上安装了 NVIDIA 的 GPU 和 CUDA。

- model = model.eval()：将模型设置为评估模式，这通常关闭了模型训练时使用的特定功能，如 dropout。

④ model.half()：将模型转换为半精度（float16），这可以减少模型在 GPU 上的内存占用，从而允许使用更大的模型或批量，但也需要硬件和深度学习框架支持半精度运算。

⑤ 生成对话响应。

- human_input = " 你好 "：定义人类的输入文本。

- response, history = model.chat(tokenizer, human_input, history=[])：调用模型的 chat 方法来生成响应。这个方法需要分词器、用户的输入以及对话历史。

⑥ 打印结果：代码打印输出了用户的输入和 AI 生成的回答响应。执行后输出：

```
Loading checkpoint shards: 100%|██████████| 8/8 [00:38<00:00,  4.87s/it]
Human: 你好
AI: 你好👋！我是人工智能助手 ChatGLM-6B，很高兴见到你，欢迎问我任何问题。
```

7.2.3 基于 LangChain 和 ChatGLM 的聊天程序

已经实现了一个 ChatGLM-6B 模型服务的调用接口（diao.py），下面的实例使用 LangChain 构建一个聊天语言模型的接口，并与运行在本地服务器上的模型进行交互。在本实例中，使用 LLM 模块封装了 ChatGLM 模型。

实例 7-6：使用 LangChain 构建一个聊天语言模型的接口（源码路径：codes\7\Lang.py）。

代码如下。

```
import time
import logging
```

```
import requests
from typing import Optional, List, Dict, Mapping, Any

import langchain
from langchain.llms.base import LLM
from langchain.cache import InMemoryCache

logging.basicConfig(level=logging.INFO)
# 启动llm的缓存
langchain.llm_cache = InMemoryCache()

class ChatGLM(LLM):

    # 模型服务url
    url = "http://127.0.0.1:8595/chat"

    @property
    def _llm_type(self) -> str:
        return "chatglm"

    def _construct_query(self, prompt: str) -> Dict:
        """构造请求体
        """
        query = {
            "human_input": prompt
        }
        return query

    @classmethod
    def _post(cls, url: str,
        query: Dict) -> Any:
        """POST请求
        """
        _headers = {"Content_Type": "application/json"}
        with requests.session() as sess:
            resp = sess.post(url,
                json=query,
                headers=_headers,
                timeout=60)
        return resp


    def _call(self, prompt: str,
        stop: Optional[List[str]] = None) -> str:
        """_call
        """
        # construct query
        query = self._construct_query(prompt=prompt)

        # post
        resp = self._post(url=self.url,
            query=query)

        if resp.status_code == 200:
            resp_json = resp.json()
            predictions = resp_json["response"]
            return predictions
        else:
            return "请求模型"

    @property
    def _identifying_params(self) -> Mapping[str, Any]:
```

```
        """Get the identifying parameters.
        """
        _param_dict = {
            "url": self.url
        }
        return _param_dict

if __name__ == "__main__":
    llm = ChatGLM()
    while True:
        human_input = input("Human: ")

        begin_time = time.time() * 1000
        # 请求模型
        response = llm(human_input, stop=["you"])
        end_time = time.time() * 1000
        used_time = round(end_time - begin_time, 3)
        logging.info(f"chatGLM process time: {used_time}ms")

        print(f"ChatGLM: {response}")
```

上述代码的实现流程如下。

① 配置日志记录：使用 logging.basicConfig 设置日志记录的基本配置，日志级别为 INFO。

② 初始化 LLM 缓存：langchain.llm_cache 被设置为 InMemoryCache，这意味着 LLM 的响应可能被缓存在内存中，以加快后续请求的处理速度。

③ 定义类 ChatGLM：该类继承自 langchain.llms.base.LLM，实现了一个与远程模型服务交互的聊天模型接口。

- 类变量 url：包含了模型服务的 URL。
- 属性 _llm_type：返回字符串 "chatglm"，标识模型类型。
- 方法 _construct_query：用于构造请求体，将提示（prompt）封装为一个字典。
- 方法 _post：用于发送 POST 请求到模型服务，传递 JSON 数据。
- 方法 _call：实现了基于 LLM 的抽象方法，用于构造查询，发送 POST 请求，并处理响应。如果响应状态码为 200，它将解析 JSON 响应并返回预测结果；否则，它将返回字符串 " 请求模型 "。
- 属性 _identifying_params：返回一个包含 URL 的字典，其中的参数用于标识模型。

④ 主程序：在 if __name__ == "__main__": 块中，代码创建了一个 ChatGLM 实例，并进入一个无限循环，不断从用户那里接收输入，然后调用 llm 实例和用户的输入来获取响应。

⑤ 性能监控：使用函数 time.time 来测量处理每个请求所需的时间，并以毫秒为单位打印出来。

⑥ 处理请求和响应：用户输入被传递给 ChatGLM 实例的调用，接收的响应被打印到控制台上。

首先运行程序文件 diao.py，然后执行本实例程序文件，执行后输出：

```
Human: 你好
INFO:root:chatGLM process time: 993.685ms
ChatGLM: 你好 !我是人工智能助手 ChatGLM-6B,很高兴见到你,欢迎问我任何问题。
Human: 你好
INFO:root:chatGLM process time: 0.116ms
ChatGLM: 你好 !我是人工智能助手 ChatGLM-6B,很高兴见到你,欢迎问我任何问题。
```

7.3　百度千帆大模型的 LangChain 操作实战

百度千帆大模型是百度公司推出的一款大型预训练语言模型，它基于深度学习技术，通过海量的数据进行训练，从而具备了强大的自然语言处理能力。在 LangChain 中，可以使用 QianfanChatEndpoint 模块实现对千帆大模型的操作。

7.3.1　准备开发环境

在开发基于百度千帆大模型的应用程序之前，必须先完成一些基础的准备工作，具体步骤如下。

① 执行以下命令安装所需的 qianfan 库：

```
pip install qianfan
```

② 登录百度智能云的千帆大模型平台，然后在“应用接入”界面创建一个新的应用，接着获取对应的 API Key 和 Secret Key，这两个密钥是后续调用千帆大模型服务的必要凭证，如图 7-17 所示。

图 7-17　在“应用接入”界面获取应用的 API Key 和 Secret Key

③ 确保已经开通了付费功能。具体方法是进入“计费管理”页面，找到页面左上角的“开通付费”按钮并单击。完成此步骤后，就能够正常使用百度千帆大模型服务了，如图 7-18 所示。

图 7-18　单击“开通付费”按钮

7.3.2 基于 LangChain 的基础聊天程序

在调用百度千帆大模型时，需要遵循一系列规范和步骤，通过合理利用 API 密钥、提示模板以及输出解析器等组件，开发者能够高效地与模型进行交互。接下来将详细说明借助 LangChain 中的 QianfanChatEndpoint 模块从创建模型到生成结果的全过程。以下通过两个实例展示了不同的应用场景，包括直接调用聊天模型以及通过链式操作生成指定主题的笑话。

下面的实例使用 QianfanChatEndpoint 创建了一个简易的聊天程序，让百度千帆大模型讲一个笑话。

实例 7-7：使用 QianfanChatEndpoint 创建一个聊天模型（源码路径：codes\7\Qian01.py）。

代码如下。

```
import os

from langchain_community.chat_models import QianfanChatEndpoint
from langchain_core.messages import HumanMessage

os.environ["QIANFAN_AK"] = ""
os.environ["QIANFAN_SK"] = ""

chat = QianfanChatEndpoint(
    streaming=True,
)
res = chat([HumanMessage(content="讲一个笑话")])
print(res.content)
```

上述代码的具体说明如下。

• 设置环境变量：使用 os.environ 设置了两个环境变量 QIANFAN_AK 和 QIANFAN_SK，这两个环境变量是用户的千帆平台的 API 密钥和安全密钥。

• 创建 QianfanChatEndpoint 实例：创建了一个 QianfanChatEndpoint 实例，并将 streaming 参数设置为 True。这表示希望以流式的方式接收模型的输出，这对于长文本生成或实时获取输出很有用。

• 发送消息：使用 HumanMessage 类创建了一条包含文本“讲一个笑话”的消息，并将其发送到聊天模型。

• 接收并打印结果：调用 chat 实例的聊天模型，并将创建的消息作为参数传递。然后，打印输出响应消息的内容。执行后输出：

```
好的，这是一个笑话，为什么程序员不喜欢在户外工作？因为那里有太多的 bugs !
```

在下面的实例中，使用 LangChain 中的 QianfanChatEndpoint 创建了一个聊天模型，并通过管道操作将提示模板、聊天模型和输出解析器链接起来，以生成关于特定主题的笑话。

实例 7-8：使用提示模板创建一个特定主体的聊天模型（源码路径：codes\7\Qian02.py）。

代码如下。

```
from langchain_community.chat_models import QianfanChatEndpoint
from langchain_core.output_parsers import StrOutputParser
from langchain_core.prompts import ChatPromptTemplate

# 创建ChatModel
chat = QianfanChatEndpoint(
    model='ERNIE-Bot',
    endpoint='completions',
    qianfan_ak = "",
```

```
    qianfan_sk = ""
)

prompt = ChatPromptTemplate.from_template('给我讲一个关于{topic}的笑话吗？要求100字以内。')
output_parser = StrOutputParser()

# 注意：| 符号类似于 unix 管道操作符，它将不同的组件链接在一起，将一个组件的输出作为下一个组件的输入。
chain = prompt | chat | output_parser

r = chain.invoke({'topic': '老虎'})
print(r)
```

上述代码的实现流程如下。

• 导入模块：导入 LangChain 中用于聊天模型、输出解析器和提示模板的模块。

• 创建 QianfanChatEndpoint 实例：使用指定的模型 'ERNIE-Bot' 和端点 'completions' 创建了一个 QianfanChatEndpoint 实例，这个实例将用于与千帆平台的语言模型进行交互。

• 设置环境变量：设置了 qianfan_ak 和 qianfan_sk 参数，这两个参数应该包含用户的千帆平台的 API 密钥和安全密钥。

• 创建提示模板：使用 ChatPromptTemplate.from_template 方法创建了一个包含一个 {topic} 变量的提示模板，该模板用于生成关于特定主题的笑话的请求。

• 创建输出解析器：创建了一个 StrOutputParser 实例，用于将聊天模型的输出解析为字符串格式。

• 创建处理链：使用管道操作符"|"将提示模板、聊天模型和输出解析器链接起来形成了一个处理链，这个处理链定义了从输入到输出的整个流程。

• 执行处理链：通过调用 chain.invoke 方法并传递一个包含 'topic' 键和对应值为 '老虎' 的字典，执行了整个处理，生成了一个关于"老虎"的笑话的请求。

• 打印结果：打印输出 QianfanChatEndpoint 回复的结果。

本实例执行后将向千帆大模型请求一个关于"老虎"的笑话，并以字符串形式输出结果。执行后输出：

```
    动物园里老虎皮子皱了，饲养员说：" 你明明就是只老虎，不要整天装猫，小心我把你做成皮大衣！ " 老虎听后求情道：" 求求你，别用我做的皮大衣，有狐臭！ "
```

7.3.3 基于 LangChain 和百度千帆大模型的信息检索程序

信息检索在 LangChain 中扮演着非常重要的角色，尤其是在处理需要大量数据和文档理解的复杂任务时。LangChain 通过整合信息检索技术和先进的语言模型，能够构建强大的端到端系统，这些系统能够处理各种复杂的自然语言处理任务，包括但不限于问答、内容推荐、内容生成等。因此，信息检索是 LangChain 的核心组成部分之一。

实例 7-9： 使用 LangChain 检索信息和生成回答（源码路径：codes\7\Qian03.py）。

代码如下。

```
import os
from langchain.chains import create_retrieval_chain
from langchain.chains.combine_documents import create_stuff_documents_chain
from langchain_community.document_loaders import WebBaseLoader
from langchain_community.embeddings import QianfanEmbeddingsEndpoint
from langchain_community.vectorstores import Chroma
from langchain.text_splitter import RecursiveCharacterTextSplitter
```

```
from langchain_core.prompts import ChatPromptTemplate
from langchain_community.llms import QianfanLLMEndpoint

os.environ["QIANFAN_AK"] = ""
os.environ["QIANFAN_SK"] = ""

# 定义URL
WEB_URL = "https://www.163.com/sports/article/J21HOQVT00058781.html"
# 使用WebBaseLoader加载HTML
loader = WebBaseLoader(WEB_URL)
docs = loader.load()
# 导入千帆向量模型
embeddings = QianfanEmbeddingsEndpoint()
# 导入递归字符文本分割器
text_splitter = RecursiveCharacterTextSplitter(chunk_size=384, chunk_overlap=0,
                                              separators=["\
n\n", "\n", " ", "", "。", ", "])
# 导入文本
documents = text_splitter.split_documents(docs)
# 存入向量数据库
vector = Chroma.from_documents(documents, embeddings)

# 创建提示词模板
prompt = ChatPromptTemplate.from_template("""使用下面的语料来回答本模板最末尾的问题。如果你
不知道问题的答案，直接回答 "我不知道"，禁止随意编造答案。
        为了保证答案尽可能简洁，你的回答必须不超过三句话，你的回答中不可以带有星号。
        请注意！在每次回答结束之后，你都必须接上 "感谢你的提问" 作为结束语
        以下是一对问题和答案的样例：
            请问：秦始皇的原名是什么
            秦始皇原名嬴政。感谢你的提问。

        以下是语料：
<context>
{context}
</context>

Question: {input}""")
# 创建千帆LLM模型
llm = QianfanLLMEndpoint()
# 我们设置一个链，该链接受一个问题和检索到的文档并生成一个答案。
document_chain = create_stuff_documents_chain(llm, prompt)
# 使用检索器动态选择最相关的文档并将其传递。
retriever = vector.as_retriever()
retrieval_chain = create_retrieval_chain(retriever, document_chain)
# 调用这个链了。这将返回一个字典 - 来自 LLM 的响应在键中answer
response = retrieval_chain.invoke({
    "input": "北京时间5月12日晚23点30分，阿森纳战胜曼联了吗？"
})
print(response["answer"])
```

上述代码的实现流程如下。

- 导入模块：分别导入 LangChain 中用于创建检索链、加载文档、嵌入、文本分割、向量存储、提示模板和语言模型的模块。
- 设置环境变量：设置环境变量 QIANFAN_AK 和 QIANFAN_SK，表示千帆平台的 API 密钥和安全密钥。
- 定义 URL：定义一个 URL 变量，该网页将被用作信息检索的数据源。
- 加载 HTML 文档：使用 WebBaseLoader 加载定义的 URL 指向的 HTML 文档。
- 加载内容：通过 loader.load 加载网页内容到文档中。

• 文本分割：使用 RecursiveCharacterTextSplitter 将加载的文档分割成较小的块，以便于进行嵌入操作。

• 嵌入向量数据库：通过 Chroma.from_documents 将分割后的文档转换为向量并存储在 Chroma 数据库中，QianfanEmbeddingsEndpoint 用于生成文档的嵌入表示。

• 创建提示模板：使用 ChatPromptTemplate 创建了一个提示模板，该模板定义了回答用户问题时要遵循的格式和规则。

• 创建检索器：使用向量数据库 Chroma 创建了一个检索器，能够根据问题检索最相关的文档。

• 创建语言模型实例：创建了一个 QianfanLLMEndpoint 实例，用于生成自然语言回答。

• 创建文档链：使用函数 create_stuff_documents_chain 创建了一个文档链，该链将结合 LLM 和提示模板来生成回答。

• 创建检索链：使用函数 create_retrieval_chain 创建了一个检索链，该链结合了检索器和文档链，用于生成基于检索到的文档的回答。

• 调用检索链：调用检索链传入一个问题，该检索链将返回一个包含“answer”键的字典，其中包含了 LLM 生成的回答。

在上述流程中使用了信息检索功能，它首先将网页内容分割并嵌入到向量数据库中，然后通过检索器找到与问题最相关的文档，最后利用 LLM 生成基于这些文档的回答。这种结合了信息检索和自然语言生成的方法可以提高回答的准确性和相关性。执行后输出：

```
阿森纳战胜了曼联。感谢你的提问。
```

7.4　阿里通义千问大模型的 LangChain 操作实战

通义千问是阿里推出的大模型，具有多模态处理能力，支持文本生成、对话交互等功能。它基于海量数据训练，能理解与生成自然语言文本，可应用于文本生成、智能客服、教育辅导等领域。

7.4.1　Ollama 本地部署通义千问大模型

① 登录 Ollama 官网，单击顶部的“Models”链接来到模型界面，在顶部搜索框中输入通义千问大模型的关键字“qwen”，如图 7-19 所示。

② 单击“qwen3”链接到 qwen3 界面，在下方的“Models”列表中列出了多个不同大小的模型版本，如 0.6b、1.7b、4b、8b、14b、30b、32b、235b。模型大小不同，需适配的电脑显存及内存也不同，如图 7-20 所示。

③ 根据自己电脑的硬件配置选择合适的模型版本。假设要安装 1.7b 版本，单击“Models”列表中的“qwen3:1.7b”，然后复制对应的命令“ollama run qwen3:1.7b”，如图 7-21 所示。

④ 在命令行界面输入刚刚复制的命令：

```
ollama run qwen3:1.7b
```

按下回车键后开始安装 1.7b 版本的模型 qwen3。安装时间可能会有点长，需要耐心等待（模型越大，等待时间越长），安装成功的效果如图 7-22 所示。

7.4.2　基于本地 Qwen3 大模型和 PDF 文档的知识问答系统

下面的实例实现了一个基于 LangChain 和 Ollama 的 Qwen3:1.7b 大模型的本地知识

库问答系统。在本实例中，通过加载 PDF 文件，将其内容切分并嵌入向量数据库（使用 Hugging Face 的嵌入模型和 FAISS 向量存储），然后利用 Qwen3:1.7b 模型构建问答链，实现基于 PDF 内容的智能问答功能。用户可以通过命令行输入问题，并获取基于文档内容的回答。

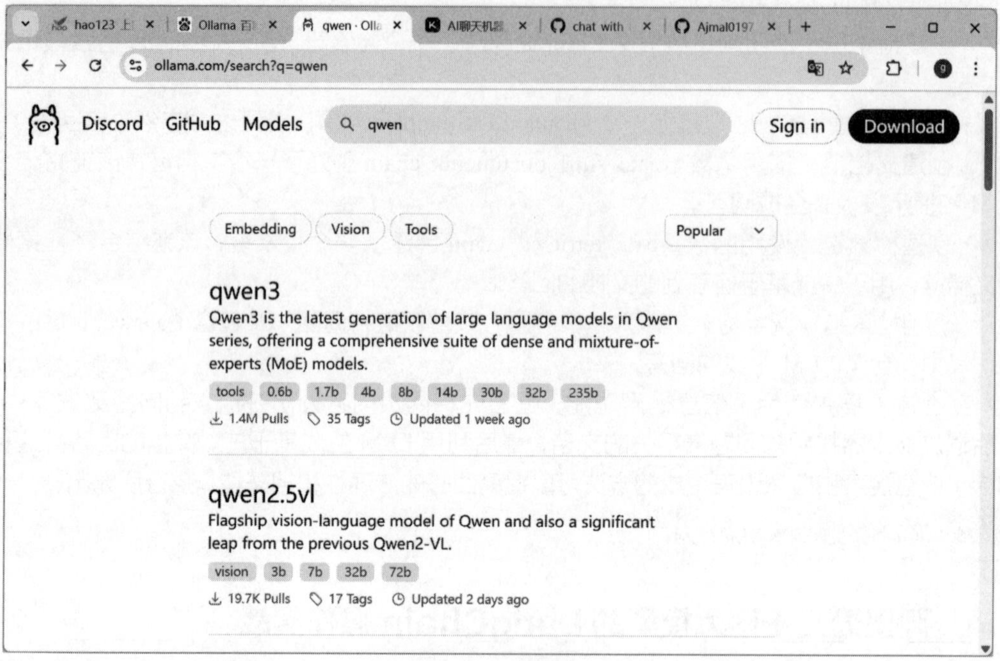

图 7-19　模型界面

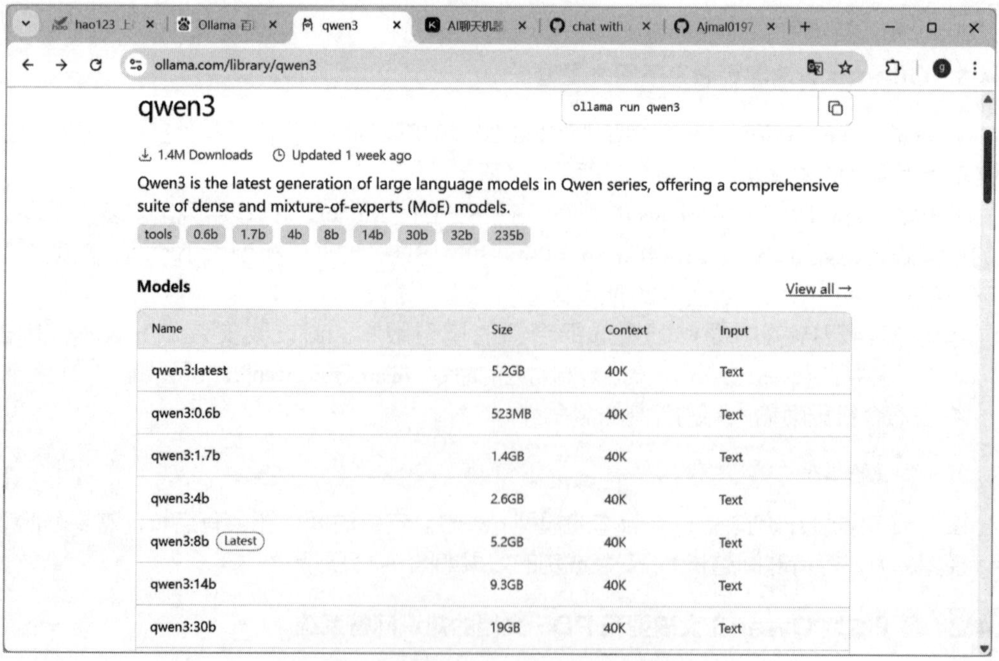

图 7-20　下拉列表中的 DeepSeek 模型

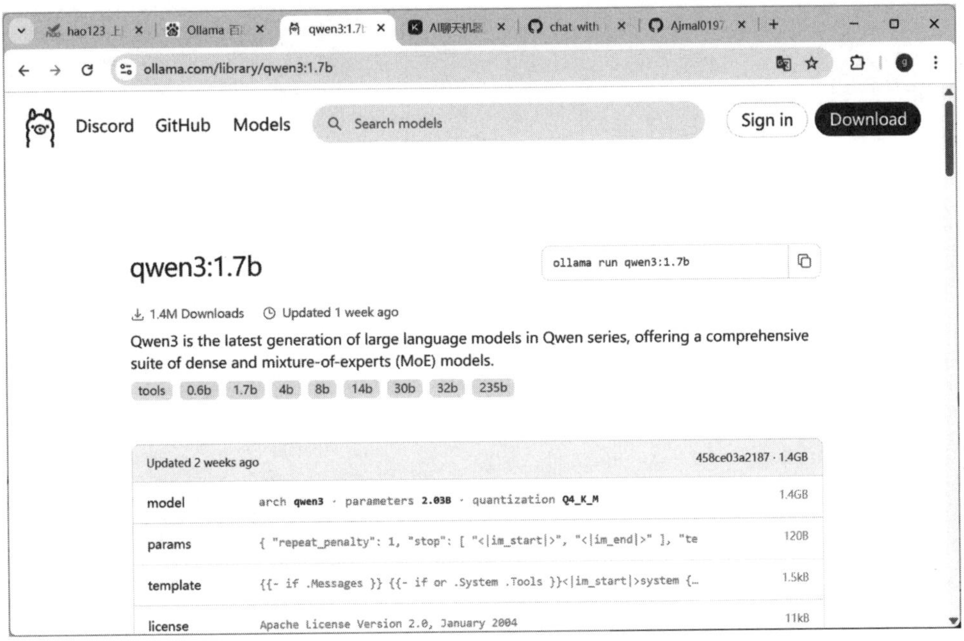

图 7-21　安装 1.7b 版本

图 7-22　安装界面

实例 7-10：基于 Qwen3 大模型的本地知识库问答系统（源码路径：codes\7\Ali01.py）。代码如下。

```
import asyncio
from pathlib import Path
from langchain_community.document_loaders import PyPDFLoader
from langchain_community.vectorstores import FAISS
from langchain_text_splitters import RecursiveCharacterTextSplitter
from langchain_ollama import ChatOllama
from langchain_core.prompts import ChatPromptTemplate
from langchain_core.runnables import RunnableParallel, RunnableLambda
from langchain_core.output_parsers import StrOutputParser

# 加载 PDF 并构建向量库
def init_vectorstore():
    # 加载 PDF 文档
    loader = PyPDFLoader("file.pdf")  # 替换为你的 PDF 文件路径
    documents = loader.load()
```

```
    # 文本切分
    text_splitter = RecursiveCharacterTextSplitter(chunk_size=1000, chunk_
overlap=100)
    splits = text_splitter.split_documents(documents)

    # 使用 Hugging Face 的嵌入模型
    embeddings = HuggingFaceEmbeddings(model_name="sentence-transformers/all-
MiniLM-L6-v2")

    # 创建 FAISS 向量数据库
    vectorstore = FAISS.from_documents(splits, embeddings)
    return vectorstore.as_retriever()

# 构建问答链
def build_qa_chain(retriever):
    # 初始化 Ollama 模型
    llm = ChatOllama(model="qwen3:1.7b")

    # 定义提示模板
    prompt = ChatPromptTemplate.from_messages([
        ("system", "你是一个基于文档内容的智能助手，根据提供的上下文回答问题。"),
        ("human", "{question}")
    ])

    # 构建问答链
    qa_chain = (
        RunnableParallel({
            "context": RunnableLambda(lambda x: retriever.invoke(x["question"])),
            "question": lambda x: x["question"]
        }) |
        prompt |
        llm |
        StrOutputParser()
    )

    return qa_chain

# 主对话循环
async def main():
    retriever = init_vectorstore()
    qa_chain = build_qa_chain(retriever)

    print("输入 'exit' 退出程序。")
    while True:
        user_input = await asyncio.to_thread(input, "你: ")
        if user_input.lower() in {"exit", "quit"}:
            break

        response = await qa_chain.ainvoke({"question": user_input})
        print("AI: ", response)

if __name__ == "__main__":
    asyncio.run(main())
```

上述代码的具体说明如下。

• PDF 加载与向量存储：代码使用 PyPDFLoader 加载 PDF 文件内容，然后通过 RecursiveCharacterTextSplitter 将其切分为适合处理的文本块，并使用 Hugging Face 的嵌入模型将文本块转换为向量，存储在 FAISS 向量数据库中。

• Ollama 模型初始化：使用 LangChain 的 ChatOllama 类初始化 Ollama 的 qwen3:1.7b 模型。

• 问答链构建：构建一个问答链，结合提示模板和模型，从向量数据库中检索相关信息，并生成回答。

• 对话循环：通过简单的命令行界面，用户可以输入问题并获取基于知识库的回答。

执行后输出下面的结果：

```
你：介绍高性能MySQL的内容
AI： <think>
好的，我现在需要介绍高性能MySQL的内容。首先，我得回忆一下之前学过的关于MySQL优化的知识。高性能MySQL通常涉及多个方面，比如查询优化、索引策略、事务处理、锁机制、缓存策略等等。

首先，我应该从基本的优化策略开始，比如使用合适的索引，避免全表扫描。然后，可能需要提到查询缓存，但要注意它的局限性，比如不能缓存复杂的查询结果。接下来是连接器的优化，比如使用索引连接、优化JOIN操作，还有分页查询的优化方法，比如使用LIMIT和OFFSET，但要注意性能问题。

然后，事务处理方面，需要解释ACID特性，以及如何通过事务来保证数据一致性。比如，使用事务的锁机制，避免死锁，还有并发控制的策略，比如行级锁和表级锁的区别。另外，可能需要提到InnoDB的事务特性，因为它支持事务，而MyISAM不支持。

接下来是存储引擎的选择，比如InnoDB和MyISAM的区别，以及如何根据应用场景选择合适的引擎。比如，InnoDB适合高并发写入，而MyISAM适合读多写少的情况。

然后，缓存策略方面，包括查询缓存、缓冲池（Buffer Pool）、SQL缓存等。需要解释它们的作用和使用场景，比如查询缓存适合简单的查询，而缓冲池可以缓存更多的数据，提高访问速度。

还有性能调优的工具，比如MySQL的性能调优工具，如SHOW PROFILE、EXPLAIN语句，以及如何分析查询日志。另外，可能涉及的配置参数，比如缓冲池大小、连接池的配置，以及如何调整这些参数来优化性能。

另外，可能需要提到一些高级技术，比如分区表、分库分表，以及使用读写分离。比如，通过分区表来提高查询效率，分库分表来分散压力，读写分离来分离读写操作。

最后，可能需要总结一些关键点，比如索引的使用、查询优化、事务处理、缓存策略、存储引擎选择、性能调优工具等。同时，提醒用户注意避免常见的性能问题，比如过多的SELECT语句、不必要的JOIN操作、未正确使用索引等。

需要确保信息准确，比如提到的InnoDB的事务支持，以及不同存储引擎的特性。同时，要避免使用过于专业的术语，让内容易于理解。可能还需要举例说明，比如如何使用EXPLAIN分析查询，或者如何通过调整配置参数来优化性能。

总之，我需要将这些内容组织成一个结构清晰的介绍，涵盖主要方面，并确保信息正确、全面。
</think>

高性能MySQL的优化涉及多个层面，旨在提升数据库的响应速度、吞吐量和稳定性。以下是关键内容的概述：

---

### **1. 核心优化策略**
- **索引优化**
  - 使用合适的索引（如B+树索引）减少查询的全表扫描。
  - 避免过度索引（如主键、外键）导致写操作变慢。
  - 通过'EXPLAIN'分析查询执行计划，识别冗余操作（如全表扫描）。

//////省略部分回答结果

---

### **7. 常见性能问题**
- **避免不必要的JOIN**：减少联表查询，增加索引。
- **减少SELECT语句**：避免全表扫描，使用'WHERE'条件过滤。
- **索引选择性**：高选择性的索引（如'status=1'）能显著提升查询速度。
- **避免锁竞争**：合理设计事务范围，减少锁的持有时间。
```

```
---

### **总结**
高性能MySQL的优化需结合索引、事务、缓存、存储引擎选择及工具调优。关键在于：
- **减少I/O**：通过缓冲池、压缩、异步IO优化。
- **提升并发**：使用行级锁、分库分表、读写分离。
- **避免资源浪费**：合理配置参数，避免过度索引或复杂查询。

通过以上策略，可显著提升MySQL的性能，满足高并发、高吞吐的业务需求。
```

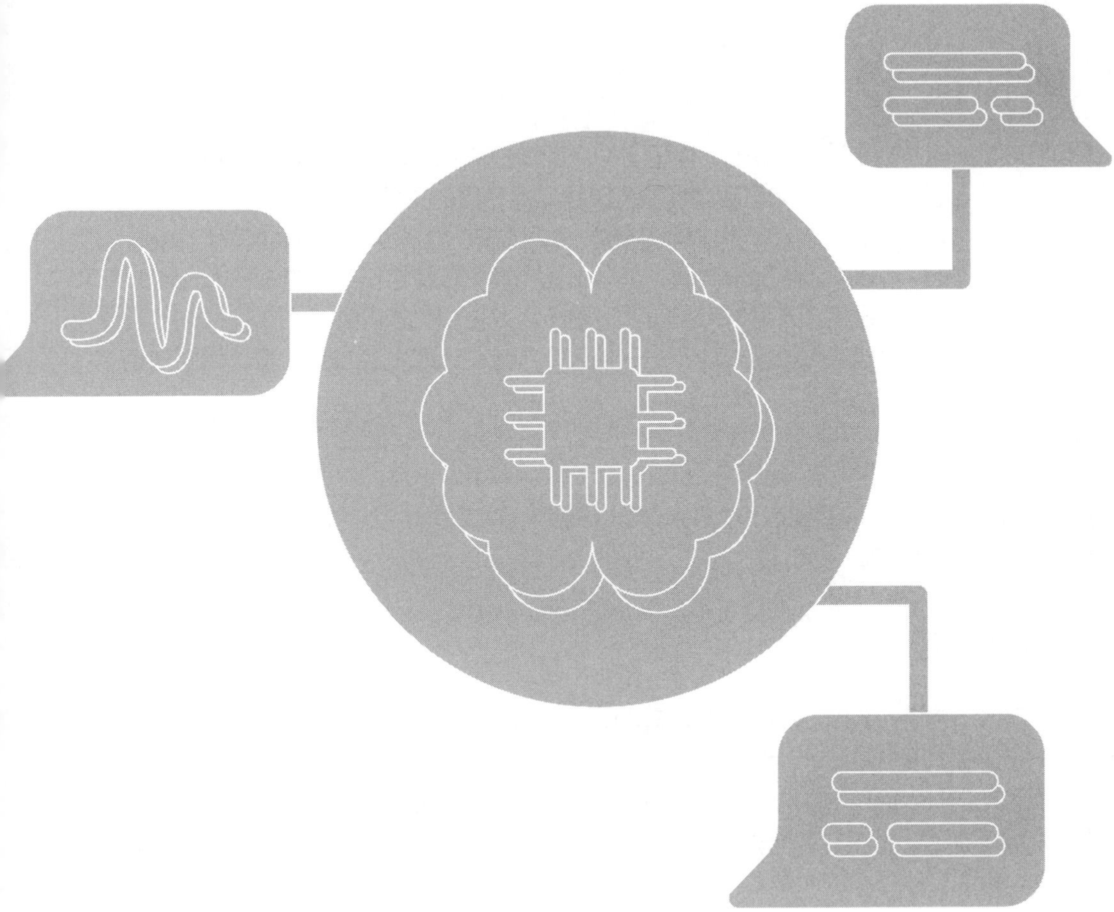

第 8 章

基于 DeepSeek 大模型的聊天系统（DeepSeek V3+LangChain+Transformers）

8.1 项目介绍

本项目以 DeepSeek 大模型为基础，构建了一个面向应用的智能聊天系统。项目覆盖从模型下载、数据处理到模型微调和对话实现的全流程。本项目的主要功能如下。

- 数据处理：实现数据的 JSONL 格式化及输入格式调整，为模型训练和推理奠定基础。
- 模型微调：支持普通微调与加速微调，进一步优化模型在特定任务中的表现。
- 模型推理：提供推理解决方案与代码实现，用于高效生成文本内容。
- 对话准备工作：集成自然语言处理、信息检索、情感识别和角色扮演工具，增强对话的交互性和智能性。
- 对话实现：设计 DeepSeek 的专属语言模型类 DeepSeek-V3，结合工具类方法，实现高效的对话功能。

通过本项目，开发者可以快速构建具有强大语言理解和生成能力的聊天系统，可满足多种场景的智能交互需求。

8.2 下载大模型

在本项目中，使用 ModelScope 下载大模型 DeepSeek-V3。使用 ModelScope 的好处在于它提供了一个一站式的平台，让用户能够轻松地访问、下载和使用各种预训练的 AI 模型。它简化了模型的获取和部署过程，使得开发者可以快速将模型集成到自己的项目中，而无需从头开始训练模型。此外，ModelScope 还提供了丰富的模型资源和工具，支持多种任务和多个领域，从而提高了开发效率，并降低了技术门槛。

8.2.1 下载脚本

编写脚本文件 download_model.py，功能是下载大模型 DeepSeek-V3，并将其缓存到指定目录。

```
from modelscope import snapshot_download

# 下载DeepSeek-V3模型，自动选择最新版本
model_dir = snapshot_download(
    'deepseek-ai/DeepSeek-V3',
    cache_dir='./model',
    ignore_file_pattern='.safetensors'
)
print(f"模型已下载到：{model_dir}")
```

在上述代码中，modelscope 是一个提供模型和数据集管理的工具包，通过它可以方便地下载和管理各种 AI 模型。其中，ignore_file_pattern 参数用于指定在下载过程中忽略特定模式的文件。上述代码的目标是获取 DeepSeek-V3 模型，并在本地进行缓存，以便于后续的模型加载操作和使用。下载过程中会打印输出下载信息：

```
Downloading: 100%|██████████████| 1.69k/1.69k [00:00<?, ?B/s]
Downloading: 100%|██████████████| 417/417 [00:00<?, ?B/s]
Downloading: 100%|██████████████| 455/455 [00:00<?, ?B/s]
Downloading: 100%|██████████████| 503/503 [00:00<?, ?B/s]
Downloading: 100%|██████████████| 73.0/73.0 [00:00<?, ?B/s]
Downloading: 100%|██████████████| 10.3k/10.3k [00:00<?, ?B/s]
Downloading: 100%|██████████████| 3.17k/3.17k [00:00<?, ?B/s]
```

```
Downloading: 100%|██████████████| 3.17k/3.17k [00:00<?, ?B/s]
Downloading: 100%|██████████████| 5.27k/5.27k [00:00<?, ?B/s]
Downloading: 100%|██████████████| 4.23k/4.23k [00:00<?, ?B/s]
Downloading: 100%|██████████████| 1.04k/1.04k [00:00<?, ?B/s]
Downloading: 100%|██████████████| 13.4k/13.4k [00:00<00:00, 13.8MB/s]
Downloading: 100%|██████████████| 17.1k/17.1k [00:00<00:00, 17.5MB/s]
Downloading: 100%|██████████████| 74.0k/74.0k [00:00<00:00, 4.30MB/s]
Downloading: 100%|██████████████| 106k/106k [00:00<00:00, 3.73MB/s]
Downloading: 100%|██████████████| 19.2k/19.2k [00:00<00:00, 972kB/s]
Downloading: 100%|██████████████| 3.53k/3.53k [00:00<?, ?B/s]
Downloading: 100%|██████████████| 66.0/66.0 [00:00<?, ?B/s]
Downloading: 100%|██████████████| 7.48M/7.48M [00:00<00:00, 9.76MB/s]
Downloading: 100%|██████████████| 3.05k/3.05k [00:00<00:00, 3.12MB/s]
模型已下载到：./model\deepseek-ai\DeepSeek-V3
```

8.2.2　附属文件

通过脚本文件 download_model.py 下载 DeepSeek-V3 后，可以在本项目的后续工作中加载和使用该模型。在下载 DeepSeek 模型时，除下载模型权重文件（如 pytorch_model.bin）和配置文件（如 config.json）之外，还会得到一些额外的 Python 脚本文件，例如 modeling_deepseek.py 和 configuration_deepseek.py。这些文件通常用于定义和配置模型的架构，具体用途如下。

（1）modeling_deepseek.py

这个文件通常包含模型的定义和实现。它定义了模型的类和方法，这些类和方法用于加载、初始化和使用模型。具体来说，它可能包含以下内容。

- 模型类：定义了模型的架构，包括层的结构、前向传播逻辑等。
- 加载方法：提供了从预训练权重文件中加载模型的方法。
- 前向传播方法：定义了模型的前向传播逻辑，用于生成预测结果。
- 辅助方法：可能包含一些辅助方法，用于处理输入数据、计算损失函数等。

（2）configuration_deepseek.py

这个文件通常包含模型的配置类。配置类用于定义和管理模型的各种配置参数，这些参数在模型的初始化和训练过程中非常关键。具体来说，它可能包含以下内容。

- 配置类：定义了模型的配置参数，如隐藏层大小、注意力头数、最大序列长度等。
- 默认配置：提供了模型的默认配置参数，这些参数通常在预训练模型中使用。
- 加载和保存方法：提供了从配置文件（如 config.json）中加载配置和保存配置的方法。

通过这些文件，可以方便开发者加载、配置和使用 DeepSeek 模型，而无需从头开始定义模型的架构和配置，这大大简化了模型的使用和微调过程。

8.3　数据处理

在机器学习、大模型等项目中，通常需要先对数据进行预处理。在使用预训练大模型的项目中，良好的数据处理流程可以帮助提高模型的性能和泛化能力，加速训练过程，并提高模型对真实世界数据的适应能力。

8.3.1　JSONL 格式化

在现实应用中，许多数据处理库和工具（如 Hadoop、Spark）对 JSONL 格式的支持更好，JSONL 格式的数据可以方便地用于训练机器学习模型，特别是 NLP 模型，如文本生成或问答系统。

编写文件 cover_alpaca2jsonl.py，功能是将包含 Alpaca 数据的 JSON 文件转换为按行存储的 JSONL 文件。每行是一个格式化的 JSON 对象，包含特定的上下文和目标数据。

```
import argparse
import json
from tqdm import tqdm

def format_example(example: dict) -> dict:
    context = f"Instruction: {example['instruction']}\n"
    if example.get("input"):
        context += f"Input: {example['input']}\n"
    context += "Answer: "
    target = example["output"]
    return {"context": context, "target": target}

def main():
    parser = argparse.ArgumentParser()
    parser.add_argument("--data_path", type=str, default="data/alpaca_data.json")
    parser.add_argument("--save_path", type=str, default="data/alpaca_data.jsonl")

    args = parser.parse_args()
    print("args:", args)
    with open(args.data_path, 'r', encoding='utf-8') as f:
        examples = json.load(f)

    with open(args.save_path, 'w', encoding='utf-8') as f:
        for example in tqdm(examples, desc="formatting.."):
            f.write(json.dumps(format_example(example), ensure_ascii=False) + '\n')

if __name__ == "__main__":
    main()
```

文件 cover_alpaca2jsonl.py 在大模型项目中的作用是将原始的 JSON 格式数据转换为逐行存储的 JSONL 格式数据，以便于流式处理数据和训练模型。这种格式化处理提高了数据处理的效率和灵活性，特别是在自然语言处理任务中，使数据更适合用于训练和评估大语言模型。

运行如下所示的命令后，会读取 alpaca_data.json 文件，将其格式转换为每行一个 JSON 对象的 JSONL 格式，并将结果保存到 alpaca_data.jsonl 文件中。

```
python cover_alpaca2jsonl.py --data_path ./alpaca_data.json --save_path ./alpaca_
data.jsonl
```

文件 alpaca_data.json 的内容如下：

```
[
    {
        "instruction": "Give three tips for staying healthy.",
        "input": "",
        "output": "1.Eat a balanced diet and make sure to include plenty of
fruits and vegetables. \n2. Exercise regularly to keep your body active and strong.
\n3. Get enough sleep and maintain a consistent sleep schedule."
    },
    {
        "instruction": "What are the three primary colors?",
        "input": "",
        "output": "The three primary colors are red, blue, and yellow."
    },
```

```
        {
            "instruction": "Describe the structure of an atom.",
            "input": "",
            "output": "An atom is made up of a nucleus, which contains protons and
neutrons, surrounded by electrons that travel in orbits around the nucleus. The
protons and neutrons have a positive charge, while the electrons have a negative
charge, resulting in an overall neutral atom. The number of each particle determines
the atomic number and the type of atom."
        },
        {
            "instruction": "How can we reduce air pollution?",
            "input": "",
            "output": "There are a number of ways to reduce air pollution, such as
shifting to renewable energy sources, encouraging the use of public transportation,
prohibiting the burning of fossil fuels, implementing policies to reduce emissions
from industrial sources, and implementing vehicle emissions standards. Additionally,
individuals can do their part to reduce air pollution by reducing car use, avoiding
burning materials such as wood, and changing to energy efficient appliances."
        },
        {
            "instruction": "Describe a time when you had to make a difficult decision.",
            "input": "",
            "output": "I had to make a difficult decision when I was working as a project
manager at a construction company. I was in charge of a project that needed to be
completed by a certain date in order to meet the client\u2019s expectations. However,
due to unexpected delays, we were not able to meet the deadline and so I had to make
a difficult decision. I decided to extend the deadline, but I had to stretch the team\
u2019s resources even further and increase the budget. Although it was a risky
decision, I ultimately decided to go ahead with it to ensure that the project was
completed on time and that the client\u2019s expectations were met. The project was
eventually successfully completed and this was seen as a testament to my leadership
and decision-making abilities."
        },
        {
            "instruction": "Identify the odd one out.",
            "input": "Twitter, Instagram, Telegram",
            "output": "Telegram"
        },
        {
            "instruction": "Explain why the following fraction is equivalent to 1/4",
            "input": "4/16",
            "output": "The fraction 4/16 is equivalent to 1/4 because both numerators
    and denominators are divisible by 4. Dividing both the top and bottom numbers by 4
    yields the fraction 1/4."
        },
        {
            "instruction": "Write a short story in third person narration about a
    protagonist who has to make an important career decision.",
            "input": "",
            "output": "John was at a crossroads in his life. He had just graduated
college and was now facing the big decision of what career to pursue. After much
deliberation, he decided that he wanted to be an accountant and help the financially
disadvantaged. He had always been good with numbers and enjoyed seeing the tangible
results of his work. \n\nJohn enrolled in accounting courses and initially found it
quite challenging. He had to learn multiple systems and regulations quickly, but he
worked hard and eventually excelled in his studies. After a few years, John started
working at an accounting firm in his city. He was eager to put his knowledge of taxes
and accounting to use in a real-world setting.\n\nJohn loved his job, as it let him
express his creativity in finding strategies to save his clients money. After a few
years at the firm, he became a senior accountant and was asked to manage bigger and
more challenging cases. He was now a respected figure in the financial industry, but
he still remembers when he was just a recent college graduate, unsure of the
```

```
direction in which his life would take him."
        },
        {
            "instruction": "Render a 3D model of a house",
            "input": "",
            "output": "<nooutput> This type of instruction cannot be fulfilled by a GPT
    model."
        },
    ######省略后面的内容
```

生成的 alpaca_data.jsonl 文件的内容如下：

```
    {"context": "Instruction: Give three tips for staying healthy.\nAnswer: ", "target":
"1.Eat a balanced diet and make sure to include plenty of fruits and vegetables.
\n2. Exercise regularly to keep your body active and strong. \n3. Get enough sleep
and maintain a consistent sleep schedule."}
    {"context": "Instruction: What are the three primary colors?\nAnswer: ", "target":
"The three primary colors are red, blue, and yellow."}
    {"context": "Instruction: Describe the structure of an atom.\nAnswer: ",
"target": "An atom is made up of a nucleus, which contains protons and
neutrons, surrounded by electrons that travel in orbits around the nucleus. The
protons and neutrons have a positive charge, while the electrons have a negative
charge, resulting in an overall neutral atom. The number of each particle determines
the atomic number and the type of atom."}
    {"context": "Instruction: How can we reduce air pollution?\
nAnswer: ", "target": "There are a number of ways to reduce air pollution, such as
shifting to renewable energy sources, encouraging the use of public transportation,
prohibiting the burning of fossil fuels, implementing policies to reduce emissions
from industrial sources, and implementing vehicle emissions standards. Additionally,
individuals can do their part to reduce air pollution by reducing car use, avoiding
burning materials such as wood, and changing to energy efficient appliances."}
    {"context": "Instruction: Describe a time when you had to make a difficult decision.
\nAnswer: ", "target": "I had to make a difficult decision when I was working as a
project manager at a construction company. I was in charge of a project that needed
to be completed by a certain date in order to meet the client's expectations.
However, due to unexpected delays, we were not able to meet the deadline and so I
had to make a difficult decision. I decided to extend the deadline, but I had to
stretch the team's resources even further and increase the budget. Although it was
a risky decision, I ultimately decided to go ahead with it to ensure that the
project was completed on time and that the client's expectations were met. The
project was eventually successfully completed and this was seen as a testament to
my leadership and decision-making abilities."}
    ######省略后面的内容
```

8.3.2 模型输入格式

文件 tokenize_dataset_rows.py 的功能是将预处理后的 JSONL 格式数据进一步转换为模型可以直接使用的输入格式，并进行必要的序列长度处理，最终生成训练数据集，以供训练大模型使用。这样，可以确保数据以合适的格式和长度输入模型，提升训练效率和效果。

```
import argparse
import json
from tqdm import tqdm
import datasets
import transformers

def preprocess(tokenizer, config, example, max_seq_length):
    prompt = example["context"]
    target = example["target"]
    prompt_ids = tokenizer.encode(prompt, max_length=max_seq_length, truncation=
```

```
True)
        target_ids = tokenizer.encode(
            target,
            max_length=max_seq_length,
            truncation=True,
            add_special_tokens=False)
        input_ids = prompt_ids + target_ids + [config.eos_token_id]
        return {"input_ids": input_ids}

def read_jsonl(path, max_seq_length, skip_overlength=False):
    model_name = "THUDM/DeepSeek-V3"
    tokenizer = transformers.AutoTokenizer.from_pretrained(
        model_name, trust_remote_code=True)
    config = transformers.AutoConfig.from_pretrained(
        model_name, trust_remote_code=True, device_map='auto')
    with open(path, "rb") as f:  # 以二进制模式打开文件
        for line in tqdm(f.readlines()):
            line = line.decode("utf-8")  # 使用 UTF-8 编码解码文件内容
            example = json.loads(line)
            feature = preprocess(tokenizer, config, example, max_seq_length)
            if skip_overlength and len(feature["input_ids"]) > max_seq_length:
                continue
            feature["input_ids"] = feature["input_ids"][:max_seq_length]
            yield feature



def main():
    parser = argparse.ArgumentParser()
    parser.add_argument("--jsonl_path", type=str, default="data/alpaca_data.jsonl")
    parser.add_argument("--save_path", type=str, default="data/alpaca")
    parser.add_argument("--max_seq_length", type=int, default=384)
    parser.add_argument("--skip_overlength", type=bool, default=False)
    args = parser.parse_args()

    dataset = datasets.Dataset.from_generator(
        lambda: read_jsonl(args.jsonl_path, args.max_seq_length, args.skip_overlength)
    )
    dataset.save_to_disk(args.save_path)

if __name__ == "__main__":
    main()
```

上述代码的具体说明如下。

- 读取和解析 JSONL 数据：从指定路径读取 JSONL 格式的数据文件。
- 分词和编码：使用指定的分词器对每条数据进行分词和编码，生成模型可以直接使用的输入 ID。
- 处理超长序列：根据最大序列长度 (max_seq_length) 进行截断，并可选地跳过超长序列。
- 保存处理后的数据：将处理后的数据集保存到指定路径，以便后续训练使用。

运行如下命令，并对存储在 JSONL 格式文件中的数据集进行处理。执行后，该脚本会读取指定路径下的 JSONL 文件，并对每一行数据进行标记化处理，生成适用于模型输入的特征。处理后的特征数据将被保存到指定的目录中。

```
python tokenize_dataset_rows.py --jsonl_path ./alpaca_data.jsonl --save_path ./
alpaca --max_seq_length 200
```

上述命令的具体说明如下。

- --jsonl_path ./alpaca_data.jsonl：这指定了包含数据集的 JSONL 格式文件的路径。在这里，数据集似乎位于当前目录下，文件名为 alpaca_data.jsonl。
- --save_path ./alpaca：这指定了保存处理后数据的目录。
- --max_seq_length 200：这是一个参数，用于指定最大的序列长度为 200。

8.4 微调预训练模型

在本项目中需要加载预训练的 DeepSeek-V3 模型并对其进行微调（fine-tuning），以适应特定的任务或数据。这里提供了两种微调技术，接下来将详细讲解这两种微调技术的实现过程。

8.4.1 普通微调

编写文件 finetune.py，功能是使用给定的数据集对预训练的 DeepSeek-V3 模型进行微调，以适应特定的任务或数据。

```
from transformers import (
    TrainingArguments,
    Trainer,
    HfArgumentParser,
    AutoTokenizer,
    DataCollatorForLanguageModeling,
)
from model.modeling_deepseek import DeepSeekForConditionalGeneration
import torch
from peft import get_peft_model, LoraConfig, TaskType, prepare_model_for_kbit_
training
import datasets
import os
from argument import FinetuneArguments, CastOutputToFloat

# 初始化分词器
tokenizer = AutoTokenizer.from_pretrained("deepseek-ai/DeepSeek-V3", trust_remote_
code=True)
data_collator = DataCollatorForLanguageModeling(tokenizer=tokenizer, mlm=False)

class DeepSeekTrainer(Trainer):
    def compute_loss(self, model, inputs, return_outputs=False):
        return model(**inputs).loss

    def save_model(self, output_dir=None, _internal_call=False):
        os.makedirs(output_dir, exist_ok=True)
        saved_params = {
            k: v.to("cuda") for k, v in self.model.named_parameters() if
v.requires_grad
        }
        torch.save(saved_params, os.path.join(output_dir, "deepseek-lora.pt"))

def main():
    finetune_args, training_args = HfArgumentParser(
        (FinetuneArguments, TrainingArguments)
    ).parse_args_into_dataclasses()

    # 加载DeepSeek模型
    model = DeepSeekForConditionalGeneration.from_pretrained(
```

```
        "deepseek-ai/DeepSeek-V3", load_in_8bit=False, trust_remote_
code=True, device_map="auto"
    ).half()

    model = prepare_model_for_kbit_training(model)
    model.gradient_checkpointing_enable()
    model.enable_input_require_grads()
    model.is_parallelizable = True
    model.model_parallel = True
    model.lm_head = CastOutputToFloat(model.transformer.output_layer)
    model.config.use_cache = False

    # 设置PEFT配置
    peft_config = LoraConfig(
        task_type=TaskType.CAUSAL_LM,
        inference_mode=False,
        r=finetune_args.lora_rank,
        target_modules=['query_key_value'],
        lora_alpha=32,
        lora_dropout=0.1,
    )
    model = get_peft_model(model, peft_config).to("cuda")
    model.print_trainable_parameters()

    # 加载数据集
    dataset = datasets.load_from_disk(finetune_args.dataset_path)

    # 开始训练
    trainer = DeepSeekTrainer(
        model=model,
        data_collator=data_collator,
        train_dataset=dataset,
        args=training_args,
    )
    trainer.train()

if __name__ == "__main__":
    main()
```

上述代码的实现流程如下。

① 定义了一个名为 DeepSeekTrainer 的子类，继承自 Trainer，用于微调过程中的训练。重写了 compute_loss 方法，用于计算模型的损失，并重写了 save_model 方法，用于保存微调后的模型参数。

② 主函数 main：在主函数 main 中进行了微调的各项准备工作和模型训练，具体工作如下。

- 解析命令行参数，包括微调相关参数和训练参数。
- 加载 DeepSeek 模型，并准备进行 8 位量化微调。
- 配置模型进行 kbit 训练，启用梯度检查点，并启用模型输入的梯度。
- 设置模型的并行化和模型并行，配置 LM 头部为输出转换到浮点数。
- 设置 PEFT（parameter efficiency training）配置，用于微调。
- 加载数据集。
- 创建一个 GLMTrainer 对象，用于微调模型。
- 开始微调。

运行如下命令启动微调。在微调过程中，模型会使用指定路径下的数据集进行训练，并根据提供的参数进行配置和调整。在训练过程中，模型参数会根据指定的学习率、梯度累积步数等进行更新，同时会定期保存模型的参数和训练日志。最终，在训练达到指定的最大步数后，或者达到提前停止的条件，训练将会结束，同时会生成训练过程中产生的相关输出，包括训练日志、模型参数等，保存在指定的输出目录 output 中。

```
python finetune.py --dataset_path ./alpaca --lora_rank 8 --per_device_train_batch_size 1 --gradient_accumulation_steps 1 --max_steps 52000 --save_steps 1000 --save_total_limit 20 --learning_rate 1e-4 --remove_unused_columns false --logging_steps 50 --output_dir output
```

上述命令中各个参数的具体说明如下。

- --dataset_path ./alpaca：指定数据集的路径，数据集位于当前目录下的 alpaca 文件夹中。
- --lora_rank 8：指定 LoRA（LoraRank）的维度为 8。LoRA 是一种用于模型压缩和加速的技术。
- --per_device_train_batch_size 1：指定每个设备（GPU 或 TPU）的训练批次大小为 1。
- --gradient_accumulation_steps 1：指定梯度累积步数，这里是每个批次更新一次参数。
- --max_steps 52000：指定最大的训练步数，训练将在达到这个步数后停止。
- --save_steps 1000：指定每隔多少步保存一次模型参数。
- --save_total_limit 20：指定最多保存多少次模型参数。
- --learning_rate 1e-4：指定学习率为 0.0001。
- --remove_unused_columns false：指定是否移除未使用的列，默认为 false，即不移除。
- --logging_steps 50：指定每隔多少步记录一次日志信息。
- --output_dir output：指定输出目录为 output，训练过程中产生的日志、模型参数等文件将保存在该目录中。

8.4.2 加速微调

编写文件 finetune_deepspeed.py，功能是使用 DeepSpeed 对预训练的 DeepSeek 模型进行微调。DeepSpeed 是一个用于加速和扩展大模型训练的库，它提供了分布式训练、混合精度训练等功能。需要注意的是，文件 finetune_deepspeed.py 使用 DeepSpeed 来管理模型的训练过程，并且对模型进行了一些特定的配置，以便其与 DeepSpeed 实现集成。

```
from transformers import (
    TrainingArguments,
    Trainer,
    HfArgumentParser,
    AutoTokenizer,
    DataCollatorForLanguageModeling,
)
from model.modeling_deepseek import DeepSeekForConditionalGeneration
import torch
from peft import get_peft_model, LoraConfig, TaskType, prepare_model_for_kbit_training
import datasets
import os
from argument import FinetuneArguments, CastOutputToFloat
import deepspeed

tokenizer = AutoTokenizer.from_pretrained("model", trust_remote_code=True)
data_collator = DataCollatorForLanguageModeling(tokenizer=tokenizer, mlm=False)

class GLMTrainer(Trainer):
    def compute_loss(self, model, inputs, return_outputs=False):
```

```
        return model(**inputs).loss
    def save_model(self, output_dir=None, _internal_call=False):
        os.makedirs(output_dir, exist_ok=True)
        saved_params = {
            k: v for k, v in self.model.named_parameters() if v.requires_grad
        }
        torch.save(saved_params, os.path.join(output_dir, "deepseek-lora.pt"))

def main():
    finetune_args, training_args = HfArgumentParser(
        (FinetuneArguments, TrainingArguments)
    ).parse_args_into_dataclasses()

    model = DeepSeekForConditionalGeneration.from_pretrained(
        #"model", load_in_8bit=False, trust_remote_code=True, device_map="auto"
        "model", load_in_8bit=False, trust_remote_code=True
    ).half()

    model = prepare_model_for_kbit_training(model)
    model.gradient_checkpointing_enable()
    model.enable_input_require_grads()
    model.is_parallelizable = True
    model.model_parallel = True
    model.lm_head = CastOutputToFloat(model.transformer.output_layer)
    model.config.use_cache = (
        False
    )
    # setup peft
    peft_config = LoraConfig(
        task_type=TaskType.CAUSAL_LM,
        inference_mode=False,
        r=finetune_args.lora_rank,
        target_modules=['query_key_value'],
        lora_alpha=32,
        lora_dropout=0.1,
    )
    model = get_peft_model(model, peft_config)
    print("**未启用deepspeed**")
    model.print_trainable_parameters()
    # stage1
    conf = {"train_micro_batch_size_per_gpu": 1,
            "gradient_accumulation_steps": 1,
            "optimizer": {
                "type": "Adam",
                "params": {
                    "lr": 1e-4,
                    "betas": [
                        0.9,
                        0.95
                    ],
                    "eps": 1e-8,
                    "weight_decay": 5e-4
                }
            },
            "fp16": {
                "enabled": False
            },
            "zero_optimization": {
                "stage": 1,
                "offload_optimizer": {
                    "device": "cpu",
                    "pin_memory": True
```

```
                },
                "allgather_partitions": True,
                "allgather_bucket_size": 2e8,
                "overlap_comm": True,
                "reduce_scatter": True,
                "reduce_bucket_size": 2e8,
                "contiguous_gradients": True
            },
            "steps_per_print": 50
            }

    model_engine, optimizer, _, _ = deepspeed.initialize(config=conf,
                                      model=model,
                                      model_parameters=model.parameters())
    model_engine.train()
    print("**启用deepspeed**")

    # load dataset
    dataset = datasets.load_from_disk(finetune_args.dataset_path)
    # start train
    trainer = GLMTrainer(
        model=model_engine,
        data_collator=data_collator,
        train_dataset=dataset,
        args=training_args,
    )
    trainer.train()

if __name__ == "__main__":
    main()
```

上述代码的具体说明如下。

• 导入所需的库，包括 transformers 中的模型训练相关类和函数、deepspeed 库以及其他辅助函数和类。

• 定义了自定义的 GLMTrainer 类，继承自 Trainer 类。该类重写了 compute_loss 方法和 save_model 方法。

• 主函数 main 中解析了命令行参数，并使用 HfArgumentParser 解析了微调相关参数和训练参数。

• 加载 DeepSeek 模型，配置为 8 位量化微调，并启用混合精度训练。

• 设置 DeepSpeed 的训练配置，包括训练批次大小、梯度累积步数、优化器类型和参数等。

• 使用 DeepSpeed 的 initialize 函数初始化模型引擎，并开始模型的训练。

• 加载数据集，创建一个 GLMTrainer 对象，并开始微调模型。

运行如下命令来启动一个具有多个进程的分布式训练，这些进程将通过多个节点来开展训练。

```
    python -m torch.distributed.launch --nproc_per_node=2 finetune_deepspeed.py
--dataset_path ./alpaca --lora_rank 8 --per_device_train_batch_size 1 --gradient_accu-
mulation_steps 1 --max_steps 52000 --save_steps 1000 --save_total_limit 20
--learning_rate 1e-4 --remove_unused_columns false --logging_steps 50 --output_dir
output
```

上述命令的具体说明如下。

• --dataset_path ./alpaca：指定了数据集的路径为“./alpaca”。

• --lora_rank 8：指定了 LoRA 的维度为 8。

• --per_device_train_batch_size 1：指定了每个设备（GPU）的训练批次大小为 1。

• --gradient_accumulation_steps 1：指定了梯度累积步数为 1。

• --max_steps 52000：指定了最大的训练步数为 52000。

• --save_steps 1000：指定了每隔多少步保存一次模型参数。

• --save_total_limit 20：指定了最多保存多少次模型参数。

• --learning_rate 1e-4：指定了学习率为 0.0001。

• --remove_unused_columns false：指定了是否移除未使用的列，默认为 false，即不移除。

• --logging_steps 50：指定了每隔多少步记录一次日志信息。

• --output_dir output：指定了输出目录为 output，训练过程中产生的日志、模型参数等文件将保存在该目录中。

运行上述命令后，将启动一个分布式训练任务，使用了两个 GPU 进程进行训练。这个任务将运行 finetune_deepspeed.py 脚本，并传递了一系列参数给这个脚本。在训练过程中，模型将会使用指定路径下的数据集进行微调，并根据提供的参数进行配置和调整。训练过程中，模型参数会根据指定的学习率、梯度累积步数等进行更新，同时会定期保存模型的参数和训练日志。最终，在训练达到指定的最大步数后，或者达到提前停止的条件，训练将会结束，同时会生成训练过程中产生的相关输出，包括训练日志、模型参数等，保存在指定的输出目录 output 中。

8.5　模型推理

模型推理是指使用已训练好的机器学习或深度学习模型对新数据进行预测或生成结果的过程。推理阶段通常涉及输入数据的预处理、模型的计算执行，以及输出结果的后处理。高效的推理是大规模应用中实现实时响应和节省资源的关键环节。

8.5.1　解决方案

本项目的模型推理基于微调后的 DeepSeek 模型，旨在为输入指令生成高质量的文本输出。在本项目，推理功能的实现流程分为以下几个关键环节。

（1）模型加载与配置

• 微调后的 DeepSeek 模型及其对应的分词器通过 transformers 和 peft 库加载。

• 使用 LoRA 技术，以最小的参数开销实现模型的高效适配。推理过程中，通过加载微调权重文件 deepseek-lora.pt，来完成模型的初始化。

（2）输入数据的准备

• 测试文件 alpaca_data.json 中的指令数据被读取并预处理，每条指令通过 format_example 函数转换为适配模型输入的格式。

• 输入文本被分词器编码为模型可接受的 ID 序列，并以张量的形式加载到 GPU 上进行推理。

（3）推理过程

推理过程中，本项目模型通过 generate 方法生成文本输出，推理的输出通过分词器解码，生成自然语言文本。generate 方法方法允许配置以下关键参数。

• 最大长度（max_length）：限制生成的最大文本长度。

• 重复惩罚（repetition_penalty）：降低重复内容的概率，提高生成的多样性。

• 采样温度（temperature）：控制生成文本的随机性，数值越小，生成越稳定。

• 采样方式（do_sample）：启用采样生成，提高对开放性问题响应的质量。

（4）输出结果

• 对每条指令生成的输出结果，逐条打印最后一行去除多余换行符的文本内容，以便直观查看模型的响应。

• 推理过程中的时间开销由日志记录，为性能优化提供依据。

（5）运行命令

通过推理命令（如 python infer.py output/checkpoint-1000 ./alpaca_data.json 100）指定模型路径、测试文件和推理样本数量。通过命令控制推理流程的入口，加载所需资源并执行生成任务。

通过上述推理方案，本项目实现了微调模型的高效推理，能够对特定主题或任务指令生成语义准确、内容连贯的文本，为大模型的实际应用提供了技术支撑。

8.5.2 具体实现

编写文件 infer.py 实现推理功能，即使用微调后的 DeepSeek 模型生成推理文本。文件 infer.py 加载了微调后的模型和相应的分词器，配置了推理参数，并从测试文件中读取指令数据，逐个进行推理并生成文本。在推理过程中，将打印输出模型生成的文本内容。

```
from model.modeling_deepseek import DeepSeekForConditionalGeneration  # 假设DeepSeek
模型的类名
import torch
from transformers import AutoTokenizer
from peft import get_peft_model, LoraConfig, TaskType
from tqdm import tqdm
import sys
import os
import time
import json
from cover_alpaca2jsonl import format_example

torch.set_default_tensor_type(torch.cuda.HalfTensor)
model = DeepSeekForConditionalGeneration.from_pretrained("deepseek-ai/
DeepSeek-V3", trust_remote_code=True, device_map='auto')
tokenizer = AutoTokenizer.from_pretrained("deepseek-ai/DeepSeek-V3", trust_remote_
code=True)

model_dir = sys.argv[1]
test_file = sys.argv[2]
max_infer_num = int(sys.argv[3])
peft_path = "{}/deepseek-lora.pt".format(model_dir)

peft_config = LoraConfig(
    task_type=TaskType.CAUSAL_LM, inference_mode=True,
    target_modules=['query_key_value'],
    r=8,
    lora_alpha=32, lora_dropout=0.1
)

model = get_peft_model(model, peft_config)
if os.path.exists(peft_path):
    model.load_state_dict(torch.load(peft_path), strict=False)
torch.set_default_tensor_type(torch.cuda.FloatTensor)

instructions = json.load(open(test_file))
```

```
with torch.no_grad():
    for idx, item in tqdm(enumerate(instructions[:max_infer_num])):
        time1 = time.time()
        feature = format_example(item)
        input_text = feature['context']
        label = feature['target']
        ids = tokenizer.encode(input_text)
        input_ids = torch.LongTensor([ids])
        input_ids = input_ids.to(0)
        out = model.generate(
            input_ids=input_ids,
            max_length=2048,
            repetition_penalty=1.2,
            do_sample=True,
            temperature=0.1
        )
        out_text = tokenizer.decode(out[0])
        print("out_text:", out_text.split("\n")[-1].strip())
```

运行下面的命令，使用已经微调过的模型来对新的数据进行推理，并查看生成的结果。

```
python infer.py output/checkpoint-1000 ./alpaca_data.json 100
```

上述命令的具体说明如下。

• 加载模型和配置：从 output/checkpoint-1000 目录加载微调后的 DeepSeek 模型和 LoRA 配置。

• 加载测试文件：读取 ./alpaca_data.json 文件中的指令数据。

• 进行推理：对前 100 条指令数据进行推理，生成相应的输出文本。

• 打印输出推理结果：逐条打印输出生成的文本结果。

8.6 对话调用的准备工作

本项目的最终目的是实现一个基于 DeepSeek 大模型的对话系统，在构建这个对话系统之前需要做一些准备工作，包括数据处理、文本处理、自定义功能模块、高级功能实现、常用工具功能实现以及核心对话生成功能实现，为系统提供了数据处理、功能拓展、对话生成等方面的支持，使得系统能够接收用户输入，进行文本处理和功能调用，并生成相应的回复。

8.6.1 自然语言处理和信息检索

编写文件 utils.py，提供一系列工具用于文本数据处理、构建和使用 FAISS 向量索引，以及生成和检索文本嵌入。文件 utils.py 包含了从多种文档格式（如 .docx、.pdf、.txt）中提取文本内容的方法，通过预训练语言模型（如 DeepSeek ）生成文本嵌入，并使用 FAISS 进行高效的相似度搜索。此外，还包括利用 BGE（句子嵌入模型）计算查询与知识库条目间的相似度的功能。这些工具支持自然语言处理和信息检索任务，能够有效处理和搜索大量文本数据。

```
from pypdf import PdfReader
import docx
import os
import faiss
import numpy as np
from transformers import AutoModel,AutoTokenizer
```

```
from sentence_transformers import SentenceTransformer

def process_data(root_path):
    all_content = []
    files = os.listdir(root_path)
    for file in files:
        path = os.path.join(root_path,file)
        if path.endswith(".docx"):
            doc = docx.Document(path)
            paragraphs = doc.paragraphs
            content = [i.text  for i in paragraphs]
            texts = ""
            for text in content:
                if len(text) <= 1:
                    continue
                if len(texts) > 150:
                    all_content.append(texts)
                    texts = ""
                texts += text
        elif path.endswith(".pdf"):
            with open(path,"rb") as f:
                pdf_reader = PdfReader(f)

                pages_info = pdf_reader.pages

                for page_info in pages_info:
                    text = page_info.extract_text()
                    all_content.append(text)
        elif path.endswith(".txt"):
            with open(path,encoding="utf-8") as f:
                lines = f.readlines()
                for content in lines:
                    all_content.append(content)
    return all_content

class DFaiss:
    def __init__(self):
        self.index = faiss.IndexFlatL2(4096)
        self.text_str_list = []

    def search(self, emb):
        D,I = self.index.search(emb.astype(np.float32), 100000)
        distance = 10000000
        if D[0][0] > distance:
            content = ""
        else:
            content = ""
            for i in range(len(self.text_str_list)):
                if D[0][i] < distance:
                    print("distance:", D[0][i])
                    print("str:", self.text_str_list[I[0][i]])
                    content += self.text_str_list[I[0][i]]
        return content

class Dprompt:
    def __init__(self):
        self.tokenizer = AutoTokenizer.from_pretrained("./model_base", trust_
remote_code=True)
        self.model = AutoModel.from_pretrained("./model_base", trust_remote_
code=True).half().cuda()
        self.myfaiss = DFaiss()
```

```
    def answer(self, text):
        emb = self.get_sentence_emb(text,is_numpy=True)
        ans = self.myfaiss.search(emb)
        return ans
    def load_data(self,path):
        all_content = process_data(path)
        for content in all_content:
            self.myfaiss.text_str_list.append(content)
            emb = self.get_sentence_emb(content,is_numpy=True)
            self.myfaiss.index.add(emb.astype(np.float32))

    def get_sentence_emb(self,text,is_numpy=False):
        idx = self.tokenizer([text],return_tensors="pt")
        idx = idx["input_ids"].to("cuda")
        emb = self.model.transformer(idx,return_dict=False)[0]
        emb = emb.transpose(0,1)
        emb = emb[:,-1]
        if is_numpy:
            emb = emb.detach().cpu().numpy()
        return emb

def test_bge_cos(query, knowledge_file, mode):
    from sklearn.metrics.pairwise import cosine_similarity
    from sentence_transformers import SentenceTransformer
    import numpy as np

    # 读取知识库文件并创建knowledge列表
    with open(knowledge_file, 'r', encoding="utf8") as f:
        knowledge_list = f.read().split('\n')

    # 加载模型
    model_path = './bge-large-zh' # bge模型路径
    model_cn = SentenceTransformer(model_path)

    knowledge_embeddings = model_cn.encode(knowledge_list, normalize_
embeddings=True)

    instruction = "为这个句子生成表示，用于检索相关文章：" # 遵循bge的finetune模式
    query_embedding = model_cn.encode(f"{instruction}{query}", normalize_
embeddings=True)

    similarities = cosine_similarity([query_embedding], knowledge_embeddings).
flatten()
    print("similarities:", similarities)

    top_indices = np.argsort(-similarities)
    print("top_indices:", top_indices)

    def get_over_string(threshold=0.7):  # 相似度阈值作为参数
        if mode == "multi" and any(similarity > threshold for similarity in
similarities):
            count = 1
            result_list = []
            for i in top_indices:
                if similarities[i] > threshold:
                    result_list.append(f"背景知识{count}:{knowledge_list[i]}")
                    count += 1
            return "\n".join(result_list)
        return ""

    if mode == "single": # 只接受单一返回值 -> 用作意图判断，不接收多意图
        return (knowledge_list[top_indices[0]] if similarities[top_indices[0]]
```

```
>= 0.6
                else "")
    elif mode == "multi": # 接受多返回值 -> 用作数据召回
        return get_over_string()
```

文件 utils.py 提供了一系列处理文本数据、构建和使用 FAISS 索引以及生成和检索嵌入向量的功能，主要包含如下所示的几个模块。

① 数据处理模块。

process_data 函数：处理文档（包括 .docx、.pdf、.txt 文件），并将其内容提取和分段，返回一个包含所有文本段落的列表。

② DFaiss 类：提供了基于 FAISS 的向量搜索功能：

- __init__ 方法：初始化一个 FAISS 索引，并创建一个用于存储文本字符串的列表。
- search 方法：搜索与给定与嵌入向量最相似的文本内容。

③ Dprompt 类：结合预训练的语言模型（DeepSeek ）和 FAISS 进行文本检索：

- __init__ 方法：加载模型和分词器，并初始化 DFaiss 对象。
- answer 方法：根据输入文本生成嵌入向量并在 FAISS 索引中搜索相似文本。
- load_data 方法：处理并加载指定路径下的所有文本数据到 FAISS 索引中。
- get_sentence_emb 方法：生成文本的嵌入向量。

④ test_bge_cos 函数。

- 使用 BGE 计算查询与知识库条目之间的余弦相似度，并返回最相似的知识条目。
- 加载知识库文件并生成其嵌入向量。
- 根据查询生成嵌入向量，并计算与知识库嵌入向量之间的相似度。
- 返回与查询内容最相关的知识条目，根据模式（"single" 或 "multi"）决定返回单个还是多个条目。

通过上述功能，文件 utils.py 从多种格式的文档中提取文本，构建高效的向量搜索索引，并使用预训练模型生成和检索文本嵌入，适用于自然语言处理和信息检索任务。

8.6.2 情感识别和角色扮演工具

文件 self_tools.py 配置了一些用于情感识别和角色扮演的工具，并为系统提供了操作指南，使系统在回答问题时能够利用这些工具进行处理。

```
tools = [
    {
        "name": "emotional_expert",
        "description": "情感识别专家",
        "parameters": {
            "type": "object",
            "properties": {
                "emotion": {
                    "description": "情感类型 e.g. 爱，聊天，作诗"
                }
            },
            "required": ['emotion']
        }
    },
    {
        "name": "flirting_hutao",
        "description": "扮演原神角色胡桃",
        "parameters": {
            "type": "object",
```

```
            "properties": {
                "emotion": {
                    "description": "情感类型 e.g. 爱，作诗，聊天"
                },
                "user": {
                    "description": "情调的对象 e.g. 旅行者，钟离"
                }
            },
            "required": ['emotion', 'user']
        }
    }
]


system_info = {"role": "system",
               "content": "Answer the following questions as best as you can. You
have access to the following tools:",
               "tools": tools}
```

上述代码的具体说明如下。

• emotional_expert：这是一个情感识别专家工具，用于识别和处理不同类型的情感。它的参数包括 emotion 属性，描述了情感的类型（如爱、聊天、作诗等）。

• flirting_hutao：这是一个扮演原神角色胡桃的工具，用于模拟特定角色的情感和对话。它的参数包括 emotion（情感类型，如爱、作诗、聊天等）和 user（情感的对象，如旅行者、钟离等）。

• system_info：定义了系统的角色和内容，指示系统回答问题时可以使用上述工具。这部分信息为系统的操作提供了背景和指南。

8.6.3 函数处理

文件 function_map.py 定义了一系列函数，用于处理特定任务或生成特定内容，各个函数的具体说明如下。

• search_web：利用 Selenium 和 BeautifulSoup 使用搜索引擎搜索问题，并返回相关网页链接和标题。

• pro_url：处理搜索结果，根据选择过滤网页链接，如仅保留知乎回答或百度知道的链接。

• search_zhihu 和 search_baidu：分别从知乎和百度知道搜索特定问题，提取答案。

• search_main：根据选择的搜索引擎，调用相应函数搜索问题并返回答案。

• ans：根据选择的搜索引擎获取答案并返回。

• senior_emotional_expert：根据情感类型生成情感专家的回复。

• flirting_hutao：扮演原神角色胡桃，根据用户提供的情感和对象，生成相应的回复。

```
import os
from secrets import choice
import requests
from selenium import webdriver
from selenium.webdriver.chrome.options import Options
import time
from bs4 import BeautifulSoup
import re
import sys
import openai
import random
```

```
def search_web(question):
    chrome_options = Options()
    chrome_options.add_argument("--headless")
    drive = webdriver.Chrome(options=chrome_options)
    print("drive:", drive)
    drive.get(f"https://www.bing.com/search?q={question}")

    for i in range(0, 5000, 500):
        time.sleep(0.1)
        drive.execute_script(f"window.scrollTo(0, {i})")

    html = drive.execute_script("return document.documentElement.outerHTML")
    soup = BeautifulSoup(html, "html.parser")
    item_list = soup.find_all(class_="b_algo")

    result_list = []
    for items in item_list:
        item_prelist =items.find("h2")
        item_title = re.sub(r"(<[^>]+>|\s)", "", str(item_prelist))
        href = item_prelist.find("a", href=True)["href"]

        result_list.append((item_title, href))

    return result_list

def pro_url(web_list, choice):
    web_list_new = []

    for text, url in web_list:
        if choice == "百度知道" and "百度" in text and "zhidao.baidu.com/question" in 
url:
            web_list_new.append((text, url))
        elif choice == "知乎回答" and "知乎" in text and "zhihu.com/question" in url:
            web_list_new.append((text, url))
    return list(set(web_list_new))


def search_zhihu(url):
    headers = {
        "accept-language":"zh-CN, zh;q=0.9, en;q=0.8",
        "cookie":"",
        "user-agent":"Mozilla/5.0 (Windows NT 10.0; WOW64) AppleWebKit/537.36 (KHTML,
 like Gecko) Chrome/102.0.0.0 Safari/537.36"
    }

    r = requests.get(url, headers=headers)

    html = r.text
    soup = BeautifulSoup(html, "html.parser")
    item_list = soup.find_all(class_="List-item")

    result = []

    for items in item_list:
        #item_prelist = items.find(class_="RichText ztext CopyrightRichText-richText
css-1g0fqss")
        item_prelist = items.find(class_="RichText ztext CopyrightRichText-richText
css-117anjg")

        item_title = re.sub(r"(<[^>]+>|\s)", "", str(item_prelist))
```

```
        result.append(item_title)

    return " ".join(result)


def search_baidu(url):
    headers = {
        "User-Agent": "Mozilla/5.0 (Windows NT 10.0; Win64; x64) AppleWebKit/537.36 
(KHTML, like Gecko) Chrome/111.0.0.0 Safari/537.36 Edg/111.0.1661.44",
    }
    r = requests.get(url, headers=headers)
    r.encoding = "utf-8"
    html = r.text
    soup = BeautifulSoup(html, 'html.parser')
    item_list = soup.find_all(class_='rich-content-container rich-text-')

    result = []
    for item in item_list:
        item_title = re.sub(r'(<[^>]+>|\s)', '', str(item))

        result.append(item_title)
    return " ".join(result)


def search_main(query, chioce):
    web_list = search_web(query)
    web_list = pro_url(web_list, chioce)
    url_fn_d = {"知乎回答": search_zhihu, "百度知道": search_baidu}
    url_fun = url_fn_d[chioce]

    ans_text_list = []
    ans_url_list = []

    for idx, (text, url) in enumerate(web_list):
        info = url_fun(url)
        info = info[:300]

        ans_text_list.append(info)
        ans_url_list.append(url)

    return ans_text_list, ans_url_list


def ans(query, chioce):
    info = ""
    if chioce in ["百度知道", "知乎回答"]:
        infos, urls = search_main(query, chioce)
        info = [f"来源{i+1}:{text}" for i, text in enumerate(infos)]
    return info


def senior_emotional_expert(emotion):
    print("情感专家被调用")
    if emotion in ["爱", "聊天", "作诗"]:
        return {
            "emotion": emotion,
            "user": "旅行者"
        }

def flirting_hutao(emotion, user):
    print(f"hutao被调用，参数为{emotion}和{user}")
    from transformers import AutoTokenizer, AutoModel
    tokenizer = AutoTokenizer.from_pretrained("models/DeepSeek-V3", trust_remote_
```

```
code=True)
    model = AutoModel.from_pretrained("models/DeepSeek-V3", trust_remote_
code=True).cuda()
    model = model.eval()

    print("开始调用爬虫")
    try:
        info = ans(query="原神中，胡桃的台词都有什么-知乎", chioce="知乎回答")
        print("info:", info)
    except:
        info = "1.咳咳…太阳出来我晒太阳，月亮出来我晒月亮咯~  2.嗯~早起身体好，晚睡人会飘！
3.天权凝光，富甲一方；明眸善睐，桃羞杏让；目达耳通，百了千当  4.力量若达到极限，接着考验的便是人心。多亏
了你，我才能来到这片未曾踏足的领域。在这里，心和灵魂就像一片云彩…生老病死，天地万象，尽在吾辈。"
    user_prompt = f"你扮演原神游戏中的胡桃。现在{user}说他想跟你{emotion}，需要模仿胡桃的语
气给{user}一个回复。你可以参考下面这一段胡桃的台词做出回复：{info}"
    print("user_prompt:", user_prompt)
    response, history = model.chat(tokenizer, user_prompt, history=[])
    return {
        "system_response": response
    }
```

8.6.4 自然语言处理工具类

文件 tools.py 定义了一组用于自然语言处理任务的工具类，这些工具类为系统提供了丰富的功能模块，能够处理搜索、文本分类和默认对话等任务，并通过调用不同的 API 或函数实现特定的功能。

```
import requests
import json
import io
import base64
import os
from PIL import Image
from typing import Optional

from langchain.tools import BaseTool
from langchain.callbacks.manager import (
    AsyncCallbackManagerForToolRun,
    CallbackManagerForToolRun,
)
from langchain import LLMChain, PromptTemplate
from langchain.base_language import BaseLanguageModel
import re, random
from hashlib import md5

from infer import model, tokenizer
from utils import test_bge_cos
from self_tools import system_info

class APITool(BaseTool):
    name: str = ""
    description: str = ""
    url: str = ""

    def _call_api(self, query):
        raise NotImplementedError("subclass needs to overwrite this method")

    def _run(
            self,
            query: str,
```

```
            run_manager: Optional[CallbackManagerForToolRun] = None,
    ) -> str:
        return self._call_api(query)

    async def _arun(
            self,
            query: str,
            run_manager: Optional[AsyncCallbackManagerForToolRun] = None,
    ) -> str:
        raise NotImplementedError("APITool does not support async")

class functional_Tool(BaseTool):
    name: str = ""
    description: str = ""
    url: str = ""

    def _call_func(self, query):
        raise NotImplementedError("subclass needs to overwrite this method")

    def _run(
            self,
            query: str,
            run_manager: Optional[CallbackManagerForToolRun] = None,
    ) -> str:
        return self._call_func(query)

    async def _arun(
            self,
            query: str,
            run_manager: Optional[AsyncCallbackManagerForToolRun] = None,
    ) -> str:
        raise NotImplementedError("APITool does not support async")

# search tool #
class SearchTool(APITool):
    llm: BaseLanguageModel

    name = "搜索问答"
    description = "根据用户问题搜索最新的结果，并返回Json格式的结果"

    # search params
    google_api_key: str
    google_cse_id: str
    url = "https://www.googleapis.com/customsearch/v1"
    top_k = 2

    # QA params
    qa_template = """
    请根据下面带'''分隔符的文本来回答问题。
    通过Search，如果该文本中没有相关内容可以回答问题，请直接回复："抱歉，通过Search该问题需要更多
上下文信息。"
    '''{text}'''
    问题：{query}
    """
    prompt = PromptTemplate.from_template(qa_template)
    llm_chain: LLMChain = None

    def _call_api(self, query):
        self.get_llm_chain()
        context = self.get_search_result(query)
        resp = self.llm_chain.predict(text=context, query=query)
        return resp
```

```
    def get_search_result(self, query):
        data = {"key": self.google_api_key,
                "cx": self.google_cse_id,
                "q": query,
                "lr": "lang_zh-CN"}
        results = requests.get(self.url, params=data).json()
        results = results.get("items", [])[:self.top_k]
        snippets = []
        if len(results) == 0:
            return("No Search Result was found")
        for result in results:
            print("result:", result)
            text = ""
            if "title" in result:
                text += result["title"] + "。"
            if "snippet" in result:
                text += result["snippet"]
            snippets.append(text)
        return("\n\n".join(snippets))

    def get_llm_chain(self):
        if not self.llm_chain:
            self.llm_chain = LLMChain(llm=self.llm, prompt=self.prompt)

class Text_classification_Tool(functional_Tool):
    llm: BaseLanguageModel

    name = "文本分类"
    description = "用户输入句子，完成文本分类"

    # QA params
    qa_template = """
    请根据下面带'''分隔符的文本来回答问题。
    '''{text}'''
    问题：{query}
    """
    prompt = PromptTemplate.from_template(qa_template)
    llm_chain: LLMChain = None

    def _call_func(self, query) -> str:
        self.get_llm_chain()
        context = "Instruction: 你是一个非常厉害的[词条名称]多层级分类模型"
        resp = self.llm_chain.predict(text=context, query=query)
        return resp

    def get_llm_chain(self):
        if not self.llm_chain:
            self.llm_chain = LLMChain(llm=self.llm, prompt=self.prompt)

class Default_Tool(functional_Tool):
    llm: BaseLanguageModel
    name = "default"
    description = "默认对话工具，根据用户输入完成对话"

    qa_template = """
    请根据下面带'''分隔符的文本来回答问题。
    '''{text}'''
    问题：{query}
    """

    prompt = PromptTemplate.from_template(qa_template)
    llm_chain: LLMChain = None
```

```
    def _call_func(self, query) -> str:
        self.get_llm_chain()
        context = "Instruction: 你是一个聊天机器人，需要根据用户的输入完成聊天任务，你需要根据
下面这些背景知识来回答："
        # 知识库
        retrive_knowledge = test_bge_cos(query, "data/npc_data.csv", mode="multi")
        # retrive_knowledge不为空，则调用base_model，结合知识库输出内容
        if retrive_knowledge != "":
            context += retrive_knowledge
            resp = self.llm_chain.predict(text=context, query=query)
            return resp
        # retrive_knowledge为空，则代表没有相似的知识，用对齐后的chat_model生成知识，再输出内
容
        # chat模型可以结合定义好的tools
        else:
            model_response, model_history=self.model_chat(query)
            context += model_response
            resp = self.llm_chain.predict(text=context, query=query)
            return resp

    def get_llm_chain(self):
        if not self.llm_chain:
            self.llm_chain = LLMChain(llm=self.llm, prompt=self.prompt)

    def model_chat(self, task_query):
        from transformers import AutoTokenizer, AutoModel
        base_dir = "models/DeepSeek-V3"
        tokenizer = AutoTokenizer.from_pretrained(base_dir, trust_remote_code=True)
        model = AutoModel.from_pretrained(base_dir, trust_remote_code=True).cuda()
        model = model.eval()
        model_history = [system_info]
        model_response, model_history = model.chat(tokenizer, task_
query, history=model_history)
        return self.run_task(model_response, model_history)

    def run_task(self, model_response, model_history):
        if isinstance(model_response, dict):
            print("model_response is dict")
            import function_map
            # 使用 getattr 来从 function_map 中获取 model_response 字典中 "name" 键对应
的函数。
            func = getattr(function_map, model_response.get("name"))
            param = model_response.get("parameters")
            func_response = func(**param)
            result = json.dumps(func_response, ensure_ascii=False)
            # 把前一次的输出放入，再次调用
            model_response, model_history = model.chat(tokenizer, result, history=
model_history, role="observation")
            # 再次执行run_task
            model_response, model_history = self.run_task(model_response, model_
history)
            return model_response, model_history
        else:
            return model_response, model_history
```

上述工具类的具体说明如下。

• SearchTool：利用 Google 自定义搜索 API 获取搜索结果，并生成基于这些结果的回答。

• Text_classification_Tool：处理文本分类任务，根据用户输入进行多层级分类。

• Default_Tool：作为默认对话工具，结合知识库中的背景知识或基础模型生成与用户对话的内容。

上述工具类通过调用外部 API、执行特定函数或结合预训练语言模型，提供了灵活的对话和信息处理能力。

8.6.5 实现语言模型类 DeepSeek-V3

文件 llm.py 定义了一个名为 DeepSeek-V3 的自定义语言模型类，该类继承自 langchain.llms.base.LLM，主要功能包括加载 DeepSeek 模型和分词器，生成对话响应，支持流式输出，管理对话历史，并提供从检查点加载模型的功能。通过这些功能，DeepSeek-V3 类能够在对话代理系统中高效地执行自然语言处理任务。

```
from typing import List, Optional, Mapping, Any
from functools import partial
from langchain.llms.base import LLM
from langchain.callbacks.manager import CallbackManagerForLLMRun
from langchain.callbacks.streaming_stdout import StreamingStdOutCallbackHandler
from transformers import AutoModel, AutoTokenizer
from peft import get_peft_model, LoraConfig, TaskType
import os
import torch

class DeepSeekV3(LLM):

    model_path: str
    max_length: int = 8192
    temperature: float = 0.1
    top_p: float = 0.7
    history: List = []
    streaming: bool = True
    model: object = None
    tokenizer: object = None
    """
    def __init__(self, model_path: str, max_length: int = 8192, temperature: float
= 0.1, top_p: float = 0.7, history: List = None, streaming: bool = True):
        self.model_path = model_path
        self.max_length = max_length
        self.temperature = temperature
        self.top_p = top_p
        self.history = [] if history is None else history
        self.streaming = streaming
        self.model = None
        self.tokenizer = None
    """

    @property
    def _llm_type(self) -> str:
        return " DeepSeek-V3"

    def _call(
        self,
        prompt: str,
        stop: Optional[List[str]] = None,
        run_manager: Optional[CallbackManagerForLLMRun] = None,
        add_history: bool = False
    ) -> str:
        if self.model is None or self.tokenizer is None:
            raise RuntimeError("Must call 'load_model()' to load model and tokenizer!")

        if self.streaming:
            text_callback = partial(StreamingStdOutCallbackHandler().on_llm_new_
token, verbose=True)
```

```
            resp = self.generate_resp(prompt, text_callback, add_history=add_
history)
        else:
            resp = self.generate_resp(self, prompt, add_history=add_history)
        return resp

    def generate_resp(self, prompt, text_callback=None, add_history=True):
        resp = ""
        index = 0
        if text_callback:
            for i, (resp, _) in enumerate(self.model.stream_chat(
                    self.tokenizer,
                    prompt,
                    self.history,
                    max_length=self.max_length,
                    top_p=self.top_p,
                    temperature=self.temperature
            )):
              if add_history:
                if i == 0:
                    self.history += [[prompt, resp]]
                else:
                    self.history[-1] = [prompt, resp]
                text_callback(resp[index:])
                index = len(resp)
        else:
            resp, _ = self.model.chat(
                self.tokenizer,
                prompt,
                self.history,
                max_length=self.max_length,
                top_p=self.top_p,
                temperature=self.temperature
            )
            if add_history:
                self.history += [[prompt, resp]]
        return resp

    def load_model(self):
        if self.model is not None or self.tokenizer is not None:
            return
        self.tokenizer = AutoTokenizer.from_pretrained(self.model_path,
trust_remote_code=True)
        self.model = AutoModel.from_pretrained(self.model_path, trust_remote_
code=True).half().cuda().eval()

    def load_model_from_checkpoint(self, checkpoint=None):
        if self.model is not None or self.tokenizer is not None:
            return
        self.tokenizer = AutoTokenizer.from_pretrained(self.model_path, trust_
remote_code=True)
        self.model = AutoModel.from_pretrained(self.model_path, trust_remote_
code=True).half()
        peft_config = LoraConfig(
                task_type=TaskType.CAUSAL_LM,
                inference_mode=False,
                r=8,
                target_modules=['query_key_value'],
                lora_alpha=32,
                lora_dropout=0.1,
        )
        self.model = get_peft_model(self.model, peft_config).to("cuda")
```

```
        if checkpoint=="text_classification":
            model_dir = "./output/checkpoint-3000/"
            peft_path = "{}/deepseek-lora.pt".format(model_dir)
            if os.path.exists(peft_path):
                self.model.load_state_dict(torch.load(peft_path), strict=False)
```

8.7 实现大模型对话

编写文件 run.py，功能是调用前面介绍的一些实现对话准备工作的模块和工具，配置并执行一个基于多工具和意图检测的对话代理系统，使用 DeepSeek 模型来处理用户输入并生成相应的响应。这个文件配置了一个智能对话系统，能够根据用户的输入选择合适的工具（如搜索或文本分类）来生成合理的响应。

```
from langchain.agents import AgentExecutor
from langchain.llms import AzureOpenAI
import openai
from llm import DeepSeekV3
from tools import Default_Tool, SearchTool, Text_classification_Tool
from agent import IntentAgent
import copy
import os

# 谷歌搜索的密钥
GOOGLE_API_KEY = ""
GOOGLE_CSE_ID = ""

if __name__ == "__main__":
    model_path = "./model_base" # 未微调的base模型
    llm_ori = DeepSeekV3(model_path=model_path)
    llm_text_cls = DeepSeekV3(model_path=model_path)

    llm_ori.load_model()
    llm_text_cls.load_model_from_checkpoint(checkpoint="text_classification")

    tools = [Default_Tool(llm=llm_ori),
            SearchTool(llm=llm_ori, google_api_key=GOOGLE_API_KEY, google_cse_
id=GOOGLE_CSE_ID),
            Text_classification_Tool(llm=llm_text_cls)]

    agent = IntentAgent(tools=tools, llm=llm_ori)
    agent_exec = AgentExecutor.from_agent_and_tools(agent=agent, tools=tools,
verbose=True, max_iterations=1)
    agent_exec.run("我想跟你聊天")
```

上述代码的实现流程如下。

① 导入库和模块：导入所需的库和自定义的模块，包括 AgentExecutor、AzureOpenAI、openai、DeepSeekV3 以及各种工具类和代理类。

② 配置 Google 搜索 API：设置 Google 搜索 API 的密钥和搜索引擎 ID（如果需要使用 Google 搜索工具）。

③ 初始化模型：加载未微调的基础模型 (model_base) 两次，一次用于普通对话 (llm_ori)，另一次用于文本分类 (llm_text_cls)。

• llm_ori.load_model()：加载基础模型。

• llm_text_cls.load_model_from_checkpoint(checkpoint="text_classification")：从文本分类检查点加载模型。

④ 初始化工具：创建工具实例，包括默认工具、搜索工具和文本分类工具，并将对应的模型传入工具中。

- Default_Tool：默认工具。
- SearchTool：使用 Google 搜索的工具。
- Text_classification_Tool：文本分类工具。

⑤ 初始化代理：创建一个 IntentAgent 实例，该代理结合了不同的工具和语言模型 (llm_ori)，用于处理用户输入并根据意图选择合适的工具进行响应。

⑥ 创建代理执行器：使用 AgentExecutor 来管理代理和工具的执行，设置了最大迭代次数为 1，并启用详细日志（verbose=True）。

⑦ 执行对话：运行代理执行器，处理输入 " 我想跟你聊天 "，并生成响应。

执行如下命令启动对话：

```
python run.py
```

系统将根据输入的指令 " 我想跟你聊天 " 进行处理，并打印输出对应的聊天回复信息。

```
用户输入：我想跟你聊天

系统输出：
系统：你好，请问有什么想和我聊的吗？
```

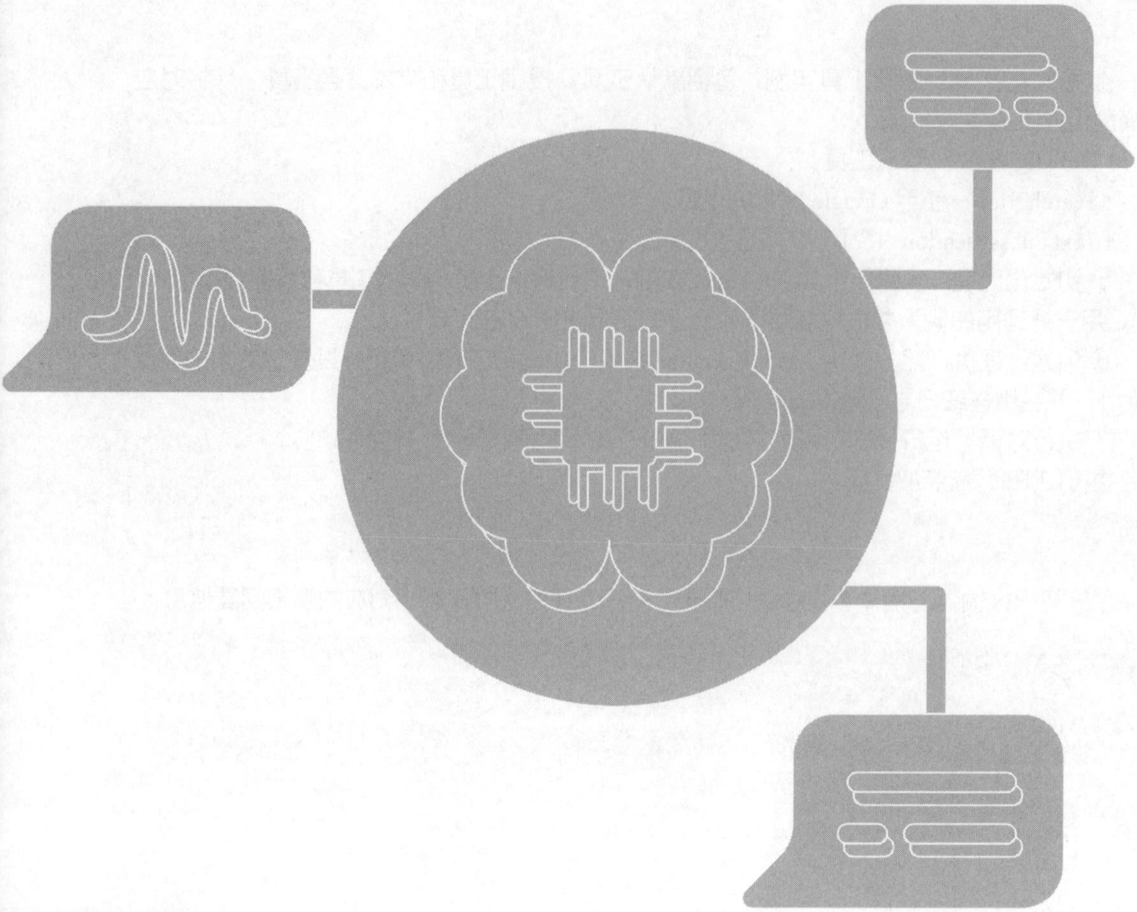

第 9 章

基于 DeepSeek 模型的多 PDF 问答系统（DeepSeek R1+LangChain+Streamlit+Kaggle）

9.1 项目介绍

本项目是一个基于 DeepSeek R1 模型的多 PDF 文档问答系统，集成了 LangChain 框架、Streamlit Web 应用和 Kaggle 云平台。用户可以通过 Web 界面上传多个 PDF 文档，系统将自动处理这些文档，提取文本内容，并利用先进的深度学习技术进行智能问答。

（1）核心思想

在海量文档中查找信息是一项耗时的任务，尤其是当文档内容复杂且数量庞大时。传统的全文搜索只能返回包含关键词的片段，无法准确理解和回答用户的问题。本项目通过以下核心技术实现智能化的多 PDF 问答。

• DeepSeek R1 模型：采用最新的自然语言处理技术，能够在理解用户问题的基础上，利用语义推理生成准确的答案。

• LangChain 框架：通过 LangChain 的链式结构，实现多文档检索和上下文问答。它允许在多轮对话中保持上下文，使用户的提问更加自然。

• PDF 文本处理：集成 PyPDF 库，自动从 PDF 文档中提取文本，分块处理以提升检索效率。

• 语义嵌入与向量检索：基于 HuggingFace 的嵌入模型，将文本转换为向量并存储在 FAISS 向量数据库中，实现高效的语义检索。

• 智能问答链：结合 LangChain 的会话链技术，使系统能够记忆上下文，生成符合对话逻辑的回答。

（2）主要功能

• 多文档上传与自动处理：用户可以上传多个 PDF 文档，系统自动提取文本并进行分块处理。

•向量检索与智能问答：通过语义向量检索技术，从多个文档中找到与问题相关的内容，并基于 DeepSeek R1 生成回答。

• 上下文感知的会话：在多轮对话中，系统能够理解上下文，回答基于之前问题的复杂问题。

• Web 界面交互：基于 Streamlit 构建的用户界面，简单易用，用户可以直接在浏览器中体验智能问答。

• 快速部署与云端访问：在 Kaggle 云平台上部署，并结合 Localtunnel 实现 Web 应用的外部访问。

（3）适用场景

• 科研领域：快速从多篇学术论文中提取关键内容。

• 企业报告分析：在众多企业报告中找到所需信息并回答特定问题。

• 法律文件查阅：从法律文件中查找法律条款或案例解释。

• 教育学习：帮助学生从教材或参考书中找到答案。

9.2 系统设置

9.2.1 准备环境和数据

准备本项目所需的环境和工具，通过如下代码安装一系列 Python 库，这些库涵盖了从文本处理、向量嵌入生成、相似度搜索到用户界面构建等多个方面，可以支持如 MultiPDF Chat 这类项目的开发。

```
%pip install -q transformers
%pip install -q huggingface-hub
%pip install -q sentence-transformers
%pip install -q langchain
%pip install -q langchain-huggingface
%pip install -q langchain-community
%pip install -q langchain-tools
%pip install -q langchain-groq
%pip install -q faiss-cpu
%pip install -q pypdf
%pip install -q python-dotenv
%pip install -q ipywidgets
%pip install -q streamlit
```

9.2.2 导入库文件

通过下面代码导入了构建本项目所需的库和工具，涵盖了从数据处理、模型集成到用户界面构建的各个方面。

```
import os
import getpass
from dotenv import load_dotenv
from pypdf import PdfReader
from langchain_text_splitters import RecursiveCharacterTextSplitter
from langchain_huggingface.embeddings import HuggingFaceEmbeddings
from langchain_huggingface.llms import HuggingFaceEndpoint
from langchain_community.vectorstores import FAISS
from langchain_community.utilities.google_serper import GoogleSerperAPIWrapper
from langchain.chains import create_history_aware_retriever, create_retrieval_chain
from langchain.chains.combine_documents import create_stuff_documents_chain
from langchain_core.prompts import ChatPromptTemplate, MessagesPlaceholder
from langchain_core.messages import HumanMessage, AIMessage
from langchain_core.tools import Tool
from langchain_groq import ChatGroq
import ipywidgets as widgets
from IPython.display import display, HTML, clear_output
from pathlib import Path
import io
```

上述导入代码的主要功能如下。

• 环境配置与管理：使用 os 和 getpass 处理系统环境变量，dotenv 加载“.env”文件中的配置，确保对 API 密钥等敏感信息的安全管理。

• PDF 文档处理：通过 pypdf 的 PdfReader 提取 PDF 文档中的文本内容。

•文本分割与嵌入生成：利用 RecursiveCharacterTextSplitter 将长文本分割为可管理的块，HuggingFaceEmbeddings 生成文本的向量表示，以便于后续的相似度搜索。

• 语言模型集成：通过 HuggingFaceEndpoint 和 ChatGroq 接入 Hugging Face 和 Groq 提供的语言模型，支持自然语言处理任务。

• 向量存储与检索：使用 FAISS 构建高效的向量数据库，支持基于向量的快速相似度检索。

•外部信息获取：集成 GoogleSerperAPIWrapper，通过 Google Serper API 实现网络搜索，获取文档之外的相关信息。

• 对话历史与检索链构建：利用 create_history_aware_retriever 和 create_retrieval_chain 构建能够考虑对话历史的检索系统，提升问答的上下文相关性。

• 提示模板与消息管理：通过 ChatPromptTemplate 和 MessagesPlaceholder 定义对话提示模板，使用 HumanMessage 和 AIMessage 管理人机对话消息。

• 工具集成：引入 Tool 模块，以方便集成和管理各种辅助工具，扩展系统功能。

• 交互界面构建：使用 ipywidgets 和 IPython.display 构建交互界面，提升用户体验。

• 文件路径与内存管理：通过 pathlib.Path 和 io 模块处理文件路径和管理内存中的文件。

9.2.3 API 密钥管理

编写如下代码，提取了 Groq 语言模型（GROQ_API_KEY）和 Google Serper API（SERPER_API_KEY）的密钥，确保这些敏感信息在代码中不被明文暴露，且通过环境变量进行管理。

```
from kaggle_secrets import UserSecretsClient

# 用于 LLM（大语言模型）
# For LLM (Large Language Model)
GROQ_API_KEY = UserSecretsClient().get_secret("GROQ_API_KEY")
os.environ["GROQ_API_KEY"] = GROQ_API_KEY

# 用于 Google 搜索
# For Google Search
SERPER_API_KEY = UserSecretsClient().get_secret("SERPER_API_KEY")
os.environ["SERPER_API_KEY"] = SERPER_API_KEY
```

9.2.4 系统配置参数

下面代码定义了本项目需要的核心配置参数，包括应用界面设置、PDF 文档处理参数、语言模型选择、向量嵌入设置、向量检索配置、用户界面显示以及预设问题和应用简介信息。这些配置参数能够确保本项目灵活地处理多 PDF 文档问答任务，提供自然语言交互并兼容多种语言模型和向量检索方式。

```
# 应用设置 - Application Settings
APP_TITLE = "MultiPDF Chat Assistant"       # 应用标题 - Application Title
APP_ICON = "📚"                              # 应用图标 - Application Icon
APP_LOGO = "https://avatars.githubusercontent.com/u/115102523?v=4"  # 应
用 Logo - Application Logo
LOGO_WIDTH = 70                              # Logo 宽度 - Logo Width

# PDF 处理设置 - PDF Processing Settings
DEFAULT_CHUNK_SIZE = 512                     # 默认文本块大小 - Default text chunk size
MIN_CHUNK_SIZE = 100                         # 最小文本块大小 - Minimum text chunk size
MAX_CHUNK_SIZE = 1000                        # 最大文本块大小 - Maximum text chunk size
CHUNK_SIZE_STEP = 50                         # 文本块大小调整步
长 - Chunk size adjustment step

DEFAULT_CHUNK_OVERLAP = 64                   # 默认文本块重
叠 - Default text chunk overlap
MIN_CHUNK_OVERLAP = 0                        # 最小文本块重
叠 - Minimum text chunk overlap
MAX_CHUNK_OVERLAP = 200                      # 最人文本块重
叠 - Maximum text chunk overlap
CHUNK_OVERLAP_STEP = 10                      # 文本块重叠调整步长 - Chunk overlap adjust
ment step

# 大语言模型（LLM）设置 - LLM Settings
DEFAULT_MODEL = "llama-3.3-70b-versatile"   # 默认模型 - Default model
```

```
ALTERNATIVE_MODELS = [                              # 可选模型 - Alternative models
    "llama-3.1-8b-instant",
    "mixtral-8x7b-32768",
    "gemma2-9b-it",
    "deepseek-r1-distill-llama-70b-specdec"
]
DEFAULT_TEMPERATURE = 0.4                           # 默认温度参数 - Default temperature
DEFAULT_MAX_TOKENS = 1024                           # 默认最大 Token 数
量 - Default maximum tokens

# 嵌入设置 - Embedding Settings
EMBEDDING_MODEL = "sentence-transformers/all-MiniLM-L6-v2"  # 嵌入模型 - Embedding
model

# 向量存储设置 - Vector Store Settings
RETRIEVER_SEARCH_TYPE = "similarity"                # 检索类型 - Retrieval type
RETRIEVER_K = 3                                     # 检索返回的文本块数 - Number of text
chunks to retrieve

# 用户界面设置（在 Jupyter 中影响较小，但保留用于参考）
# UI Settings (less relevant for Jupyter, but kept for information)
CHAT_HEIGHT_THRESHOLD = 4                           # 聊天框高度阈值 - Chat height threshold
CHAT_HEIGHT_PX = 500                                # 聊天框高度（像素） - Chat height in pixels

# 示例问题 - Sample Questions
SAMPLE_QUESTIONS = [
    "What are the main topics discussed in these documents?",
    "Can you summarize the key points from all documents?",
    "What are the relationships between the concepts in these documents?"
]

# 关于文本 - About Text
ABOUT_TEXT = """
This application allows you to chat with multiple PDF documents using LangChain,
Groq LLM and Google Search.

Built with Serper, LangChain, Groq, and FAISS vector database.
Adapted for Kaggle Notebook.
"""
```

9.2.5 聊天界面模板

下面代码定义了一个 HTML 格式的聊天界面的样式和模板，用于在 Jupyter Notebook 或 Web 环境中动态显示用户和聊天机器人的对话消息。通过 HTML 和 CSS 定义用户和机器人的消息框样式，包括头像、消息内容和背景颜色。函数 display_chat_message 根据消息的发送者（用户或机器人）选择相应的模板，并以 HTML 格式显示消息，使对话界面更加美观和直观。

```
# 样式设置 - CSS Styling
css = '''
<style>
.chat-message {
    padding: 1.5rem; /* 消息框内边距 - Padding for the message box */
    border-radius: 0.5rem; /* 边框圆角 - Border radius */
    margin-bottom: 1rem; /* 底部间距 - Bottom margin */
    display: flex; /* 弹性布局 - Flex display */
}
.chat-message.user {
    background-color: #2b313e; /* 用户消息背景色 - User message background color */
```

```
}
.chat-message.bot {
    background-color: #475063; /* 机器人消息背景色 - Bot message background color */
}
.chat-message .avatar {
  width: 15%; /* 头像宽度 - Avatar width */
  display: flex; /* 居中显示头像 - Center the image */
  justify-content: center;
  align-items: center;
}
.chat-message .avatar img {
  max-width: 40px; /* 头像最大宽度 - Maximum avatar width */
  max-height: 40px; /* 头像最大高度 - Maximum avatar height */
  border-radius: 50%; /* 圆形头像 - Circular avatar */
  object-fit: cover; /* 保持图像比例 - Maintain image aspect ratio */
}
.chat-message .message {
  width: 85%; /* 消息内容宽度 - Message content width */
  padding: 0 1.5rem; /* 内容左右内边距 - Horizontal padding */
  color: #fff; /* 字体颜色 - Text color */
}
</style>
'''

# 机器人消息模板 - Bot Message Template
bot_template = '''
<div class="chat-message bot">
    <div class="avatar">
        <img src="https://cdn-icons-png.flaticon.com/512/3662/3662817.png">
    </div>
    <div class="message">{{MSG}}</div>
</div>
'''

# 用户消息模板 - User Message Template
user_template = '''
<div class="chat-message user">
    <div class="avatar">
        <img src="https://avatars.githubusercontent.com/u/115102523?s=400&u=
47060cf6fe3c7a3d16803ac959f1d5333eb79243&v=4">
    </div>
    <div class="message">{{MSG}}</div>
</div>
'''

# 消息显示函数 - Display Chat Message Function
def display_chat_message(role, content):
    """
    根据角色（用户或机器人）显示聊天消息。
    Display chat messages based on role (user or bot).

    参数:
    - role (str): 消息发送者角色（'human' 或 'bot'）
      Role of the message sender ('human' or 'bot').
    - content (str): 消息内容
      Content of the message.
    """
    if role == "human":
        display(HTML(user_template.replace("{{MSG}}", content)))
    else:
        display(HTML(bot_template.replace("{{MSG}}", content)))
```

```
# 应用 CSS 样式 - Apply CSS Styling
display(HTML(css))
```

9.3 核心功能模块

9.3.1 PDF 文件处理

下面的这段代码实现了两个函数，第一个函数 get_pdf_text 用于从多个 PDF 文件的字节内容中提取文本，按文件名和页码添加分隔标记；第二个函数 get_text_chunks 的功能是将提取到的文本根据指定的块大小和重叠度分割成多个文本块，以方便后续处理，如向量化或检索。

```
def get_pdf_text(pdf_files_content):
    """
    Extract text from the content of multiple PDF files.
    从多个PDF文件的内容中提取文本。
    """
    text = ""
    # pdf_files_content 预期为列表，包含元组：(文件名, 文件内容字节)
    # pdf_files_content is expected to be a list of tuples: (filename, file_content_
bytes)
    for filename, content_bytes in pdf_files_content:
        try:
            # 使用 io.BytesIO 将字节数据转换成文件流
            # Use io.BytesIO to read bytes as a file
            pdf_stream = io.BytesIO(content_bytes)
            pdf_reader = PdfReader(pdf_stream)
            for page_num, page in enumerate(pdf_reader.pages):
                page_text = page.extract_text()
                if page_text:
                    # 在每页文本前添加文件名和页码的分隔标记
                    # Add a separator with document name and page number before
the page text
                    text += f"\n\n--- Document: {filename}, Page {page_num+1} ---\n"
                    text += page_text
        except Exception as e:
            print(f"Error processing {filename}: {str(e)}")
    return text

def get_text_chunks(text, chunk_size, chunk_overlap):
    """
    Split text into chunks of a specified size with overlap.
    将文本按照指定大小和重叠度分割成多个块。
    """
    if not text:
        print("No text to split into chunks.")
        return []

    text_splitter = RecursiveCharacterTextSplitter(
        separators=["\n\n", "\n", ". ", " ", ""],  # 分割符列表，优先级依次降低
        chunk_size=chunk_size,                       # 每个文本块的大小
        chunk_overlap=chunk_overlap,                 # 文本块间的重叠字符数
        length_function=len                          # 计算长度的函数，这里使用字符串长度
    )
    chunks = text_splitter.split_text(text)
    print(f"Text split into {len(chunks)} chunks.")
    return chunks
```

9.3.2 嵌入和向量存储

下面代码的功能是创建嵌入和向量存储，其中函数 download_embeddings 通过 HuggingFace 下载嵌入模型，并使用全局变量缓存嵌入，避免重复加载，函数 get_vector_store 用于接收文本块，通过加载的嵌入模型生成向量表示，并使用 FAISS 创建一个向量存储（FAISS vector store），用于后续的高效的文本检索和语义查询操作。

```
# 全局变量用于存储嵌入模型，避免重复加载
# Global variable to store embeddings to avoid reloading
_cached_embeddings = None

def download_embeddings():
    """
    从 HuggingFace 下载嵌入（带有简单的缓存）。
    Download embeddings from HuggingFace (with simple caching).
    """
    global _cached_embeddings
    if _cached_embeddings is not None:
        print("使用缓存的嵌入模型。")
        # Using cached embeddings.
        return _cached_embeddings
    try:
        print(f"加载嵌入模型：{EMBEDDING_MODEL}...")
        # Loading embedding model from HuggingFace.
        embeddings = HuggingFaceEmbeddings(model_name=EMBEDDING_MODEL)
        _cached_embeddings = embeddings
        print("嵌入模型加载完成。")
        # Embedding model loaded.
        return embeddings
    except Exception as e:
        print(f"加载嵌入模型时出错：{str(e)}")
        # Error loading embeddings.
        return None

def get_vector_store(text_chunks):
    """
    从文本块创建向量存储。
    Create a vector store from text chunks.
    """
    if not text_chunks:
        print("未提供文本块，无法创建向量存储！")
        # No text chunks provided to create the vector store!
        return None

    embeddings = download_embeddings()
    if embeddings is None:
        print("嵌入模型加载失败！无法创建向量存储。")
        # Failed to load embeddings! Vector store will not be created.
        return None

    try:
        print("正在创建 FAISS 向量存储...")
        # Creating FAISS vector store...
        vector_store = FAISS.from_texts(
            texts=text_chunks,  # 提供的文本块 - Provided text chunks
            embedding=embeddings,  # 使用的嵌入模型 - Using the downloaded embeddings
        )
        print("向量存储创建成功。")
        # Vector store created.
        return vector_store
    except Exception as e:
```

```
        print(f"创建向量存储时出错：{str(e)}")
        # Error creating the vector store.
        return None
```

9.3.3 GoogleSearch 搜索

在本项目中，GoogleSearch 是一个动态检索增强机制，使用 Serper API 调用 Google 搜索，当 RAG（检索增强生成）系统无法提供足够信息（返回 "INSUFFICIENT DATA"）时，自动触发 Google 搜索，获取最新的网页内容作为补充信息，进一步回答用户问题。这种方式确保系统在本地文档不足时，仍然可以提供及时和准确的答案。

① 定义函数 setup_serper_search，用于初始化 Serper API 搜索工具。此函数首先检查并加载 Serper API 密钥，如果未找到密钥，则会提示用户手动输入。随后，通过 Serper API 测试连接，确保 API 有效。若连接成功，则返回一个 Serper 搜索工具对象，能够在 PDF 文档不足时执行实时 Web 搜索功能；如果失败，将切换为仅文档模式。

```
def setup_serper_search():
    """
    初始化 GoogleSerperAPIWrapper 工具。
    Initializes the GoogleSerperAPIWrapper tool.
    """
    try:
        # 检查 Serper API 密钥是否存在 - Check for Serper API key
        if "SERPER_API_KEY" not in os.environ:
            load_dotenv()  # 尝试从 .env 文件加载 - Try .env file
            if "SERPER_API_KEY" not in os.environ:
                # 如果仍然未找到，则提示手动输入 - Prompt for manual input if not found
                os.environ["SERPER_API_KEY"] = getpass.getpass("请输入您
的 Serper API 密钥：")

        # 确保密钥已正确加载 - Check if key is actually loaded
        serper_key = os.environ.get("SERPER_API_KEY")
        if not serper_key:
            print("未找到 SERPER_API_KEY。Serper 搜索将不可用。")
            # SERPER_API_KEY not found. Serper search will be unavailable.
            return None

        # 初始化 Google 搜索封装 - Initialize Google search wrapper
        serper_search = GoogleSerperAPIWrapper(serper_api_key=serper_key)

        # 测试 API 连接 - Test the connection
        try:
            test_results = serper_search.results("test query")
            print("Serper API 连接测试成功。")
            # print(f"测试结果：{test_results}") # 调试时取消注
释 - Uncomment for debugging
        except Exception as conn_error:
            print(f"Serper API 连接测试失败：{conn_error}")
            # Serper API connection test failed.
            # 检查是否为授权错误 - Check if it's an auth error specifically
            if "401" in str(conn_error) or "Unauthorized" in str(conn_error):
                print("身份验证失败。请检查您的 SERPER_API_KEY。")
                # Authentication failed. Please check your SERPER_API_KEY.
            print("回退到仅文档模式。")
            # Falling back to documents-only mode.
            return None

        # 创建 Serper 搜索工具 - Create the tool
```

```
        # Serper（Google 搜索）封装的 run 方法返回一个字符串摘要
        # Serper(Google search) wrapper's run method returns a string summary
        serper_search_tool = Tool(
            name="serper_search",
            description="当 PDF 文档库缺乏信息时，用于检索最新的网页片段。",
            # Useful for retrieving fresh web snippets when the PDF corpus lacks in
formation.
            func=serper_search.run
        )

        print("Serper 搜索工具初始化成功。")
        # Serper Search tool initialized successfully.
        return serper_search_tool
    except Exception as e:
        print(f"初始化 Serper 搜索工具失败：{e}")
        # Failed to initialize Serper Search tool.
        return None
```

② 定义类 GoogleSearchFallbackChain，用于在 RAG 系统无法提供足够信息时，自动切换到 Google 搜索（备选机制）。GoogleSearchFallbackChain 类首先尝试通过 RAG 生成回答，如果答案中包含 "INSUFFICIENT DATA" 且 Google 搜索工具可用，将使用 Google 搜索补充信息，并重新生成答案。

```
class GoogleSearchFallbackChain:
    def __init__(self, rag_chain, serper_search_tool, llm):
        """
        初始化 GoogleSearchFallbackChain。
        Initialize GoogleSearchFallbackChain.

        参数：
        - rag_chain: RAG（检索增强生成）链对象。
          RAG (Retrieval-Augmented Generation) chain object.
        - serper_search_tool: Google 搜索工具对象（如果可用）。
          Google search tool object (if available).
        - llm: 使用的语言模型（LLM）。
          Language model (LLM) being used.
        """
        self.rag_chain = rag_chain
        self.serper_search_tool = serper_search_tool
        self.llm = llm

    def invoke(self, inputs):
        """
        调用链式问答，首先尝试 RAG，然后（如果不足）尝试 Google 搜索。
        Invokes the chain for question answering, first trying RAG and then Google
search (if needed).

        参数：
        - inputs: 字典，包含用户问题和其他上下文信息。
          Dictionary containing the user query and other context.

        返回：
        - 包含答案的字典。
          Dictionary containing the answer.
        """
        # 首先尝试 RAG - First try RAG
        response = self.rag_chain.invoke(inputs)
        answer = response["answer"]

        # 检查回答是否包含"不足数据"且 Google 工具可用 - Check if insufficient data and
Google tool available
```

```
        if "INSUFFICIENT DATA" in answer and self.serper_search_tool:
            print("向量搜索返回不足数据。尝试 Google 搜索...")
            # Vector search yielded insufficient data. Trying Google Search...
            try:
                # 获取用户输入的查询 - Get query first
                query = inputs["input"]
                if "chat_history" in inputs and inputs["chat_history"]:
                    # 使用语言模型从聊天历史中提取主要查询 - Extract main query using LLM
                    query_instruction = f"从这个问题中提取主要搜索查询：{query}"
                    query = self.llm.invoke(query_instruction).content
                    print(f"重构后的 Google 查询：{query}")

                # 使用 Google 搜索工具执行搜索 - Execute Google search using the tool's
function
                search_results = self.serper_search_tool.func(query)
                # print(f"Google 原始结果：{search_results[:200]}...")  # 调试输
出 - Debug print first 200 chars

                # 检查 Google 是否返回有效结果 - Check if Google returned meaningful
results
                if search_results and search_results.strip() and not search_
results.startswith("No good Google Result was found"):
                    print("Google 搜索返回了结果。")
                    # Google Search returned results.
                    # 使用 Web 结果生成新上下文 - Create new context with web results
                    web_context = f"Web 搜索结果 '{query}':\n\n{search_results}"

                    # 使用 Web 搜索结果生成回答 - Generate answer using web results
                    web_prompt_str = (
                        "你是一名有帮助的助手。仅使用以下 Web 搜索结果回答问题。"
                        "如果这些结果无法回答问题，请说"Web 搜索未提供明确答案。"\n\n"
                        f"Web 搜索结果：\n{web_context}\n\n"
                        f"问题：{query}"
                    )

                    web_answer = self.llm.invoke(web_prompt_str).content
                    return {"answer": f"基于 Web 搜索：{web_answer} [Web Search -
Google]"} # 标明数据来源 - Indicate source

                else:
                    print("Google 搜索未返回有效结果或返回错误信息。")
                    # Google Search returned no useful results or an error string.
                    # 返回原始 RAG 答复 - Return the original 'INSUFFICIENT DATA'
response
                    return response

            except Exception as e:
                # 处理 Google 搜索回退中的潜在错误 - Handle potential errors during
the fallback process
                print(f"Google 搜索回退时出错：{e}")
                # 返回原始 RAG 答复 - Return the original 'INSUFFICIENT DATA'
response on error
                return response

        # 返回 RAG 的原始响应 - Return the original RAG response
        return response
```

9.3.4 创建会话链

get_conversation_chain 函数构建了一个实现问答功能的 RAG 管道，包含以下部分。

• 输入参数：接收一个向量存储和大模型。

• 历史感知检索器：创建一个检索器，在检索文档时考虑聊天历史，以提高上下文关联性。

• 少样本提示：定义少量示例，引导模型生成符合预期格式的回答。

• 聊天提示模板：创建一个聊天提示模板，结合系统提示和聊天历史，以保持对话连贯。

• 文档组合链：构建一个方法，用于将检索到的文档组合并整合为连贯的答案。

• RAG 管道组装：将检索器和文档组合链连接，形成完整的 RAG 管道。

• Google 搜索回退：如果启用 Google 搜索，当 RAG 系统返回 "INSUFFICIENT DATA"（数据不足）时，自动使用 Google 搜索作为回退机制，获取实时网页信息以补充回答。

```
def get_conversation_chain(vectorstore, selected_model):
    """创建会话链。"""

    # 初始化 Google 搜索工具
    serper_search_tool = setup_serper_search()
    print("Google 搜索工具状态:", "可用" if serper_search_tool else "不可用")

    if not vectorstore:
        print("未提供向量存储！无法创建会话链。")
        return None

    try:
        # 设置 API 密钥（如果尚未设置）
        if "GROQ_API_KEY" not in os.environ:
            try:
                # 尝试从 .env 文件加载
                load_dotenv()
                if "GROQ_API_KEY" not in os.environ:
                    os.environ["GROQ_API_KEY"] = getpass.getpass("输入您的 Groq API 
密钥: ")
            except Exception as e:
                print(f"无法加载 .env: {e}")
                os.environ["GROQ_API_KEY"] = getpass.getpass("输入您的 Groq API 
密钥: ")

        print(f"初始化 LLM: {selected_model}")
        # 初始化 LLM（使用 Groq）
        llm = ChatGroq(
            temperature=DEFAULT_TEMPERATURE,
            model_name=selected_model,
            max_tokens=DEFAULT_MAX_TOKENS,
            api_key=GROQ_API_KEY
        )

        # 配置检索器
        retriever = vectorstore.as_retriever(
            search_type=RETRIEVER_SEARCH_TYPE,
            search_kwargs={"k": RETRIEVER_K},
        )
        print(f"检索器配置: 类型={RETRIEVER_SEARCH_TYPE}, k={RETRIEVER_K}")

        # 上下文问题转化提示
        contextualize_q_system_prompt = (
            "根据聊天历史和用户的最新问题，"
            "重新表述为一个独立问题，使其不依赖聊天历史。"
            "不要回答问题，只需重述或返回原问题。"
        )

        # 创建历史感知检索器
        history_aware_retriever = create_history_aware_retriever(
```

```
            llm,
            retriever,
            ChatPromptTemplate.from_messages([
                ("system", contextualize_q_system_prompt),
                MessagesPlaceholder(variable_name="chat_history"),
                ("human", "{input}"),
            ])
        )
        print("历史感知检索器已创建。")

        # 少样本提示示例
        few_shot_examples = [
            {
                "question": "合同的生效日期是什么？",
                "context": "Doc-1 p.3: '本协议自 2024 年 7 月 1 日生效。'",
                "answer": "合同自 **2024 年 7 月 1 日** 生效。 [Doc-1, p. 3]"
            },
            {
                "question": "关键交付成果是什么？",
                "context": "Doc-2 p.5: '供应商应提供：（a）月度进度报告，（b）最终软件实现，
（c）用户文档。'",
                "answer": "关键交付成果包括月度进度报告、最终软件实现和用户文
档。 [Doc-2, p. 5]"
            },
            {
                "question": "项目利益相关者是谁？",
                "context": "",
                "answer": "数据不足"
            }
        ]

        # 构建 QA 提示模板
        qa_system_prompt = (
            "你是一名高级政策分析师。仅使用提供的上下文。"
            "使用逐步推理，生成 120 字以内的简明答案，并包含内联引用（如 [Doc-3, p. 7]）。"
            "如果答案不存在，请回复：'数据不足'。"
        )

        qa_prompt = ChatPromptTemplate.from_messages([
            ("system", qa_system_prompt),
            MessagesPlaceholder(variable_name="chat_history"),
            ("human", "{input}"),
        ])

        # 创建文档组合链
        combine_docs_chain = create_stuff_documents_chain(llm, qa_prompt)

        # 创建主 RAG 链
        rag_chain = create_retrieval_chain(history_aware_retriever, combine_docs_
chain)
        print("主 RAG 链已创建。")

        # 如果 Google 搜索工具可用，启用搜索回退
        if serper_search_tool:
            enhanced_chain = GoogleSearchFallbackChain(rag_chain, serper_search_
tool, llm)
            print("已启用 Google 搜索回退机制。")
            return enhanced_chain

        print("未启用 Google 搜索回退。")
        return rag_chain
```

```
    except Exception as e:
        print(f"创建会话链时出错: {str(e)}")
        return None
```

上述代码的实现流程如下。

• 初始化 Google 搜索：调用 setup_serper_search 初始化 Google 搜索工具，确保工具可用，并输出其状态（可用或不可用）。

• 加载 API 密钥：尝试从环境变量或 .env 文件中加载 GROQ_API_KEY。如果未找到，则提示用户手动输入。

• 初始化 LLM（大语言模型）：使用指定的模型（selected_model）和 Groq API 初始化 LLM。

• 配置向量检索器（retriever）：基于提供的向量存储创建一个检索器，设置检索类型和返回文档数量。

• 创建历史感知检索器：创建一个能够基于聊天历史生成独立问题的检索器，确保用户问题在对话的上下文中被正确理解。

• 设置少样本提示（few-shot prompting）：定义少样本示例（QA 示例），指导 LLM 回答格式。提供清晰的 QA 系统提示，要求 LLM 仅使用上下文回答问题。

• 构建文档组合链：将从检索器获取的文档整合为一个答案。

• 构建主链 RAG（Main RAG Chain）：将历史感知检索器和文档组合链整合为一个 RAG 管道。

• 启用 Google 搜索回退（可选）：如果 Google 搜索工具可用，当 RAG 返回 "数据不足" 时，自动触发 Google 搜索以补充答案。

• 返回最终会话链：如果 Google 搜索工具可用，返回增强的链（带搜索回退）；否则，仅返回基础 RAG 链。

9.3.5 用户输入处理函数

下面的代码实现了一个用户输入处理函数 handle_user_input，用于接收用户问题并调用 RAG 会话链获取 AI 回答。首先检查会话链是否已初始化，然后将聊天历史转换为标准格式，调用会话链获取回答，最后将用户问题和 AI 回答追加到聊天历史中。如果在处理过程中出现错误，函数会捕获异常并将错误消息也记录在聊天历史中。

```
def handle_user_input(user_question, conversation, chat_history):
    """处理用户输入并生成 AI 响应。"""
    if conversation is None:
        print("会话链未初始化。请先加载和处理文档! ")
        return "错误: 请先处理文档。", chat_history

    try:
        # 将聊天历史转换为 LangChain 消息格式
        lc_chat_history = []
        for role, content in chat_history:
            if role == "human":
                lc_chat_history.append(HumanMessage(content=content))
            else:
                lc_chat_history.append(AIMessage(content=content))

        print("调用 RAG 会话链...")
        response = conversation.invoke(
            {
```

```
                "input": user_question,
                "chat_history": lc_chat_history
            }
        )

        answer = response["answer"]
        print("响应已接收。")

        # 将用户问题和响应添加到简单聊天历史
        updated_chat_history = chat_history + [("human", user_
question), ("ai", answer)]

        return answer, updated_chat_history

    except Exception as e:
        error_message = f"处理问题时发生错误：{str(e)}"
        print(error_message)
        # 将错误消息添加到聊天历史
        updated_chat_history = chat_history + [("human", user_question), ("ai",
f"错误：{str(e)}")]
        return error_message, updated_chat_history
```

9.4 PDF 文件上传和处理接口

9.4.1 文档处理 UI 界面

下面的代码实现了一个交互式的文档处理界面，用户可以通过这个界面上传多个 PDF 文件，通过滑块调整文本切片的大小和重叠度，选择使用的语言模型，单击“Process Documents”按钮后，系统会提取 PDF 文本、分块、构建向量存储，并基于此创建一个对话问答链。处理状态和已上传文件列表会动态显示给用户。

```
# 初始化全局变量用于状态管理
conversation = None
chat_history = []  # 聊天记录列表，格式为 [("human", "问题"), ("ai", "回答"), ...]
processed_files_info = []  # 处理后的文件信息列表，格式为 [(文件名, 内容字节), ...]

# 文件上传控件
upload_widget = widgets.FileUpload(
    accept='.pdf',  # 只接受PDF文件
    multiple=True,  # 允许多文件上传
    description='Upload PDF',
    button_style='info',
    layout=widgets.Layout(width='300px')
)

# 用于设置参数的滑块
chunk_size_slider = widgets.IntSlider(
    value=DEFAULT_CHUNK_SIZE,
    min=MIN_CHUNK_SIZE,
    max=MAX_CHUNK_SIZE,
    step=CHUNK_SIZE_STEP,
    description='Chunk size:',
    style={'description_width': 'initial'},
    layout=widgets.Layout(width='400px')
)

chunk_overlap_slider = widgets.IntSlider(
```

```
    value=DEFAULT_CHUNK_OVERLAP,
    min=MIN_CHUNK_OVERLAP,
    max=MAX_CHUNK_OVERLAP,
    step=CHUNK_OVERLAP_STEP,
    description='Overlap:',
    style={'description_width': 'initial'},
    layout=widgets.Layout(width='400px')
)

# 用于选择模型的下拉列表
model_dropdown = widgets.Dropdown(
    options=[DEFAULT_MODEL] + ALTERNATIVE_MODELS,
    value=DEFAULT_MODEL,
    description='LLM Model:',
    style={'description_width': 'initial'},
    layout=widgets.Layout(width='400px')
)

# 处理文档按钮
process_button = widgets.Button(
    description='Process Documents',
    button_style='primary',  # 按钮样式: primary, success, info, warning, danger
    tooltip='Click to process the uploaded PDFs',
    icon='cogs',  # font-awesome图标名称
    layout=widgets.Layout(width='200px')
)

# 用于显示处理状态和文件列表的输出区域
status_output = widgets.Output()
files_output = widgets.Output()

# 处理"Process Documents"按钮点击事件的函数
def process_documents_callback(button):
    global conversation, chat_history, processed_files_info

    with status_output:
        clear_output(wait=True)  # 清除之前的状态输出
        print("Starting processing...")

        uploaded_data = upload_widget.value
        if not uploaded_data:
            print("❌ Error: Please upload at least one PDF document!")
            return

        # 提取文件名和内容（字节）
        processed_files_info = []
        # upload_widget.value 返回一个包含字典的列表，每个字典结构为 {'name': ...,
'content': b'...'}
        # 这里转换为 [(文件名, 内容字节)] 的列表
        for file_info in uploaded_data:
            filename = file_info['name']
            content_bytes = file_info['content']
            processed_files_info.append((filename, content_bytes))

        if not processed_files_info:
            print("❌ Error: Failed to read uploaded files.")
            return

        print(f"{len(processed_files_info)} files uploaded. Extracting text...")
        raw_text = get_pdf_text(processed_files_info)
        if not raw_text:
            print("❌ Error: Failed to extract text from PDFs.")
```

```
            return
        print("Text extracted. Splitting into chunks...")

        # 获取文本切片
        current_chunk_size = chunk_size_slider.value
        current_chunk_overlap = chunk_overlap_slider.value
        text_chunks = get_text_chunks(raw_text, chunk_size=current_chunk_size,
chunk_overlap=current_chunk_overlap)
        if not text_chunks:
            print("❌ Error: Failed to split text into chunks.")
            return
        print(f"{len(text_chunks)} chunks created. Creating vector store...")

        # 创建向量存储
        vectorstore = get_vector_store(text_chunks)
        if vectorstore is None:
            print("❌ Error: Failed to create vector store.")
            return
        print("Vector store created. Creating conversation chain...")

        # 创建对话链
        selected_model = model_dropdown.value
        conversation = get_conversation_chain(vectorstore, selected_model)
        if conversation is None:
            print("❌ Error: Failed to create conversation chain.")
            return

        # 处理新文档时重置聊天历史
        chat_history = []
        print(f"✅ Processing complete! {len(processed_files_
info)} documents processed.")
        print("You can now ask questions in the chat section below.")

        # 更新文件列表显示
        with files_output:
            clear_output(wait=True)
            display(HTML("<h4>Processed Documents:</h4>"))
            for i, (filename, _) in enumerate(processed_files_info):
                display(HTML(f"<p style='margin-left: 10px;'>{i+1}. {filename}
</p>"))

# 绑定按钮点击事件
process_button.on_click(process_documents_callback)

# 显示上传和处理相关控件
display(HTML(f"<h2>{APP_ICON} {APP_TITLE}</h2>"))
display(HTML("<hr>"))
display(HTML("<h3>1. Upload and Settings</h3>"))
display(widgets.VBox([
    upload_widget,
    chunk_size_slider,
    chunk_overlap_slider,
    model_dropdown,
    process_button
]))
display(status_output)  # 显示处理状态信息
display(files_output)   # 显示已处理文件列表
display(HTML("<hr>"))
```

执行后会显示一个用户上传界面，效果如图 9-1 所示。

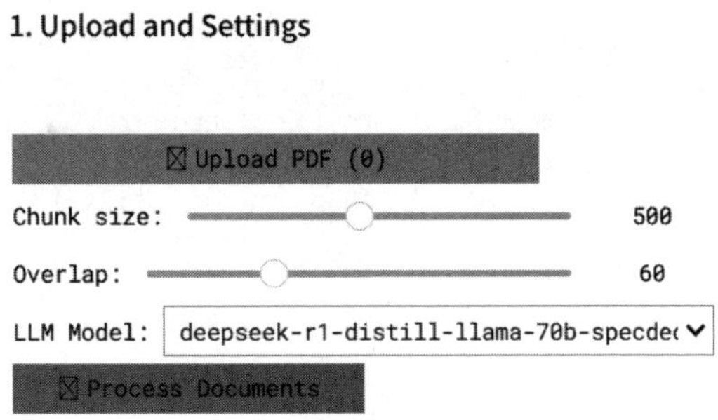

图 9-1　PDF 文件上传界面

9.4.2　聊天问答界面

下面的代码实现了一个基于已处理文档的聊天问答界面，用户可以输入问题并发送，系统调用后台对话模型进行回答。

```
chat_output = widgets.Output(layout={'border': '1px solid black', 'height':
'400px', 'overflow_y': 'auto'})
question_input = widgets.Text(
    placeholder='Ask a question about your documents here...',
    description='',
    layout=widgets.Layout(width='80%'),
    continuous_update=False
)
send_button = widgets.Button(
    description='Send',
    button_style='success',
    tooltip='Send a question',
    icon='paper-plane',
    layout=widgets.Layout(width='19%')
)

def send_question_callback(button):
    global chat_history

    user_question = question_input.value
    if not user_question.strip():
        return

    question_input.value = ''

    with chat_output:
        display_chat_message("human", user_question)
        thinking_message = display(HTML("<i>Bot is thinking...</i>"), display_
id=True)

        if 'conversation' not in globals() or conversation is None:
            thinking_message.update(HTML(""))
            display_chat_message("ai", "Please upload and process your documents
in Section 1 first.")
            return

        try:
            answer, updated_history = handle_user_input(user_question, conversation,
chat_history)
            chat_history = updated_history
        except Exception as e:
            error_message = f"An error occurred while retrieving the answer:
{str(e)}"
```

```
            print(error_message)
            thinking_message.update(HTML(""))
            display_chat_message("ai", f"Sorry, an error occurred: {str(e)}")
            chat_history.append(("human", user_question))
            chat_history.append(("ai", f"Error: {str(e)}"))
            return

        thinking_message.update(HTML(""))
        display_chat_message("ai", answer)

send_button.on_click(send_question_callback)

def handle_text_submission(change):
    send_question_callback(None)

question_input.observe(handle_text_submission, names='value')

display(HTML("<h3>2. Chat with Documents</h3>"))
display(chat_output)
display(widgets.HBox([question_input, send_button]))
display(HTML("<hr>"))

if 'ABOUT_TEXT' in globals():
    processed_about_text = ABOUT_TEXT.replace('\n', '<br>')
    display(HTML(f"<h4>About the App</h4><p>{processed_about_text}</p>"))
else:
    display(HTML("<h4>About the App</h4><p>App information not found.</p>"))
    print("Warning: Variable ABOUT_TEXT is not defined.")
```

执行后显示一个聊天界面，如图 9-2 所示。在这个界面中会实时显示聊天内容，并处理未初始化对话模型和异常情况提示。

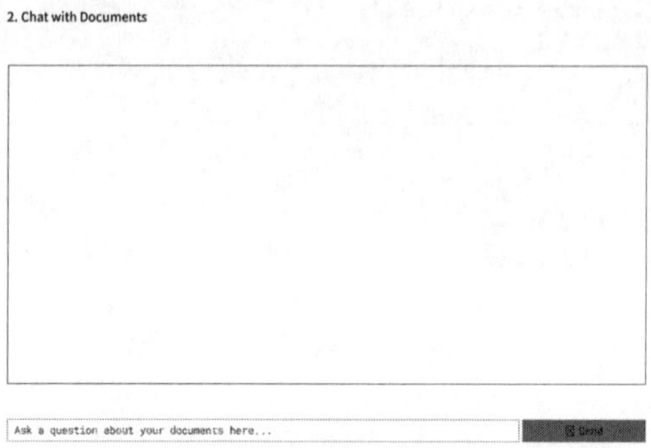

图 9-2 聊天界面

9.5 基于 Streamlit 构建 Web 程序

在本项目中，Streamlit 负责快速搭建用户交互界面，实现文件上传、参数设置和聊天问答功能。Streamlit 简化了前端开发，使用户能方便地上传 PDF 文档并实时与模型对话。通过使用 Streamlit，整个处理流程更加直观、易用。

9.5.1 创建 Streamlit 应用程序

① 运行下面的代码，将后续代码写入一个名为 app.py 的文件，通常用来创建或覆盖一个 Python 脚本文件，以方便在命令行或环境中运行该应用。

```
%%writefile app.py
# file for our streamlit app
```

执行后创建文件 app.py。

② 定义一个完整的 Streamlit 应用，主要功能是允许用户上传多个 PDF 文档，自动提取文本并分块处理，利用 HuggingFace 嵌入模型和 FAISS 向量数据库构建检索系统，通过 Groq 提供的语言模型实现基于上下文的问答对话。应用还支持多模型选择、自定义文本块大小和重叠度，并在界面中显示上传文档、聊天记录及样例问题，整体实现了一个多文档智能问答助手。

下面代码的功能是导入了多个 Python 库和模块，构建了一个基于 Streamlit 的应用框架，用于从 PDF 文档中提取文本，利用 LangChain 和 Groq 的语言模型结合 HuggingFace 的嵌入技术与 FAISS 向量数据库，实现文档的智能检索与多轮问答交互，同时支持从 Kaggle Secrets 管理 API 密钥，以方便安全地调用外部服务。

```
import streamlit as st
from dotenv import load_dotenv
from pypdf import PdfReader
from langchain_text_splitters import RecursiveCharacterTextSplitter
from langchain_huggingface.embeddings import HuggingFaceEmbeddings
from langchain_huggingface.llms import HuggingFaceEndpoint
from langchain_community.vectorstores import FAISS
from langchain.chains import create_history_aware_retriever, create_retrieval_chain
from langchain.chains.combine_documents import create_stuff_documents_chain
from langchain_core.prompts import ChatPromptTemplate, MessagesPlaceholder
from langchain_groq import ChatGroq
import os
import getpass
# 如果使用hub中的检索问答聊天提示，取消下面的注释
# from langchain import hub

from kaggle_secrets import UserSecretsClient
```

下面代码的功能是配置一个基于 Streamlit 的多 PDF 聊天助手应用的核心参数和界面样式，包括 API 密钥管理、应用标题图标、PDF 文本切分参数、多种语言模型选择、嵌入模型、向量检索设置、聊天界面滚动阈值和样式定义，同时提供了一些示例问题和关于应用的介绍文本，用于实现 PDF 文档的智能问答功能。

```
GROQ_API_KEY = UserSecretsClient().get_secret("GROQ_API_KEY")
os.environ["GROQ_API_KEY"] = GROQ_API_KEY

# GOOGLE_API_KEY = UserSecretsClient().get_secret("GOOGLE_API_KEY")
# os.environ["GOOGLE_API_KEY"] = GOOGLE_API_KEY

# 应用设置
APP_TITLE = "MultiPDF Chat Assistant"
APP_ICON = "📚"
APP_LOGO = "https://avatars.githubusercontent.com/u/115102523?v=4"
LOGO_WIDTH = 70

# PDF处理设置
DEFAULT_CHUNK_SIZE = 512
MIN_CHUNK_SIZE = 100
MAX_CHUNK_SIZE = 1000
CHUNK_SIZE_STEP = 50

DEFAULT_CHUNK_OVERLAP = 64
MIN_CHUNK_OVERLAP = 0
```

```
MAX_CHUNK_OVERLAP = 200
CHUNK_OVERLAP_STEP = 10

# 语言模型设置
DEFAULT_MODEL = "llama-3.3-70b-versatile"
ALTERNATIVE_MODELS = [
    "llama-3.1-8b-instant",
    "mixtral-8x7b-32768",
    "gemma2-9b-it",
    "deepseek-r1-distill-llama-70b-specdec"
]
DEFAULT_TEMPERATURE = 0.4
DEFAULT_MAX_TOKENS = 1024

# 嵌入模型设置
EMBEDDING_MODEL = "sentence-transformers/all-MiniLM-L6-v2"

# 向量数据库检索设置
RETRIEVER_SEARCH_TYPE = "similarity"
RETRIEVER_K = 3

# Streamlit界面设置
CHAT_HEIGHT_THRESHOLD = 4  # 启用滚动前的消息数阈值
CHAT_HEIGHT_PX = 500  # 启用滚动时的高度（像素）

# 示例问题
SAMPLE_QUESTIONS = [
    "What are the main topics covered in these documents?",
    "Can you summarize the key points from all documents?",
    "What are the relationships between concepts in these documents?"
]

# 关于文本
ABOUT_TEXT = """
This app allows you to chat with multiple PDF documents using LangChain and Groq
LLM.

Built with Streamlit, LangChain, Groq, and FAISS vector database.
"""
css = """
<style>
.chat-message {
    padding: 1.5rem; border-radius: 0.5rem; margin-bottom: 1rem; display: flex
}
.chat-message.user {
    background-color: #2b313e
}
.chat-message.bot {
    background-color: #475063
}
.chat-message .avatar {
  width: 20%;
}
.chat-message .avatar img {
  max-width: 78px;
  max-height: 78px;
  border-radius: 50%;
  object-fit: cover;
}
.chat-message .message {
  width: 80%;
  padding: 0 1.5rem;
  color: #fff;
```

```
}
"""

bot_template = """
<div class="chat-message bot">
    <div class="avatar">
        <img src="https://cdn-icons-png.flaticon.com/512/3662/3662817.png">
    </div>
    <div class="message">{{MSG}}</div>
</div>
"""

user_template = """
<div class="chat-message user">
    <div class="avatar">
        <img src="https://avatars.githubusercontent.com/u/115102523?s=400&u=
47060cf6fe3c7a3d16803ac959f1d5333eb79243&v=4">
    </div>
    <div class="message">{{MSG}}</div>
</div>
"""
```

下面代码的功能是定义函数 get_pdf_text，用于从多个 PDF 文档中提取文本内容。它遍历每个 PDF 文档的每一页，将每页的文本提取出来并附加上文档名称和页码标识，最后将所有文本合并成一个字符串返回。如果遇到错误，会在 Streamlit 界面显示对应的错误信息。

```
def get_pdf_text(pdf_docs):
    """从多个PDF文档中提取文本内容。"""
    text = ""
    for pdf in pdf_docs:
        try:
            pdf_reader = PdfReader(pdf)
            for page_num, page in enumerate(pdf_reader.pages):
                page_text = page.extract_text()
                if page_text:
                    text += f"\n\n--- 文档: {pdf.name}, 第 {page_num+1} 页 ---\n"
                    text += page_text
        except Exception as e:
            st.error(f"处理文件 {pdf.name} 时出错: {str(e)}")
    return text
```

下面代码的功能是定义函数 get_text_chunks，用于从传入的多个 PDF 文档中逐页提取文本内容，并将所有文本合并为一个字符串返回。它还会在提取时添加文档名称和页码作为分隔；在处理过程中如果遇到错误，会显示相应的错误信息。

```
def get_text_chunks(text, chunk_size, chunk_overlap):

    if not text:
        return []

    text_splitter = RecursiveCharacterTextSplitter(
        separators=["\n\n", "\n", ". ", " ", ""],
        chunk_size=chunk_size,
        chunk_overlap=chunk_overlap,
        length_function=len
        )
    chunks = text_splitter.split_text(text)
    return chunks
```

下面代码的功能是定义一个使用 Streamlit 缓存机制的函数 download_embeddings，用于从 HuggingFace 下载并缓存词嵌入模型，避免重复加载以提升性能。如果下载过程中出现错误，会通过 Streamlit 显示错误信息并返回 None。

```
@st.cache_resource
def download_embeddings():
    """从 HuggingFace 下载并缓存词嵌入模型。"""
    try:
        print(f"加载嵌入模型：{EMBEDDING_MODEL}...")
        embeddings = HuggingFaceEmbeddings(model_name=EMBEDDING_MODEL)
        return embeddings
    except Exception as e:
        st.error(f"下载嵌入模型时出错：{str(e)}")
        return None
```

下面代码的功能是定义函数 get_vector_store，用于根据文本片段创建一个 FAISS 向量数据库。函数先检查是否有文本输入，再调用嵌入模型加载函数，最后用这些嵌入构建向量存储。如果过程出错，会通过 Streamlit 显示错误信息并返回 None。

```
def get_vector_store(text_chunks):
    """根据文本片段创建向量存储。"""
    if not text_chunks:
        st.error("未提供用于创建向量存储的文本片段！")
        return None

    embeddings = download_embeddings()
    if embeddings is None:
        st.error("加载嵌入模型失败！向量存储无法创建。")
        return None

    try:
        print("正在创建 FAISS 向量存储...")
        vector_store = FAISS.from_texts(
            texts=text_chunks,
            embedding=embeddings,
        )
        print("向量存储创建成功。")
        return vector_store
    except Exception as e:
        st.error(f"创建向量存储时出错：{str(e)}")
        return None
```

下面代码的功能是定义函数 get_conversation_chain，用于根据给定的向量存储创建一个对话链。该对话链集成了 Groq 的大语言模型，实现了上下文感知的检索功能，并结合了基于检索（RAG）的问答机制。代码还包括了提示模板的构建和历史上下文管理，确保用户的问题能够被适当重述并结合检索内容给出简洁回答。当出现异常时，会通过 Streamlit 显示错误信息。

```
def get_conversation_chain(vectorstore):
    """创建一个对话链。"""
    if not vectorstore:
        st.error("未提供向量存储！")
        return None

    try:
        # 初始化语言模型（LLM）
        llm = ChatGroq(
            temperature=DEFAULT_TEMPERATURE,
            model_name=DEFAULT_MODEL,
            max_tokens=DEFAULT_MAX_TOKENS,
            api_key=GROQ_API_KEY
```

```
    )

    # 通过HuggingFace Hub使用语言模型的另一种方式
    # llm = HuggingFaceEndpoint(
    #     repo_id="meta-llama/Meta-Llama-3-8B-Instruct",
    #     task="text-generation",
    #     max_new_tokens=100,
    #     do_sample=False,
    # )


    # 创建检索器
    retriever = vectorstore.as_retriever(
        search_type=RETRIEVER_SEARCH_TYPE,
        search_kwargs={"k": RETRIEVER_K},
    )


    # 上下文化问题提示模板
    contextualize_q_system_prompt = (
        "给定聊天历史和最新用户问题，"
        "该问题可能引用聊天历史中的上下文，"
        "将其重新构造成一个独立的问题，"
        "无需聊天历史也能理解。"
        "不要回答问题，只需在必要时重新表述，"
        "否则原样返回。"
    )
    contextualize_q_prompt = ChatPromptTemplate.from_messages(
        [
            ("system", contextualize_q_system_prompt),
            MessagesPlaceholder(variable_name="chat_history"),
            ("human", "{input}"),
        ]
    )

    # 创建带有历史感知的检索器
    history_aware_retriever = create_history_aware_retriever(
        llm,
        retriever,
        contextualize_q_prompt,
    )

    # 回答问题的提示模板
    qa_system_prompt = (
        "你是一个问答助手。"
        "使用以下检索到的上下文内容回答问题。"
        "如果不知道答案，请直接说不知道。"
        "回答最多使用三句话，保持简洁。"  # 使用Hub中的标准提示
        "\n\n"
        "{context}"
    )
    qa_prompt = ChatPromptTemplate.from_messages(
        [
            ("system", qa_system_prompt),
            MessagesPlaceholder(variable_name="chat_history"),
            ("human", "{input}"),
        ]
    )

    # 从Hub获取检索问答聊天提示
    # retrieval_qa_chat_prompt = hub.pull("langchain-ai/retrieval-qa-chat")
```

```
        # 创建合并文档链
        combine_docs_chain = create_stuff_documents_chain(
            llm,
            qa_prompt, # 使用自定义的qa_prompt替代hub.pull
        )

        # 创建检索问答主链（RAG链）
        rag_chain = create_retrieval_chain(
            retriever=history_aware_retriever,
            combine_docs_chain=combine_docs_chain,
        )

        return rag_chain

    except Exception as e:
        st.error(f"创建对话链时出错：{str(e)}")
        return None
```

下面代码的功能是定义函数 handle_user_input，用于处理用户输入的问题并生成 AI 的回答。函数首先检查对话链是否存在（即用户是否已经上传了文档），然后调用对话链进行问答，最后将用户问题和 AI 回答追加到聊天历史中。如果出现异常，会显示错误信息并将错误内容加入聊天历史。

```
def handle_user_input(user_question):
    """处理用户输入并生成AI响应。"""
    if st.session_state.conversation is None:
        st.error("请先上传文档！")
        return

    try:
        # 格式化聊天历史供链调用使用
        formatted_chat_history = st.session_state.chat_history

        # 调用对话链
        with st.spinner(""):
            response = st.session_state.conversation.invoke(
                {
                    "input": user_question,
                    "chat_history": formatted_chat_history
                }
            )

        # 将用户问题和AI回答添加到聊天历史
        st.session_state.chat_history.append(("human", user_question))
        st.session_state.chat_history.append(("ai", response["answer"]))

    except Exception as e:
        st.error(f"发生错误：{str(e)}")
        # 将错误信息添加到聊天历史
        st.session_state.chat_history.append(("human", user_question))
        st.session_state.chat_history.append(("ai", f"错误：{str(e)}"))
```

下面代码的功能是定义本项目 Streamlit 应用的主函数 main，用于初始化环境变量和页面设置，管理用户上传的 PDF 文档，处理文本分块和向量存储，构建对话链，并提供基于上传文档的交互式聊天界面。在函数 main 中包含了多个功能，例如侧边栏文件上传与参数设置，主界面展示聊天历史及用户提问，支持动态聊天显示和问答交互等功能。

```
def main():
    # 初始化环境变量
```

```
# from google.colab import userdata

# GROQ_API_KEY = userdata.get('GROQ_API_KEY')
# os.environ["GROQ_API_KEY"] = GROQ_API_KEY
from kaggle_secrets import UserSecretsClient

GROQ_API_KEY = UserSecretsClient().get_secret("GROQ_API_KEY")
os.environ["GROQ_API_KEY"] = GROQ_API_KEY

st.set_page_config(
    page_title=APP_TITLE,
    page_icon=APP_ICON,
    layout="centered",
    initial_sidebar_state="expanded"
)

st.write(css, unsafe_allow_html=True)

# 初始化会话状态
if "conversation" not in st.session_state:
    st.session_state.conversation = None
if "chat_history" not in st.session_state:
    st.session_state.chat_history = []
if "processing_status" not in st.session_state:
    st.session_state.processing_status = None
if "user_question" not in st.session_state:
    st.session_state.user_question = ""

# 页面头部，包含logo和标题
col1, col2 = st.columns([1, 5])
with col1:
    st.image(APP_LOGO, width=LOGO_WIDTH)
with col2:
    st.title(APP_TITLE)

st.markdown("---")

# 检查是否有待处理的问题
if st.session_state.user_question:
    question = st.session_state.user_question
    st.session_state.user_question = ""  # 清空问题
    handle_user_input(question)

# 侧边栏：文档上传及处理设置
with st.sidebar:
    st.header("文档设置")

    # 文件上传器
    pdf_docs = st.file_uploader(
        "上传你的PDF文件",
        type=["pdf"],
        accept_multiple_files=True,
        help="选择一个或多个PDF文件进行分析"
    )

    # 处理选项
    st.subheader("处理选项")
    chunk_size = st.slider("分块大小",
                          min_value=MIN_CHUNK_SIZE,
                          max_value=MAX_CHUNK_SIZE,
                          value=DEFAULT_CHUNK_SIZE,
                          step=CHUNK_SIZE_STEP,
                          help="处理文本时的分块大小")
```

```
        chunk_overlap = st.slider("分块重叠",
                                  min_value=MIN_CHUNK_OVERLAP,
                                  max_value=MAX_CHUNK_OVERLAP,
                                  value=DEFAULT_CHUNK_OVERLAP,
                                  step=CHUNK_OVERLAP_STEP,
                                  help="相邻分块之间的重叠部分大小")

        # 模型选择
        model_name = st.selectbox(
            "选择语言模型",
            [DEFAULT_MODEL] + ALTERNATIVE_MODELS,
            index=0,
            help="选择用于问答的语言模型"
        )

        # 处理按钮
        if st.button("处理文档"):
            if not pdf_docs:
                st.error("请至少上传一个PDF文档！")
            else:
                with st.spinner("正在处理文档..."):
                    # 提取文本
                    raw_text = get_pdf_text(pdf_docs)

                    # 获取文本分块
                    text_chunks = get_text_chunks(raw_text, chunk_size=chunk_
size, chunk_overlap=chunk_overlap)

                    # 创建向量存储
                    vectorstore = get_vector_store(text_chunks)

                    # 创建对话链
                    st.session_state.conversation = get_conversation_
chain(vectorstore)

                    # 新文档处理时重置聊天历史
                    st.session_state.chat_history = []

                    st.session_state.processing_status = f"✅ 已处理 {len(pdf_
docs)} 份文档，生成 {len(text_chunks)} 个文本分块"
                    st.success("文档处理成功！现在可以提问了。")

        if st.session_state.processing_status:
            st.info(st.session_state.processing_status)

        # 显示上传的文档列表
        if pdf_docs:
            st.subheader("已上传文档")
            for i, doc in enumerate(pdf_docs):
                st.text(f"{i+1}. {doc.name}")

        st.markdown("---")
        st.markdown("### 关于")
        st.markdown(ABOUT_TEXT)

    # 主聊天界面
    if st.session_state.conversation is None:
        st.info("👈 请先在侧边栏上传并处理文档，然后开始聊天！")

        # 示例问题占位符
        st.markdown("### 你可以尝试提问：")
        for q in SAMPLE_QUESTIONS:
```

```
                st.markdown(f"- *{q}*")
        else:
            # 聊天历史容器，动态高度
            chat_history_length = len(st.session_state.chat_history)

            # 如果消息足够多则固定高度，否则自适应
            if chat_history_length >= CHAT_HEIGHT_THRESHOLD:
                chat_container = st.container(height=CHAT_HEIGHT_PX)
            else:
                chat_container = st.container()

            with chat_container:
                if chat_history_length == 0:
                    st.info("请提问以开始对话！")
                else:
                    # 展示聊天历史
                    for message in st.session_state.chat_history:
                        role, content = message
                        if role == "human":
                            st.write(user_template.replace("{{MSG}}", content), unsafe_
    allow_html=True)
                        else:
                            st.write(bot_template.replace("{{MSG}}", content), unsafe_
    allow_html=True)

            # 用户输入区
            st.markdown("---")

            # 发送按钮的回调函数
            def send_message():
                if st.session_state.user_input:
                    user_question = st.session_state.user_input
                    # 处理前清空输入框以避免错误
                    st.session_state.user_input = ""
                    handle_user_input(user_question)

            # 文本输入框和发送按钮
            st.text_input("向你的文档提问：", key="user_input", on_change=send_message)

            if st.button("发送", on_click=send_message):
                pass   # 实际处理在回调函数中
```

下面这段代码片段是本项目 Streamlit 应用程序的入口，用于检查当前模块是否为主程序，如果是则调用 main 函数启动 Streamlit 应用。此外，它将整个应用代码写入名为 app.py 的文件，并提示用户运行该 Streamlit 应用的逻辑（这里写文件和打印提示的代码放在了注释块内，需要调整）。

```
if __name__ == "__main__":
    main()
'''

    with open('app.py', 'w') as f:
        f.write(app_code)

    print("Streamlit 应用已保存到 'app.py'")
    print("运行应用请使用: streamlit run app.py")

create_streamlit_app()
```

执行后输出下面的信息，表示已经将 Streamlit 应用保存为文件 app.py，这样就可以通过命令“streamlit run app.py”来启动应用。

```
Streamlit app saved to 'app.py'
Run the app with: streamlit run app.py
```

③ 下面代码的功能是在程序运行环境中设置环境变量 TOKENIZERS_PARALLELISM 为“false”，以避免 HuggingFace 中因多线程并行处理而产生的警告信息。

```
# 为避免 HuggingFace 库的警告
os.environ["TOKENIZERS_PARALLELISM"] = "false"
```

9.5.2 安装 Localtunnel

Localtunnel 是一款开源工具，可以快速将本地运行的服务器映射到公网地址，从而让外部用户无需部署即可访问本地开发环境。它常用于演示、测试或者远程调试，操作简单，无需复杂配置，特别适合开发者临时分享本地服务。

① 运行下面的命令，功能是通过 npm（Node.js 的包管理工具）安装 Localtunnel。

```
!npm install localtunnel
```

执行后显示安装信息：

```
⠙⠹⠸⠼⠴⠦⠧⠇⠏⠋⠙⠹⠸⠼⠴
added 22 packages in 3s
⠴
⠴3 packages are looking for funding
⠴  run 'npm fund' for details
⠴npm notice
npm notice New major version of npm available! 10.8.2 -> 11.3.0
npm notice Changelog: https://github.com/npm/cli/releases/tag/v11.3.0
npm notice To update run: npm install -g npm@11.3.0
npm notice
⠴
```

② 使用 wget 命令静默下载（不显示过程）。从网站 ipv4.icanhazip.com 获取当前设备的公网 IPv4 地址，并将结果直接输出为标准输出。简单来说，就是快速获取并显示本机的公网 IPv4 地址。

```
!wget -q -O - ipv4.icanhazip.com
```

执行后输出：

```
34.138.171.102
```

9.5.3 启动 Streamlit 应用程序

使用下面的命令启动 Streamlit 应用程序，并通过 Localtunnel 将本地的 8501 端口映射到一个公共 URL，从而使应用可以被外网访问。下面代码被注释掉是因为在 Kaggle 环境中该命令会自动执行。启动应用后需要等待几分钟。

```
# 运行以下命令以启动应用程序。
# 该命令被注释掉是因为在 Kaggle 环境中会自动执行。
# 启动 app.py 可能需要等待几分钟。

# !streamlit run app.py &>/logs.txt & npx localtunnel --port 8501
```

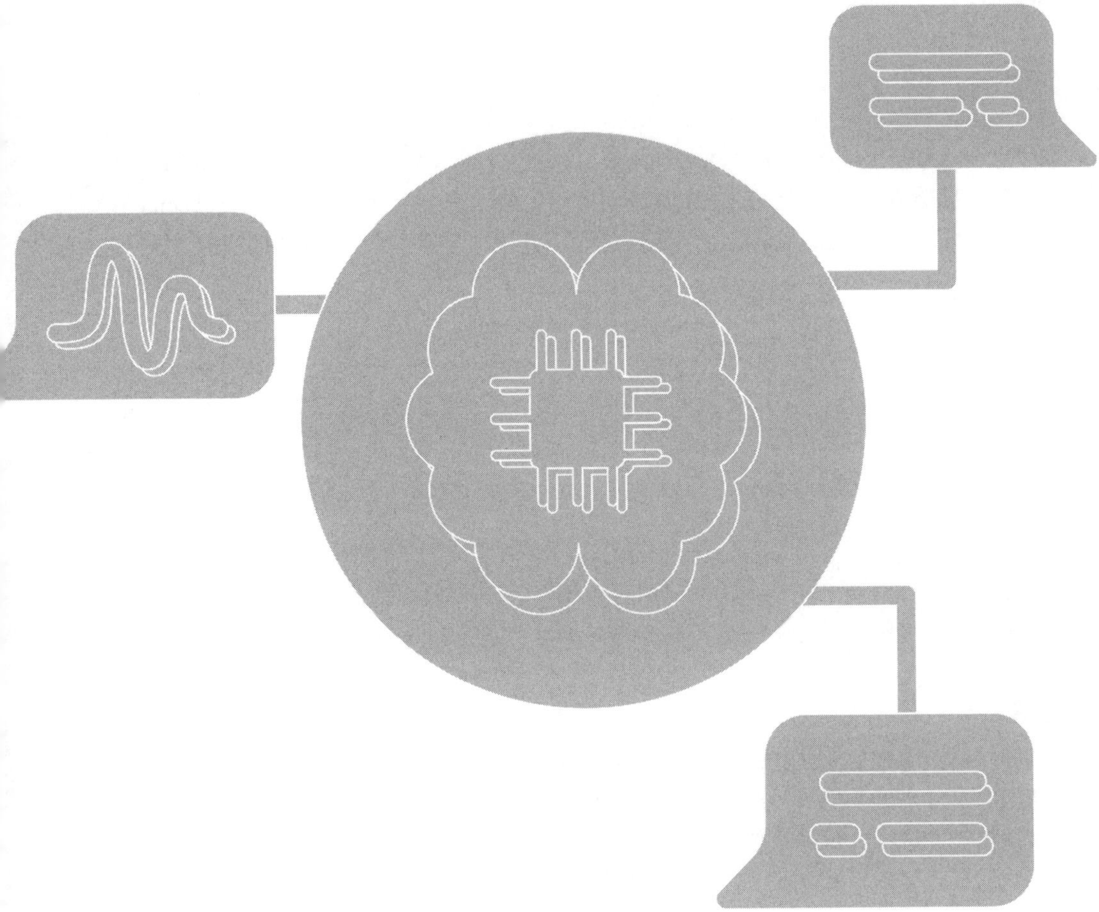

第 10 章

基于 DeepSeek 的本地自适应 RAG 助手（LangGraph+DeepSeek R1+LangChain+Streamlit+Ollama）

10.1 项目介绍

本项目是一款基于 LangGraph 和 DeepSeek R1 构建的本地 RAG 研究系统，通过本地文档检索和可选的网络搜索，实现高效的信息收集与报告生成。它结合状态图设计和 Streamlit 界面，提供灵活的研究流程和结构化输出。该系统适用于高效、可控的本地研究和报告生成任务。

10.1.1 需求分析

（1）需求目标

本项目的目标是构建一个本地智能研究助手，能够在用户指定的主题下，自动执行以下任务。

- 生成研究问题并确定研究方向。
- 检索本地文档并智能筛选相关信息。
- 在本地文档不足时，通过 Web 搜索补充资料（可选）。
- 自动分析和总结信息，生成结构化的研究报告。
- 提供用户友好的交互界面，支持配置查询选项、上传文档及查看报告。

（2）功能性需求

① 用户交互。

- 提供用户输入界面，允许用户输入研究主题或问题。
- 支持用户上传本地文档（PDF、TXT、CSV、Markdown）。
- 提供报告结构选择（标准报告、自定义报告）。
- 支持配置最大搜索查询数和 Web 搜索启用 / 禁用选项。

② 研究流程自动化。

- 自动生成与用户主题相关的研究问题。
- 从本地文档（ChromaDB）中检索相关内容，并评估其相关性。
- 当本地文档不足时，通过 Tavily API 进行 Web 搜索（可选）。
- 自动提取关键信息并总结为研究报告。

③ 状态跟踪与显示。

- 实时展示研究流程的执行状态（如生成查询、检索文档、生成报告）。
- 动态显示研究中每一步的输出，用户可实时查看。

（3）非功能性需求

- 高效性：系统能够在数秒内完成研究问题生成和本地文档检索。对于大规模本地文档和 Web 搜索结果，具备快速筛选和总结能力。
- 可靠性：系统在无网络连接情况下仍可正常工作，利用本地文档进行研究。Web 搜索为可选，避免因网络波动影响研究进程。
- 可扩展性：支持接入其他语言模型（如 GPT-4o）替代本地 DeepSeek R1 模型，支持自定义报告结构和以多种文档格式上传。
- 安全性：所有本地文档存储于用户本地，确保数据隐私。仅在用户选择启用 Web 搜索时连接互联网。
- 可维护性：项目采用模块化设计，核心组件（如研究流程、报告生成、Web 搜索）独立可替换。代码结构清晰，易于调试和扩展。

（4）用户群体

- 研究人员：快速收集和分析文献数据，并生成报告。

- 学生：学术研究和论文写作的辅助工具。
- 企业员工：快速获取特定领域的最新信息和报告。
- 内容创作者：快速获取相关素材并组织成文。

10.1.2　核心技术

（1）LangGraph

- 用于构建和管理复杂的多步骤研究流程，基于状态图（StateGraph）构建，支持灵活的节点定义和状态转移。
- 支持条件转移（conditional edges），确保研究流程在不同情境中自适应调整。
- 可通过编译后的状态图进行高效的状态驱动执行。

（2）DeepSeek R1（本地模型）

- 由 Ollama 提供的本地语言模型，支持在本地环境中高效执行自然语言理解和生成任务。
- 通过强大的推理和总结能力，处理复杂的文本分析和报告生成任务。
- 可扩展至其他云端 LLM（如 OpenAI GPT-4o），实现更高性能。

（3）ChromaDB（本地向量数据库）

- 用于存储和检索本地上传文档的嵌入向量，实现高效的向量搜索（RAG）。
- 通过向量化技术快速筛选最相关的文档，提高文档检索效率。

（4）Streamlit（前端界面）

- 提供用户友好的交互界面，允许用户输入研究主题、配置查询参数并上传本地文档。
- 动态展示研究过程，实时显示每个研究步骤的执行和结果。
- 支持报告自动生成和结构化展示，提升用户体验。

（5）Tavily API（可选的 Web 搜索）

- 在本地文档信息不足时，自动触发 Web 搜索，补充最新的在线信息。
- 确保用户能够获得全面、实时的研究结果。

（6）Python 3.9+

- 项目采用 Python 作为主要编程语言，结合多种高效的库（如 dotenv、pyperclip、streamlit_nested_layout），实现流畅的系统运行。
- 代码结构清晰，模块化设计，易于扩展和维护。

上述核心技术的紧密结合，使本项目能够在本地高效完成复杂的研究任务，兼具自动化和灵活性。

10.2　核心逻辑与状态管理

本项目的“/src/assistant”目录实现了本项目的核心逻辑与状态管理功能，涵盖查询生成、文档检索、相关性评估及结果总结等功能，支持多模型调用与本地或云端搜索集成。配置管理和数据结构定义确保系统灵活可扩展，同时，辅助工具模块简化了文档格式化和接口调用。

10.2.1　基本配置

文件 configuration.py 定义了一个数据类 Configuration，用于配置和管理本项目的基本配置信息，包括报告的默认结构（DEFAULT_REPORT_STRUCTURE）、最大搜索查询数（max_search_queries）以及是否启用 Web 搜索（enable_web_search）。此外，还提供了一个从 RunnableConfig 对象创建 Configuration 实例的方法，使得配置可以动态加载，支持从环境变量或传入配置中获取配置参数。

```
import os
from dataclasses import dataclass, fields
from typing import Any, Optional
from langchain_core.runnables import RunnableConfig

# 默认报告结构
DEFAULT_REPORT_STRUCTURE = """
# 介绍
- 对研究主题或问题的简要概述。
- 报告的目的和范围。

# 主体部分
- 每个部分（1-4 个部分）：
  - 副标题：为部分的关键方面提供一个相关副标题。
  - 解释：详细解释该部分中讨论的概念或主题。
  - 发现/细节：通过研究结果、统计数据、示例或案例研究来支持解释。

# 关键要点
- 总结最重要的见解或发现的要点。

# 结论
- 研究的最终总结。
- 发现的影响或相关性。
"""

@dataclass(kw_only=True)
class Configuration:
    """聊天机器人的可配置字段。"""
    report_structure: str = DEFAULT_REPORT_STRUCTURE  # 报告结构模板，默认使用预定义结构
    max_search_queries: int = 5  # 最大搜索查询次数
    enable_web_search: bool = False  # 是否启用 Web 搜索

    @classmethod
    def from_runnable_config(
        cls, config: Optional[RunnableConfig] = None
    ) -> "Configuration":
        """从 RunnableConfig 创建 Configuration 实例。

        Args:
            config (Optional[RunnableConfig]): 可选的 RunnableConfig 对象。

        Returns:
            Configuration: 配置实例。
        """
        configurable = (
            config["configurable"] if config and "configurable" in config else {}
        )
        values: dict[str, Any] = {
            f.name: os.environ.get(f.name.upper(), configurable.get(f.name))
            for f in fields(cls)
            if f.init
        }
        # 仅保留具有有效值的字段
        return cls(**{k: v for k, v in values.items() if v})
```

10.2.2 工具模块

文件 utils.py 是本项目的工具模块，提供了模型调用（本地 DeepSeek R1 和云端 OpenAI

LLM）、Web 搜索（Tavily API）、文档处理和报告结构加载等核心功能。支持通过 CSV、文本和 PDF 加载文档到本地向量数据库，并灵活地从本地和网络中获取信息，同时格式化结果，用于生成报告。文件 utils.py 的具体实现流程如下。

① 导入多个库和模块，并定义了两个 Pydantic 数据模型（Evaluation 和 Queries）。为项目提供了基础数据结构和文档加载器，支持 CSV、文本和 PDF 文档的读取和处理，并通过 add_documents 将文档添加到本地向量数据库，为后续的信息检索和处理奠定了基础。

```
import os
import re
import shutil
from ollama import chat
from tavily import TavilyClient
from pydantic import BaseModel
from langchain_community.document_loaders import CSVLoader, TextLoader,
PDFPlumberLoader
from src.assistant.vector_db import add_documents

class Evaluation(BaseModel):
    is_relevant: bool

class Queries(BaseModel):
    queries: list[str]
```

② 函数 parse_output(text) 的功能是解析模型的输出文本，将文本中的 <think> 标签内容提取为“推理”部分（reasoning），其余内容提取为“回复”部分（response），并以字典形式返回。这种结构化输出便于后续分析和处理模型的推理和回复。

```
def parse_output(text):
    """
    解析模型输出，将<think>和</think>标签之间的内容作为"推理"，其余部分作为"回复"。

    参数:
        text (str): 模型输出文本

    返回:
        dict: 包含"reasoning"（推理）和"response"（回复）的字典
    """
    think = re.search(r'<think>(.*?)</think>', text, re.DOTALL).group(1).strip()
    output = re.search(r'</think>\s*(.*?)$', text, re.DOTALL).group(1).strip()

    return {
        "reasoning": think,
        "response": output
    }
```

③ 函数 format_documents_with_metadata 的功能是将输入的文档列表转换为带有元数据信息的格式化字符串。每个文档包括“来源”和“内容”信息，最终输出一个多文档的格式化字符串，以方便在报告中统一呈现。

```
def format_documents_with_metadata(documents):
    """
    将文档列表转换为包含元数据的格式化字符串。

    参数:
        documents (list): 文档对象列表

    返回:
```

```
        str: 包含文档内容和元数据的字符串
    """
    formatted_docs = []
    for doc in documents:
        source = doc.metadata.get('source', '未知来源')
        formatted_doc = f"来源: {source}\n内容: {doc.page_content}"
        formatted_docs.append(formatted_doc)

    return "\n\n---\n\n".join(formatted_docs)
```

④ 函数 invoke_ollama 的功能是调用本地 DeepSeek R1 模型（Ollama），通过系统提示和用户提示生成响应。可选择输出结构化数据（如 JSON），从而提高响应数据的可操作性。

```
def invoke_ollama(model, system_prompt, user_prompt, output_format=None):
    """
    调用本地 DeepSeek R1 模型（通过 Ollama）。

    参数:
        model (str): 模型名称
        system_prompt (str): 系统提示
        user_prompt (str): 用户提示
        output_format (Optional): 输出格式（结构化）

    返回:
        str 或对象: 模型回复，结构化或非结构化
    """
    messages = [
        {"role": "system", "content": system_prompt},
        {"role": "user", "content": user_prompt}
    ]
    response = chat(
        messages=messages,
        model=model,
        format=output_format.model_json_schema() if output_format else None
    )

    if output_format:
        return output_format.model_validate_json(response.message.content)
    else:
        return response.message.content
```

⑤ 函数 invoke_llm 的功能是调用云端大语言模型（如 OpenAI GPT-4），支持通过 OpenRouter API 调用指定模型。它可以灵活地返回结构化或非结构化的回复，适应不同的应用场景。

```
def invoke_llm(
    model,  # 指定来自 OpenRouter 的模型名称
    system_prompt,
    user_prompt,
    output_format=None,
    temperature=0
):
    """
    调用云端大语言模型（如 OpenAI GPT-4）通过 OpenRouter API。

    参数:
        model (str): 模型名称
        system_prompt (str): 系统提示
        user_prompt (str): 用户提示
        output_format (Optional): 输出格式（结构化）
```

```
        temperature (float): 生成文本的随机性（0表示确定性）

    返回:
        str 或对象: 模型回复，结构化或非结构化
    """
    from langchain_openai import ChatOpenAI
    llm = ChatOpenAI(
        model=model,
        temperature=temperature,
        openai_api_key=os.getenv("OPENROUTER_API_KEY"),
        openai_api_base="https://openrouter.ai/api/v1",
    )

    if output_format:
        llm = llm.with_structured_output(output_format)

    messages = [
        {"role": "system", "content": system_prompt},
        {"role": "user", "content": user_prompt}
    ]
    response = llm.invoke(messages)

    if output_format:
        return response

  return response.content
```

⑥ 函数 tavily_search 的功能是通过 Tavily API 在互联网上进行搜索，返回指定数量的搜索结果（默认 3 条）。可以在结果中选择是否包含原始内容，以便于后续的信息提取和分析。

```
def tavily_search(query, include_raw_content=True, max_results=3):
    """
    使用 Tavily API 进行 Web 搜索。

    参数:
        query (str): 搜索查询
        include_raw_content (bool): 是否包含原始内容
        max_results (int): 返回结果的最大数量

    返回:
        dict: 包含搜索结果的字典
    """
    tavily_client = TavilyClient()
    return tavily_client.search(
        query,
        max_results=max_results,
        include_raw_content=include_raw_content
    )
```

⑦ 函数 get_report_structures 的功能是从指定的文件夹中加载报告结构（.md 或 .txt 文件）。将每个报告模板读取为字符串，并返回一个字典格式的报告结构集合，以方便用户在报告生成中灵活选择不同模板。

```
def get_report_structures(reports_folder="report_structures"):
    """
    从指定文件夹加载报告结构（.md 或 .txt 文件）。

    参数:
        reports_folder (str): 报告文件夹路径
```

```
    返回：
        dict: 报告结构字典，键为报告名称，值为报告内容
    """
    report_structures = {}
    os.makedirs(reports_folder, exist_ok=True)

    try:
        for filename in os.listdir(reports_folder):
            if filename.endswith(('.md', '.txt')):
                report_name = os.path.splitext(filename)[0]
                file_path = os.path.join(reports_folder, filename)

                try:
                    with open(file_path, 'r', encoding='utf-8') as file:
                        content = file.read()
                        report_structures[report_name] = {
                            "content": content
                        }
                except Exception as e:
                    print(f"加载 {filename} 时出错: {str(e)}")

    except Exception as e:
        print(f"访问报告文件夹时出错: {str(e)}")

    return report_structures
```

⑧ 函数 process_uploaded_files 的功能是处理用户上传的文档，将其保存在临时目录中，并根据文档类型（CSV、文本或 PDF）选择相应的加载器。成功加载的文档会被添加到本地向量数据库，为后续的语义检索提供基础。

```
def process_uploaded_files(uploaded_files):
    """
    处理用户上传的文件，加载并保存至本地向量数据库。

    参数:
        uploaded_files (list): 上传文件列表

    返回:
        bool: 表示处理是否成功
    """
    temp_folder = "temp_files"
    os.makedirs(temp_folder, exist_ok=True)

    try:
        for uploaded_file in uploaded_files:
            file_extension = uploaded_file.name.split(".")[-1].lower()
            temp_file_path = os.path.join(temp_folder, uploaded_file.name)

            # 保存文件至临时目录
            with open(temp_file_path, "wb") as f:
                f.write(uploaded_file.getvalue())

            # 根据文件类型选择加载器
            if file_extension == "csv":
                loader = CSVLoader(temp_file_path)
            elif file_extension in ["txt", "md"]:
                loader = TextLoader(temp_file_path)
            elif file_extension == "pdf":
                loader = PDFPlumberLoader(temp_file_path)
            else:
                continue
```

```
            # 加载并添加文档至向量数据库
            docs = loader.load()
            add_documents(docs)

        return True
    finally:
        # 删除临时文件夹及其内容
        shutil.rmtree(temp_folder, ignore_errors=True)
```

10.2.3　基于向量的数据库管理

文件 vector_db.py 提供了一个基于向量的数据库管理功能，利用 HuggingFace 生成文本嵌入，并通过 Chroma 存储这些嵌入。文件包含了如下两个函数。

• 函数 get_or_create_vector_db 会检查本地是否已有向量数据库，如果有，则加载它，否则从指定文件夹加载文档并处理，创建一个新的向量数据库。

• 函数 add_documents 允许动态地向向量数据库中添加新文档，并自动将它们进行文本分割和向量化处理。

```
import os
from langchain_community.document_loaders import DirectoryLoader
from langchain_experimental.text_splitter import SemanticChunker
from langchain_text_splitters import RecursiveCharacterTextSplitter
from langchain_huggingface import HuggingFaceEmbeddings
from langchain_chroma import Chroma

VECTOR_DB_PATH = "database"

def get_or_create_vector_db():
    """获取或创建向量数据库。"""
    embeddings = HuggingFaceEmbeddings()

    if os.path.exists(VECTOR_DB_PATH) and os.listdir(VECTOR_DB_PATH):
        # 使用现有的向量存储
        vectorstore = Chroma(persist_directory=VECTOR_DB_PATH, embedding_
function=embeddings)
    else:
        # 加载文档并创建新的向量存储
        loader = DirectoryLoader("./files")
        docs = loader.load()

        # 处理新文档，进行语义分割
        semantic_text_splitter = SemanticChunker(embeddings)
        documents = semantic_text_splitter.split_documents(docs)

        # 将分割后的文档进一步切分为更小的块
        # 由于 SemanticChunker 没有最大块大小参数，
        # 我们使用 RecursiveCharacterTextSplitter 来避免大块文本
        text_splitter = RecursiveCharacterTextSplitter(chunk_size=2000, chunk_
overlap=400)
        split_documents = text_splitter.split_documents(documents)

        # 创建新的向量存储并保存
        vectorstore = Chroma.from_documents(split_documents, embeddings, persist_
directory=VECTOR_DB_PATH)

    return vectorstore
```

```
def add_documents(documents):
    """
    将新文档添加到现有向量存储中。

    参数:
        documents: 要添加到向量存储的文档列表
    """
    embeddings = HuggingFaceEmbeddings()

    # 处理新文档，进行语义分割
    semantic_text_splitter = SemanticChunker(embeddings)
    documents = semantic_text_splitter.split_documents(documents)

    # 将分割后的文档进一步切分为更小的块
    # 由于 SemanticChunker 没有最大块大小参数，
    # 我们使用 RecursiveCharacterTextSplitter 来避免大块文本
    text_splitter = RecursiveCharacterTextSplitter(chunk_size=2000, chunk_overlap=
400)
    split_documents = text_splitter.split_documents(documents)

    if os.path.exists(VECTOR_DB_PATH) and os.listdir(VECTOR_DB_PATH):
        # 添加到现有的向量存储
        vectorstore = Chroma(persist_directory=VECTOR_DB_PATH, embedding_function=
embeddings)
        vectorstore.add_documents(split_documents)
    else:
        # 如果向量存储不存在，则创建新的向量存储
        vectorstore = Chroma.from_documents(
            split_documents,
            embeddings,
            persist_directory=VECTOR_DB_PATH
        )

    return vectorstore
```

10.2.4 管理跟踪代理状态

TypedDict 是 Python typing 模块中引入的一种类型提示（type hinting）方式，最早在 Python 3.8（通过 typing_extensions）中引入，并在 Python 3.9+ 中成为标准。它允许用户为字典指定键和值的类型，从而构建结构化的、带类型约束的字典。

文件 state.py 定义了一系列 TypedDict 数据结构，这些数据结构用于管理和跟踪研究代理（Researcher）在搜索和信息处理过程中的状态。包括整体状态（ResearcherState）、每次搜索的状态（QuerySearchState），以及它们各自的输入和输出数据格式。这种结构化设计有助于确保数据在整个系统中传递时保持一致和清晰。

```
import operator
from typing import Annotated
from typing_extensions import TypedDict

class ResearcherState(TypedDict):
    """
    研究员状态字典，表示整个研究过程的状态。
    """
    user_instructions: str  # 用户的研究指令
    research_queries: list[str]  # 生成的研究查询列表
    search_summaries: Annotated[list, operator.add]  # 查询结果的总结（带注释）
    current_position: int  # 当前研究进度
    final_answer: str  # 最终的研究结果或答案
```

```
class ResearcherStateInput(TypedDict):
    """
    研究员状态输入，定义用户输入的结构。
    """
    user_instructions: str  # 用户的研究指令

class ResearcherStateOutput(TypedDict):
    """
    研究员状态输出，定义研究完成后的输出格式。
    """
    final_answer: str  # 最终的研究结果或答案

class QuerySearchState(TypedDict):
    """
    查询搜索状态，表示每个查询在搜索过程中的状态。
    """
    query: str  # 当前查询文本
    web_search_results: list  # 网页搜索结果列表
    retrieved_documents: list  # 从本地或远程检索到的文档
    are_documents_relevant: bool  # 检索的文档是否相关
    search_summaries: list[str]  # 检索结果的摘要

class QuerySearchStateInput(TypedDict):
    """
    查询搜索状态输入，定义单次查询的输入格式。
    """
    query: str  # 查询文本

class QuerySearchStateOutput(TypedDict):
    """
    查询搜索状态输出，定义单次查询的输出格式。
    """
    query: str  # 查询文本
    search_summaries: list[str]  # 查询的摘要或总结
```

10.2.5 研究助手系统流程

文件 graph.py 定义了一个基于状态图（StateGraph）的研究助手系统流程，包含生成研究查询、并行查询搜索、检索和评估文档、网页搜索、摘要生成以及最终报告撰写等步骤。系统通过子图管理单个查询的搜索和总结流程，并支持基于文档相关性的动态路由。整体流程将用户指令转换为多条查询，通过本地或远程模型（如 Ollama 调用 Deepseek R1）进行多轮处理，最后输出综合的研究报告。

在本项目中，文件 graph.py 实现的状态图是通过 LangGraph 来管理的。LangGraph 是一个状态机框架，用于定义和管理复杂的状态转换流程，尤其适合流程驱动的任务。本项目用 StateGraph 来描述整体的研究流程，包括生成查询、搜索查询、对单条查询进行子图处理（检索、评估、总结）以及最终答案生成。各个节点对应具体的函数或子状态图，状态之间通过 add_edge 和 add_conditional_edges 定义流转规则，LangGraph 负责调度各执行并管理状态传递。

文件 graph.py 的具体实现流程如下。

① 函数 generate_research_queries 的功能是根据用户的指令，调用大模型生成若干研究查询语句，供后续的信息检索使用。

```
# 每批处理的查询数量
# 根据系统性能调整
```

```
BATCH_SIZE = 3

def generate_research_queries(state: ResearcherState, config: RunnableConfig):
    print("--- 生成研究查询 ---")
    user_instructions = state["user_instructions"]
    max_queries = config["configurable"].get("max_search_queries", 3)

    query_writer_prompt = RESEARCH_QUERY_WRITER_PROMPT.format(
        max_queries=max_queries,
        date=datetime.datetime.now().strftime("%Y/%m/%d %H:%M")
    )

    # 使用本地 Deepseek R1 模型与 Ollama 调用
    result = invoke_ollama(
        model='deepseek-r1:1.5b',
        system_prompt=query_writer_prompt,
        user_prompt=f"根据用户指令生成研究查询：{user_instructions}",
        output_format=Queries
    )

    # 使用外部 LLM 提供商，如 OpenRouter: GPT-4o, Claude, Deepseek R1 等
    # result = invoke_llm(
    #     model='gpt-4o-mini',
    #     system_prompt=query_writer_prompt,
    #     user_prompt=f"根据用户指令生成研究查询：{user_instructions}",
    #     output_format=Queries
    # )

    return {"research_queries": result.queries}
```

② 函数 search_queries 的功能是控制查询的批次处理，更新当前处理的查询的位置，准备下一批查询的搜索操作。

```
def search_queries(state: ResearcherState):
    # 触发对每个查询的搜索，调用 initiate_query_research
    print("--- 搜索查询 ---")
    # 获取当前处理位置，若无则初始化为0
    current_position = state.get("current_position", 0)

    return {"current_position": current_position + BATCH_SIZE}
```

③ 函数 initiate_query_research 的功能是从当前批次的研究查询中选取一组查询，并发启动针对每个查询的搜索和总结子流程。

```
def initiate_query_research(state: ResearcherState):
    # 并行触发每个查询的搜索，使用 Send 方法调用子图 "search_and_summarize_query"
    return [
        Send("search_and_summarize_query", {"query": s})
        for s in state["research_queries"]
    ]
```

④ 函数 check_more_queries 的功能是判断是否还有未处理完的研究查询，决定流程是继续搜索下一批查询还是进入最终答案生成阶段。

```
def check_more_queries(state: ResearcherState) -> Literal["search_
queries", "generate_final_answer"]:
    """检查是否还有更多查询需要处理"""
    current_position = state.get("current_position", 0)
    if current_position < len(state["research_queries"]):
        return "search_queries"
    return "generate_final_answer"
```

⑤ 函数 retrieve_rag_documents 的功能是根据输入的查询，从向量数据库中检索相关的文档，以支持后续的文档评估和摘要。

```
def retrieve_rag_documents(state: QuerySearchState):
    """从 RAG 数据库检索文档。"""
    print("--- 检索文档 ---")
    query = state["query"]
    vectorstore = get_or_create_vector_db()
    vectorstore_retreiver = vectorstore.as_retriever(search_
type="similarity", search_kwargs={"k": 3})
    documents = vectorstore_retreiver.invoke(query)

    return {"retrieved_documents": documents}
```

⑥ 函数 evaluate_retrieved_documents 的功能是调用大语言模型评估从向量数据库检索到的文档是否与当前查询相关，以作为后续决策的依据。

```
def evaluate_retrieved_documents(state: QuerySearchState):
    query = state["query"]
    retrieved_documents = state["retrieved_documents"]
    evaluation_prompt = RELEVANCE_EVALUATOR_PROMPT.format(
        query=query,
        documents=format_documents_with_metadata(retrieved_documents)
    )

    # 使用本地 Deepseek R1 模型与 Ollama 调用
    evaluation = invoke_ollama(
        model='deepseek-r1:1.5b',
        system_prompt=evaluation_prompt,
        user_prompt=f"评估检索文档与查询的相关性：{query}",
        output_format=Evaluation
    )

    # 使用外部 LLM 提供商，如 OpenRouter: GPT-4o, Claude, Deepseek R1 等
    # evaluation = invoke_llm(
    #     model='gpt-4o-mini',
    #     system_prompt=evaluation_prompt,
    #     user_prompt=f"评估检索文档与查询的相关性：{query}",
    #     output_format=Evaluation
    # )

    return {"are_documents_relevant": evaluation.is_relevant}
```

⑦ 函数 route_research 的功能是根据文档相关性和配置选项决定下一步的研究路径，是继续基于检索文档总结，还是进行网络搜索，或者终止当前查询的处理。

```
def route_research(state: QuerySearchState, config: RunnableConfig) -> Literal["summa-
rize_query_research", "web_research", "__end__"]:
    """根据文档相关性路由研究流程"""

    if state["are_documents_relevant"]:
        return "summarize_query_research"
    elif config["configurable"].get("enable_web_search", False):
        return "web_research"
    else:
        print("文档不相关且未启用网络搜索，跳过该查询。")
        return "__end__"
```

⑧ 函数 web_research 的功能是调用外部搜索引擎（如 Tavily）执行网络搜索，获取、补充网络信息以作为研究材料。

```
def web_research(state: QuerySearchState):
    print("--- 网络研究 ---")
    output = tavily_search(state["query"])
    search_results = output["results"]

    return {"web_search_results": search_results}
```

⑨ 函数 summarize_query_research 的功能是基于相关文档或网络搜索结果，调用大模型生成对单条查询的研究总结文本。

```
def summarize_query_research(state: QuerySearchState):
    query = state["query"]

    information = None
    if state["are_documents_relevant"]:
        # 文档相关，使用 RAG 文档
        information = state["retrieved_documents"]
    else:
        # 文档不相关，使用网页搜索结果（若启用），否则之前路由已跳过
        information = state["web_search_results"]

    summary_prompt = SUMMARIZER_PROMPT.format(
        query=query,
        docmuents=information
    )

    # 使用本地 Deepseek R1 模型与 Ollama 调用
    summary = invoke_ollama(
        model='deepseek-r1:1.5b',
        system_prompt=summary_prompt,
        user_prompt=f"为该查询生成研究摘要：{query}"
    )
    # 移除思考部分（<think>标签中的推理内容）
    summary = parse_output(summary)["response"]

    # 使用外部 LLM 提供商，如 OpenRouter: GPT-4o, Claude, Deepseek R1 等
    # summary = invoke_llm(
    #     model='gpt-4o-mini',
    #     system_prompt=summary_prompt,
    #     user_prompt=f"为该查询生成研究摘要：{query}"
    # )

    return {"search_summaries": [summary]}
```

⑩ 函数 generate_final_answer 的功能是将所有查询的总结信息整合，根据配置的报告结构调用大模型生成最终的研究报告或答案。

```
def generate_final_answer(state: ResearcherState, config: RunnableConfig):
    print("--- 生成最终答案 ---")
    report_structure = config["configurable"].get("report_structure", "")
    answer_prompt = REPORT_WRITER_PROMPT.format(
        instruction=state["user_instructions"],
        report_structure=report_structure,
        information="\n\n---\n\n".join(state["search_summaries"])
    )

    # 使用本地 Deepseek R1 模型与 Ollama 调用
    result = invoke_ollama(
        model='deepseek-r1:1.5b',
        system_prompt=answer_prompt,
        user_prompt=f"使用提供的信息生成研究摘要。"
```

```
    )
    # 移除思考部分（<think>标签中的推理内容）
    answer = parse_output(result)["response"]

    # 使用外部 LLM 提供商，如 OpenRouter: GPT-4o, Claude, Deepseek R1 等
    # answer = invoke_llm(
    #     model='gpt-4o-mini',
    #     system_prompt=answer_prompt,
    #     user_prompt=f"使用提供的信息生成研究摘要。"
    # )

    return {"final_answer": answer}
```

⑪ 下面代码的功能是用状态图（StateGraph）定义并组织本系统的工作流程。

• 创建了一个名为 query_search_subgraph 的子图，用来处理每个单独研究查询的详细步骤，包括从向量数据库检索文档、评估文档相关性、必要时进行网络搜索、最后生成查询摘要。这个子图通过定义节点和状态转换，清晰地描述了查询的搜索和总结过程。

• 创建了主研究代理图（主图）researcher_graph，它负责整个研究任务的高层流程控制，包括生成研究查询、批量处理搜索、调用定义的查询子图进行搜索和总结，以及最终生成整合后的研究报告。通过节点和边的添加，主图将整体流程串联起来，并使用条件转移控制执行顺序。

• 通过调用 compile 方法，对子图和主图进行编译，使其可以被执行，实现自动化和有序的研究流程管理。

```
# 创建针对每条查询的子图
query_search_subgraph = StateGraph(QuerySearchState, input=QuerySearchStateInput,
output=QuerySearchStateOutput)

# 定义子图节点
query_search_subgraph.add_node(retrieve_rag_documents)
query_search_subgraph.add_node(evaluate_retrieved_documents)
query_search_subgraph.add_node(web_research)
query_search_subgraph.add_node(summarize_query_research)

# 设置入口点并定义子图节点转移
query_search_subgraph.add_edge(START, "retrieve_rag_documents")
query_search_subgraph.add_edge("retrieve_rag_documents", "evaluate_retrieved_
documents")
query_search_subgraph.add_conditional_edges("evaluate_retrieved_documents", route_
research)
query_search_subgraph.add_edge("web_research", "summarize_query_research")
query_search_subgraph.add_edge("summarize_query_research", END)

# 创建主研究代理图
researcher_graph = StateGraph(ResearcherState, input=ResearcherStateInput, output=
ResearcherStateOutput, config_schema=Configuration)

# 定义主图节点
researcher_graph.add_node(generate_research_queries)
researcher_graph.add_node(search_queries)
researcher_graph.add_node("search_and_summarize_query", query_search_subgraph.
compile())
researcher_graph.add_node(generate_final_answer)

# 定义主图节点转移
researcher_graph.add_edge(START, "generate_research_queries")
researcher_graph.add_edge("generate_research_queries", "search_queries")
researcher_graph.add_conditional_edges("search_queries", initiate_query_
```

```
    research, ["search_and_summarize_query"])
    researcher_graph.add_conditional_edges("search_and_summarize_query", check_more_
    queries)
    researcher_graph.add_edge("generate_final_answer", END)

    # 编译研究者图
    researcher = researcher_graph.compile()
```

10.3 系统主程序

本项目的主程序负责初始化环境与向量数据库，管理研究任务的执行流程，以及通过交互式网页界面支持用户输入、文件上传、参数配置和多步骤结果展示，实现从用户查询到最终研究报告生成的完整闭环。

10.3.1 运行环境初始化

文件 run_researcher.py 的功能是初始化本项目的运行环境（包括加载环境变量、定义报告结构和初始用户指令），创建向量数据库实例，启动本系统的状态图流程，循环执行并输出每个步骤的结果。另外，其还配置是否启用网络搜索、报告结构格式和最大搜索查询数，以便于灵活控制项目的运行过程。

```
from src.assistant.graph import researcher
from src.assistant.vector_db import get_or_create_vector_db
from dotenv import load_dotenv

load_dotenv()

report_structure = """
1. Introduction
- Brief overview of the research topic or question.
- Purpose and scope of the report.

2. Main Body
- For each section (e.g., Section 1, Section 2, Section 3, etc.):
  - Provide a subheading related to the key aspect of the research.
  - Include explanation, findings, and supporting details.

3. Key Takeaways
- Bullet points summarizing the most important insights or findings.

4. Conclusion
- Final summary of the research.
- Implications or relevance of the findings.
"""

# 定义初始状态
initial_state = {
    "user_instructions": "Can you help me understand the current state of AI
reasoning models, particularly DeepSeek R-1? I keep hearing about breakthroughs in
mathematical reasoning and problem-solving capabilities, but I want to know how
these models are actually being implemented and used in real applications. I am
Really interested in learning about its performance compared to other LLMs, what
makes its training approach unique, and if there are any concerns about reliability
or limitations. Looking for recent benchmarks and real-world applications, not just
theoretical capabilities.",
}
```

```
# Langgraph 研究者配置
config = {
  "configurable": {
    "enable_web_search": False,
    "report_structure": report_structure,
    "max_search_queries": 5
}}

# 初始化向量数据库
# 在运行该脚本之前，必须先在 /files 目录中添加您自己的文档
vector_db = get_or_create_vector_db()

# 运行研究者状态图
for output in researcher.stream(initial_state, config=config):
    for key, value in output.items():
        print(f"Finished running: **{key}**")
        print(value)
```

10.3.2 Streamlit 交互主页

文件 app.py 是本项目的 Web 主页面，实现了一个基于 Streamlit 的交互式网页应用，用于通过 DeepSeek R1 研究助手进行文本查询和生成研究报告。本应用支持用户上传文件、选择报告结构、配置搜索参数、实时展示多步骤研究过程，并通过聊天界面与研究助手互动，还包含聊天记录管理和内容复制功能。

```
import pyperclip
import streamlit as st
import streamlit_nested_layout
from src.assistant.graph import researcher
from src.assistant.utils import get_report_structures, process_uploaded_files
from dotenv import load_dotenv

load_dotenv()

def generate_response(user_input, enable_web_search, report_structure, max_search_
queries):
    """
    使用研究助手代理生成响应并流式输出步骤
    """
    # 初始化研究者的状态
    initial_state = {
        "user_instructions": user_input,
    }

    # Langgraph 研究者配置
    config = {"configurable": {
        "enable_web_search": enable_web_search,
        "report_structure": report_structure,
        "max_search_queries": max_search_queries,
    }}

    # 创建全局"研究者"进程状态
    langgraph_status = st.status("**Researcher Running...**", state="running")

    # 通过先创建扩展组件确保展开顺序
    with langgraph_status:
        generate_queries_expander = st.expander("Generate Research Queries",
expanded=False)
        search_queries_expander = st.expander("Search Queries", expanded=True)
        final_answer_expander = st.expander("Generate Final Answer", expanded=False)
```

```
        steps = []

        # 运行研究者状态图并流式输出
        for output in researcher.stream(initial_state, config=config):
            for key, value in output.items():
                expander_label = key.replace("_", " ").title()

                if key == "generate_research_queries":
                    with generate_queries_expander:
                        st.write(value)

                elif key.startswith("search_and_summarize_query"):
                    with search_queries_expander:
                        with st.expander(expander_label, expanded=False):
                            st.write(value)

                elif key == "generate_final_answer":
                    with final_answer_expander:
                        st.write(value)

                steps.append({"step": key, "content": value})

    # 更新状态为完成
    langgraph_status.update(state="complete", label="**Using Langgraph** (Research
completed)")

    # 返回最终报告
    return steps[-1]["content"] if steps else "No response generated"

def clear_chat():
    st.session_state.messages = []
    st.session_state.processing_complete = False
    st.session_state.uploader_key = 0

def main():
    st.set_page_config(page_title="DeepSeek RAG Researcher", layout="wide")

    # 初始化会话状态
    if "processing_complete" not in st.session_state:
        st.session_state.processing_complete = False
    if "uploader_key" not in st.session_state:
        st.session_state.uploader_key = 0
    if "messages" not in st.session_state:
        st.session_state.messages = []
    if "selected_report_structure" not in st.session_state:
        st.session_state.selected_report_structure = None
    if "max_search_queries" not in st.session_state:
        st.session_state.max_search_queries = 5  # 默认值为5
    if "files_ready" not in st.session_state:
        st.session_state.files_ready = False  # 追踪是否已上传但未处理的文件

    # 标题栏及清除按钮
    col1, col2 = st.columns([6, 1])
    with col1:
        st.title("📄 RAG Researcher with DeepSeek R1")
    with col2:
        if st.button("Clear Chat", use_container_width=True):
            clear_chat()
            st.rerun()

    # 侧边栏配置
    st.sidebar.title("Research Settings")
```

```
    # 侧边栏添加报告结构选择器
    report_structures = get_report_structures()
    default_report = "standard report"

    selected_structure = st.sidebar.selectbox(
        "Select Report Structure",
        options=list(report_structures.keys()),
        index=list(map(str.lower, report_structures.keys())).index(default_report)
    )

    st.session_state.selected_report_structure = report_structures[selected_
structure]

    # 最大搜索查询数输入框
    st.session_state.max_search_queries = st.sidebar.number_input(
        "Max Number of Search Queries",
        min_value=1,
        max_value=10,
        value=st.session_state.max_search_queries,
        help="设置最大搜索查询次数 (1-10)"
    )

    enable_web_search = st.sidebar.checkbox("Enable Web Search", value=False)

    # 文件上传逻辑
    uploaded_files = st.sidebar.file_uploader(
        "Upload New Documents",
        type=["pdf", "txt", "csv", "md"],
        accept_multiple_files=True,
        key=f"uploader_{st.session_state.uploader_key}"
    )

    # 检测是否有文件上传但未处理
    if uploaded_files:
        st.session_state.files_ready = True  # 标记有文件待处理
        st.session_state.processing_complete = False  # 重置处理状态

    # 仅在有文件上传且未处理时显示"处理文件"按钮
    if st.session_state.files_ready and not st.session_state.processing_complete:
        process_button_placeholder = st.sidebar.empty()  # 占位用于动态更新

        with process_button_placeholder.container():
            process_clicked = st.button("Process Files", use_container_width=True)

        if process_clicked:
            with process_button_placeholder:
                with st.status("Processing files...", expanded=False) as status:
                    # 处理文件（请替换为实际函数）
                    if process_uploaded_files(uploaded_files):
                        st.session_state.processing_complete = True
                        st.session_state.files_ready = False  # 重置文件就绪标记
                        st.session_state.uploader_key += 1  # 重置上传控件以支持新上传

                    status.update(label="Files processed successfully!", state=
"complete", expanded=False)
                    # st.rerun()

    # 展示聊天消息
    for message in st.session_state.messages:
        with st.chat_message(message["role"]):
            st.write(message["content"])  # 正常显示消息

            # 仅对AI消息显示复制按钮（在底部）
```

```
            if message["role"] == "assistant":
                if st.button("📋", key=f"copy_{len(st.session_state.messages)}"):
                    pyperclip.copy(message["content"])

    # 聊天输入及响应处理
    if user_input := st.chat_input("Type your message here..."):
        # 添加用户消息
        st.session_state.messages.append({"role": "user", "content": user_input})
        with st.chat_message("user"):
            st.write(user_input)

        # 生成并显示助手响应
        report_structure = st.session_state.selected_report_structure["content"]
        assistant_response = generate_response(
            user_input,
            enable_web_search,
            report_structure,
            st.session_state.max_search_queries
        )

        # 存储助手消息
        st.session_state.messages.append({"role": "assistant", "content": assistant_
response["final_answer"]})

        with st.chat_message("assistant"):
            st.write(assistant_response["final_answer"])  # AI响应

            # AI消息下的复制按钮
            if st.button("📋", key=f"copy_{len(st.session_state.messages)}"):
                pyperclip.copy(assistant_response["final_answer"])

if __name__ == "__main__":
    main()
```

10.4 调试运行

（1）环境准备

① 依赖安装。根据 requirements.txt 安装所有必需的 Python 库，包括 Streamlit、LangGraph、Ollama 客户端、ChromaDB 等。

```
pip install -r requirements.txt
```

② 配置环境变量。在项目根目录下创建 .env 文件，配置必要的 API 密钥（如 Tavily 的 API Key，OpenRouter 的 API Key 等）。

```
TAVILY_API_KEY="your-api-key"
OPENROUTER_API_KEY="your-openrouter-key"
```

（2）本地模型与数据库初始化

① 安装与启动 Ollama。按官方指导安装 Ollama，选取 DeepSeek R1 模型。

```
ollama pull deepseek-r1:1.5b
```

② 向量数据库初始化。本项目使用 ChromaDB 作为本地向量数据库，负责存储文档向量索引。首次运行时，会自动根据上传的文件生成或加载向量数据库。

（3）启动 Streamlit 前端界面

① 运行项目。通过下面的命令启动 Streamlit 应用，开启 Web 交互页面，如图 10-1 所示。

```
streamlit run app.py
```

② UI 交互调试。在 Streamlit 交互界面中可以完成下面的操作。

• 上传本地文档（支持 PDF、TXT、CSV、MD 格式）。

• 选择报告结构模板和最大搜索查询数。

• 启用或关闭网络搜索功能。

• 输入查询指令，提交请求。

• 观察流式返回的各步骤执行结果，包括生成查询、文档检索、网页搜索（如启用）及最终答案生成。

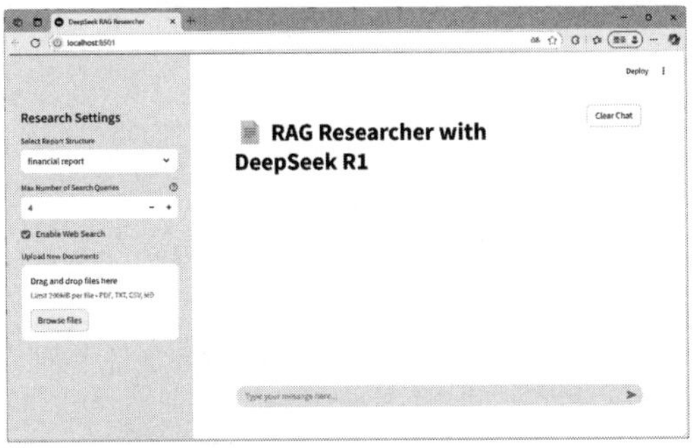

图 10-1　Web 交互页面

（4）LangGraph 状态图监控与流程调试

① 状态图监控。利用 langgraph dev 命令启动 LangGraph Studio（可选），可视化整个研究者状态机，观察各节点状态变化与数据流。

```
langgraph dev
```

② 流程监控。

• 确认状态机节点依次触发（生成查询、检索、筛选、搜索、摘要、报告生成）。

• 监测条件判断是否正确，确保流程不会中断或死循环。

• 调整节点逻辑或状态转移条件以优化流程。

（5）功能验证与问题定位

• 文档处理验证：上传不同类型的文件，确保文件解析、文本切分、向量化无误。

• 查询与检索验证：检查生成的子查询是否合理，检索结果是否相关且准确。

• 网络搜索功能测试：开启网络搜索功能，验证当本地文档不足时是否能成功调用 Tavily API 获取补充信息。

• 多轮交互测试：模拟多次查询，观察聊天记录和状态是否正确保存及更新。

• 复制功能测试：确保聊天界面中 AI 回答的“复制”按钮 📋 能正常工作，将回答内容复制到剪贴板。

（6）性能调优与异常处理

• 参数调整：调整最大搜索查询次数、报告结构模板，以平衡性能和结果质量。

• 异常捕获：测试上传无效文件、API 调用失败等异常场景，确保系统能优雅地提示用户或自动重试。

• 日志记录：通过 Streamlit 的状态提示和日志输出，定位性能瓶颈和错误发生点。

（7）代码迭代与功能扩展

• 本地与远程模型切换：可切换使用本地 DeepSeek R1 模型或云端 LLM（DeepSeek V3、OpenRouter、OpenAI 等），通过修改配置和代码实现灵活调用。

• 报告模板定制：自定义报告结构，满足不同场景需求。

• 界面优化：根据用户反馈调整交互体验，增加提示信息或加载动画。

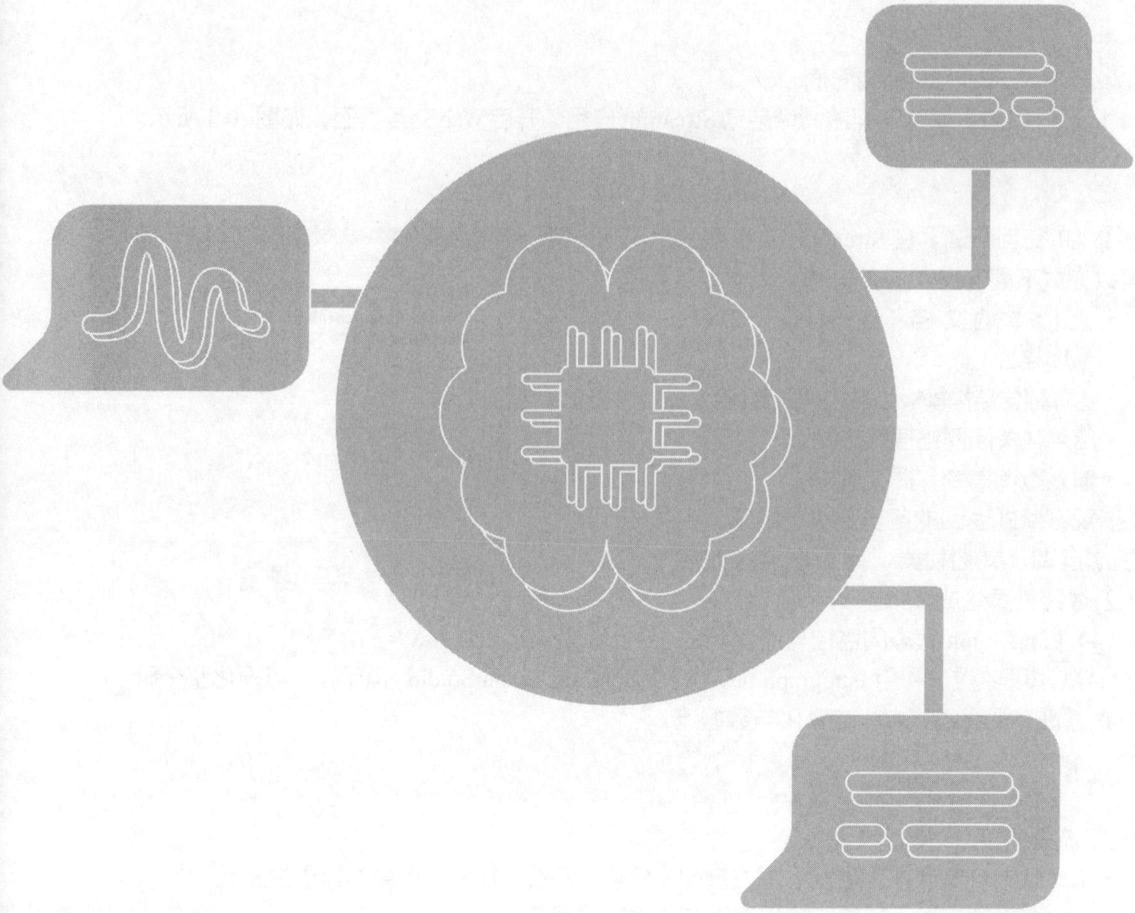

第 11 章

基于本地知识库的 AI 问答系统（DeepSeek+LangChain+RAG+Streamlit）

11.1 项目介绍

本项目基于 ChatGLM 等大模型与 LangChain 等应用框架实现，支持离线部署的 RAG 与 Agent 应用，支持多种模型接入和多模态功能。本项目（Langchain-Chatchat）是一个开源项目，开源地址是 https://github.com/chatchat-space/Langchain-Chatchat，遵循 Apache-2.0 协议，旨在为用户提供灵活、高效的离线知识库问答解决方案。这里欢迎开发者和研究人员参与，共同完善和拓展项目功能。

11.1.1 功能介绍

下面是本项目的详细功能介绍。

• 模型接入与支持：支持多种主流开源模型，包括 DeepSeek-Chat、GLM-4-Chat、Qwen2-Instruct、Llama3 等，提供多种模型推理框架，如 Xinference、Ollama、LocalAI 等，以及在线 One API 框架支持，兼容 OpenAI GPT、Azure OpenAI、Anthropic Claude 等多种在线 API。

• Agent 功能：优化的 Agent 功能支持自动调用工具来处理复杂任务，如文本处理、向量匹配等，大幅提升对话的智能性和灵活性。

• 数据源支持：涵盖文件、数据库、搜索引擎、多模态图片（如 qwen-vl-chat）、ARXIV 文献、Wolfram 及文生图等多种数据源，提供统一的 File RAG 功能，包括多种检索方式如 BM25+KNN。

• 本地与在线结合：支持离线本地模型部署与在线 API 接口结合，以满足不同场景的需求。项目架构支持多会话操作、系统提示词自定义等功能，提升用户交互体验。

• WebUI 和开发支持：提供基于 Streamlit 的 WebUI，提供更好的多会话支持和系统自定义。此外，还提供详细的开发指南与 Docker 部署选项，方便用户快速搭建与开发。

11.1.2 核心技术

本项目的核心技术如下。

• 大模型：集成了 DeepSeek-Chat、GLM-4-Chat、Qwen2-Instruct、Llama3 等多种开源大模型，支持不同模型推理框架的接入，如 Xinference、Ollama、LocalAI 等。

• LangChain 框架：作为核心应用框架，支持构建基于大模型的对话、问答和数据管理功能，提供流畅的 API 调用服务和自动化任务处理。

• 模型推理框架：支持多种推理引擎，如 GPTQ、GGML、vLLM、TensorRT，确保高效和多样化的模型推理能力。

• 数据源与存储：集成了文件、数据库、向量搜索、搜索引擎、多模态处理等多种数据源，提供统一的 RAG 功能支持。

• WebUI 与开发工具：支持基于 Streamlit 的 WebUI，提供友好的用户界面和多会话管理功能，同时提供详细的开发指南和 Docker 部署选项，支持不同平台与硬件条件下的部署。

11.2 构建和管理知识库

本项目通过构建知识库系统，将文件保存到知识库目录中，并支持通过多线程处理大批量文件；利用分段与向量化技术将文档转化为可搜索的向量表示；提供灵活的查询接口，支持按内容、元数据和匹配度进行文档检索；提供文档更新功能，允许覆盖已有内容或添加自定义内容。

11.2.1 知识库管理

本项目的“knowledge_base”目录主要负责知识库（knowledge base, KB）的管理和相关功能实现，具体实现过程如下。

① 文件 base.py 定义了一个知识库服务系统，用于管理和操作不同类型的向量存储（如 FAISS、Milvus、Zilliz、PG 等），支持创建、删除、更新和搜索知识库以及管理其中的文档。核心类 KBService 提供了知识库的基础操作接口，包括向量库的初始化、文档添加与删除、向量搜索等功能，而具体的存储实现由其子类完成。KBServiceFactory 用于根据配置动态创建对应存储类型的知识库服务实例。辅助函数还支持从文件系统或数据库获取知识库及其文件的详细信息，实现文件状态同步和评分过滤等功能。

```
class SupportedVSType:
    # 支持的向量存储类型
    FAISS = "faiss"
    MILVUS = "milvus"
    DEFAULT = "default"
    ZILLIZ = "zilliz"
    PG = "pg"
    RELYT = "relyt"
    ES = "es"
    CHROMADB = "chromadb"

class KBService(ABC):
    def __init__(self, knowledge_base_name: str, kb_info: str = None, embed_model: 
str = get_default_embedding()):
        self.kb_name = knowledge_base_name
        self.kb_info = kb_info or Settings.kb_settings.KB_INFO.get(
            knowledge_base_name, f"关于{knowledge_base_name}的知识库"
        )
        self.embed_model = embed_model
        self.kb_path = get_kb_path(self.kb_name)
        self.doc_path = get_doc_path(self.kb_name)
        self.do_init()

    def save_vector_store(self):
        # 保存向量库：FAISS保存到磁盘，Milvus保存到数据库，PGVector暂未支持
        pass

    def create_kb(self):
        # 创建知识库
        if not os.path.exists(self.doc_path):
            os.makedirs(self.doc_path)
        status = add_kb_to_db(self.kb_name, self.kb_info, self.vs_type(), self.
embed_model)
        if status:
            self.do_create_kb()
        return status

    def add_doc(self, kb_file: KnowledgeFile, docs: List[Document] = [], **kwargs):
        # 向知识库添加文件。如果指定了docs，则不再将文本向量化，并标记为自定义文档
        if not self.check_embed_model()[0]:
            return False

        if docs:
            custom_docs = True
        else:
            docs = kb_file.file2text()
            custom_docs = False
```

```
        if docs:
            # 将 metadata["source"] 改为相对路径
            for doc in docs:
                try:
                    doc.metadata.setdefault("source", kb_file.filename)
                    source = doc.metadata.get("source", "")
                    if os.path.isabs(source):
                        rel_path = Path(source).relative_to(self.doc_path)
                        doc.metadata["source"] = str(rel_path.as_posix().
strip("/"))
                except Exception as e:
                    print(
                        f"cannot convert absolute path ({source}) to relative
path. error is : {e}"
                    )
            self.delete_doc(kb_file)
            doc_infos = self.do_add_doc(docs, **kwargs)
            status = add_file_to_db(
                kb_file,
                custom_docs=custom_docs,
                docs_count=len(docs),
                doc_infos=doc_infos,
            )
        else:
            status = False
        return status

    def search_docs(self, query: str, top_k: int = Settings.kb_settings.VECTOR_
SEARCH_TOP_K, score_threshold: float = Settings.kb_settings.SCORE_THRESHOLD):
        # 在知识库中搜索文档
        if not self.check_embed_model()[0]:
            return []

        docs = self.do_search(query, top_k, score_threshold)
        return docs

    @abstractmethod
    def do_create_kb(self):
        # 创建知识库的子类逻辑
        pass

    @abstractmethod
    def vs_type(self) -> str:
        # 获取向量存储类型
        pass

    @abstractmethod
    def do_init(self):
        # 知识库初始化的子类逻辑
        pass

    @abstractmethod
    def do_search(self, query: str, top_k: int, score_threshold: float):
        # 搜索的子类逻辑
        pass
```

② 文件 summary_chunk.py 实现了一个摘要生成和处理工具，用于从多个文档中生成摘要，并合并去重以形成最终的压缩内容。其核心功能如下。

- 摘要生成：使用不同的语言模型生成单个文档的摘要并合并多个摘要。
- 重叠处理：去除文档内容中重复或重叠的部分，保证摘要内容的紧凑性和唯一性。
- 分布式处理：支持异步操作和大规模文档处理，通过 MapReduce 模型链实现高效的摘要生成和合并。

• 参数化：提供了灵活的配置，如摘要长度限制、重叠区域大小和分隔符，以方便适配不同需求。

```
class SummaryAdapter:
    _OVERLAP_SIZE: int
    token_max: int
    _separator: str = "\n\n"
    chain: MapReduceDocumentsChain

    def __init__(
        self, overlap_size: int, token_max: int, chain: MapReduceDocumentsChain
    ):
        self._OVERLAP_SIZE = overlap_size
        self.chain = chain
        self.token_max = token_max

    @classmethod
    def form_summary(
        cls,
        llm: BaseLanguageModel,
        reduce_llm: BaseLanguageModel,
        overlap_size: int,
        token_max: int = 1300,
    ):
        """
        获取实例
        :param reduce_llm: 用于合并摘要的llm
        :param llm: 用于生成摘要的llm
        :param overlap_size: 重叠部分大小
        :param token_max: 最大的chunk数量，每个chunk长度小于token_max长度，第一次生成摘要
时，大于token_max长度的摘要会报错
        :return:
        """

        # This controls how each document will be formatted. Specifically,
        document_prompt = PromptTemplate(
            input_variables=["page_content"], template="{page_content}"
        )

        # The prompt here should take as an input variable the
        # 'document_variable_name'
        prompt_template = (
            "根据文本执行任务。以下任务信息"
            "{task_briefing}"
            "文本内容如下: "
            "\r\n"
            "{context}"
        )
        prompt = PromptTemplate(
            template=prompt_template, input_variables=["task_briefing", "context"]
        )
        llm_chain = LLMChain(llm=llm, prompt=prompt)
        # We now define how to combine these summaries
        reduce_prompt = PromptTemplate.from_template(
            "Combine these summaries: {context}"
        )
        reduce_llm_chain = LLMChain(llm=reduce_llm, prompt=reduce_prompt)

        document_variable_name = "context"
        combine_documents_chain = StuffDocumentsChain(
```

```
            llm_chain=reduce_llm_chain,
            document_prompt=document_prompt,
            document_variable_name=document_variable_name,
        )
        reduce_documents_chain = ReduceDocumentsChain(
            token_max=token_max,
            combine_documents_chain=combine_documents_chain,
        )
        chain = MapReduceDocumentsChain(
            llm_chain=llm_chain,
            document_variable_name=document_variable_name,
            reduce_documents_chain=reduce_documents_chain,
            # 返回中间步骤
            return_intermediate_steps=True,
        )
        return cls(overlap_size=overlap_size, chain=chain, token_max=token_max)

    def summarize(
        self, file_description: str, docs: List[DocumentWithVSId] = []
    ) -> List[Document]:
        if sys.version_info < (3, 10):
            loop = asyncio.get_event_loop()
        else:
            try:
                loop = asyncio.get_running_loop()
            except RuntimeError:
                loop = asyncio.new_event_loop()

            asyncio.set_event_loop(loop)
        # 同步调用协程代码
        return loop.run_until_complete(
            self.asummarize(file_description=file_description, docs=docs)
        )

    async def asummarize(
        self, file_description: str, docs: List[DocumentWithVSId] = []
    ) -> List[Document]:
        logger.info("start summary")
        """
        这个过程分成两个部分：
        1. 对每个文档进行处理，得到每个文档的摘要
         map_results = self.llm_chain.apply(
            # FYI - this is parallelized and so it is fast.
            [{self.document_variable_name: d.page_content, **kwargs} for d in docs],
            callbacks=callbacks,
        )
        2. 对每个文档的摘要进行合并，得到最终的摘要，return_intermediate_steps=True，返回中
间步骤
        result, extra_return_dict = self.reduce_documents_chain.combine_docs(
            result_docs, token_max=token_max, callbacks=callbacks, **kwargs
        )
        """
        summary_combine, summary_intermediate_steps = self.chain.combine_docs(
            docs=docs,
            task_briefing="描述不同方法之间的接近度和相似性，"
            "以帮助读者理解它们之间的关系。",
        )
        print(summary_combine)
        print(summary_intermediate_steps)
        logger.info("end summary")
        doc_ids = ",".join([doc.id for doc in docs])
        _metadata = {
```

```
                "file_description": file_description,
                "summary_intermediate_steps": summary_intermediate_steps,
                "doc_ids": doc_ids,
            }
            summary_combine_doc = Document(page_content=summary_combine, metadata=_
metadata)

            return [summary_combine_doc]

    def _drop_overlap(self, docs: List[DocumentWithVSId]) -> List[str]:
        """
         # 将文档中page_content句子叠加的部分去掉
        :param docs:
        :param separator:
        :return:
        """
        merge_docs = []

        pre_doc = None
        for doc in docs:
            # 第一个文档直接添加
            if len(merge_docs) == 0:
                pre_doc = doc.page_content
                merge_docs.append(doc.page_content)
                continue

            # 列表中上一个结尾与下一个开头重叠的部分，删除下一个开头重叠的部分
            # 迭代递减pre_doc的长度，每次迭代删除前面的字符，
            # 查询重叠部分，直到pre_doc的长度小于 self._OVERLAP_
SIZE // 2 - 2len(separator)
            for i in range(
                len(pre_doc), self._OVERLAP_SIZE // 2 - 2 * len(self._separator),
-1
            ):
                # 每次迭代删除前面的字符
                pre_doc = pre_doc[1:]
                if doc.page_content[: len(pre_doc)] == pre_doc:
                    # 删除下一个开头重叠的部分
                    merge_docs.append(doc.page_content[len(pre_doc) :])
                    break

            pre_doc = doc.page_content

        return merge_docs

    def _join_docs(self, docs: List[str]) -> Optional[str]:
        text = self._separator.join(docs)
        text = text.strip()
        if text == "":
            return None
        else:
            return text


if __name__ == "__main__":
    docs = [
        "梦者有特别的作用，也就是说梦是在预卜未来。因此，梦内容的",
        "梦内容的多彩多姿以及对梦者本身所遗留的特殊印象，使他们很难想象",
        "使他们很难想象出一套系统划一的观念，而需要以其个别的价值与可靠性作各",
        "值与可靠性作各种不同的分化与聚合。因此，古代哲学家们对梦的评价也就完全",
    ]
    _OVERLAP_SIZE = 1
    separator: str = "\n\n"
```

```
    merge_docs = []
    # 将文档中page_content句子叠加的部分去掉，
    # 列表中上一个结尾与下一个开头重叠的部分，删除下一个开头重叠的部分
    pre_doc = None
    for doc in docs:
        # 第一个文档直接添加
        if len(merge_docs) == 0:
            pre_doc = doc
            merge_docs.append(doc)
            continue

        # 列表中上一个结尾与下一个开头重叠的部分，删除下一个开头重叠的部分
        # 迭代递减pre_doc的长度，每次迭代删除前面的字符，
        # 查询重叠部分，直到pre_doc的长度小于 _OVERLAP_SIZE-2len(separator)
        for i in range(len(pre_doc), _OVERLAP_SIZE - 2 * len(separator), -1):
            # 每次迭代删除前面的字符
            pre_doc = pre_doc[1:]
            if doc[: len(pre_doc)] == pre_doc:
                # 删除下一个开头重叠的部分
                page_content = doc[len(pre_doc) :]
                merge_docs.append(page_content)

                pre_doc = doc
                break

    # 将merge_docs中的句子合并成一个文档
    text = separator.join(merge_docs)
    text = text.strip()

    print(text)
```

③ 文件 kb_api.py 实现了一个与知识库相关的 API 接口，主要包括以下功能。

• 列出知识库（list_kbs）：返回所有已存在知识库的列表。

• 创建知识库（create_kb）：创建一个新的知识库，支持指定存储类型、嵌入模型和描述信息，并检查名称合法性和唯一性。

• 删除知识库（delete_kb）：删除指定名称的知识库，提供错误处理和状态反馈。

```
def list_kbs():
    # 获取知识库列表
    return ListResponse(data=list_kbs_from_db())

def create_kb(
    knowledge_base_name: str = Body(..., examples=["samples"]),
    vector_store_type: str = Body(Settings.kb_settings.DEFAULT_VS_TYPE),
    kb_info: str = Body("", description="知识库内容简介，用于Agent选择知识库。"),
    embed_model: str = Body(get_default_embedding()),
) -> BaseResponse:
    # 创建选定的知识库
    if not validate_kb_name(knowledge_base_name):
        return BaseResponse(code=403, msg="不要攻击我")
    if knowledge_base_name is None or knowledge_base_name.strip() == "":
        return BaseResponse(code=404, msg="知识库名称不能为空，请重新填写知识库名称")

    kb = KBServiceFactory.get_service_by_name(knowledge_base_name)
    if kb is not None:
        return BaseResponse(code=404, msg=f"已存在同名知识库 {knowledge_base_name}")

    kb = KBServiceFactory.get_service(
        knowledge_base_name, vector_store_type, embed_model, kb_info=kb_info
    )
    try:
```

```
        kb.create_kb()
    except Exception as e:
        msg = f"创建知识库出错： {e}"
        logger.error(f"{e.__class__.__name__}: {msg}")
        return BaseResponse(code=500, msg=msg)

    return BaseResponse(code=200, msg=f"已新增知识库 {knowledge_base_name}")


def delete_kb(
    knowledge_base_name: str = Body(..., examples=["samples"]),
) -> BaseResponse:
    # 删除选定的知识库
    if not validate_kb_name(knowledge_base_name):
        return BaseResponse(code=403, msg="不要攻击我")
    knowledge_base_name = urllib.parse.unquote(knowledge_base_name)

    kb = KBServiceFactory.get_service_by_name(knowledge_base_name)

    if kb is None:
        return BaseResponse(code=404, msg=f"未找到知识库 {knowledge_base_name}")

    try:
        status = kb.clear_vs()
        status = kb.drop_kb()
        if status:
            return BaseResponse(code=200, msg=f"成功删除知识库 {knowledge_base_name}")
    except Exception as e:
        msg = f"删除知识库时出现意外： {e}"
        logger.error(f"{e.__class__.__name__}: {msg}")
        return BaseResponse(code=500, msg=msg)

    return BaseResponse(code=500, msg=f"删除知识库失败 {knowledge_base_name}")
```

④ 文件 kb_doc_api.py 实现了一个基于知识库管理和操作的 API，支持以下功能：从临时或持久化知识库中检索文档、上传文件并自动向量化、更新或删除文档、查询和列出知识库中的文件、更新知识库信息以及下载文件等。文件 kb_doc_api.py 提供了多种方式管理知识库中的内容，包括通过向量搜索实现高效的相关性检索，对文档进行分块处理和向量化存储，支持多线程操作以提高性能，同时还包括参数校验和错误处理，以确保操作的安全性和稳定性。

• 函数 search_docs 的功能是通过查询字符串，从指定知识库中检索相关文档。支持按匹配分数阈值和文档元数据进行筛选，同时可以指定返回的文档数量。

```
def search_docs(
        query: str = Body("", description="用户输入", examples=["你好"]),
        knowledge_base_name: str = Body(
            ..., description="知识库名称", examples=["samples"]
        ),
        top_k: int = Body(Settings.kb_settings.VECTOR_SEARCH_TOP_K, description="匹
配向量数"),
        score_threshold: float = Body(
            Settings.kb_settings.SCORE_THRESHOLD,
            description="知识库匹配相关度阈值，取值范围在0-1之间，"
                        "SCORE越小，相关度越高，"
                        "取到2相当于不筛选，建议设置在0.5左右",
            ge=0.0,
            le=2.0,
        ),
        file_name: str = Body("", description="文件名称，支持 sql 通配符"),
        metadata: dict = Body({}, description="根据 metadata 进行过滤，仅支持一级键"),
```

```
) -> List[Dict]:
    kb = KBServiceFactory.get_service_by_name(knowledge_base_name)
    data = []
    if kb is not None:
        if query:
            docs = kb.search_docs(query, top_k, score_threshold)
            # data = [DocumentWithVSId(**x[0].dict(), score=x[1], id=x[0].metadata.
get("id")) for x in docs]
            data = [DocumentWithVSId(**{"id": x.metadata.get("id"), **x.
dict()}) for x in docs]
        elif file_name or metadata:
            data = kb.list_docs(file_name=file_name, metadata=metadata)
            for d in data:
                if "vector" in d.metadata:
                    del d.metadata["vector"]
    return [x.dict() for x in data]
```

• 函数 _save_files_in_thread 的功能是通过多线程将上传的文件保存到知识库目录中，返回每个文件的保存结果，包含成功或失败的信息。

```
def _save_files_in_thread(
        files: List[UploadFile], knowledge_base_name: str, override: bool
):
    """
    通过多线程将上传的文件保存到对应知识库目录内。
    生成器返回保存结果：{"code":200, "msg": "xxx", "data": {"knowledge_base_
name":"xxx", "file_name": "xxx"}}
    """

    def save_file(file: UploadFile, knowledge_base_name: str, override: bool) ->
dict:
        """
        保存单个文件。
        """
        try:
            filename = file.filename
            file_path = get_file_path(
                knowledge_base_name=knowledge_base_name, doc_name=filename
            )
            data = {"knowledge_base_name": knowledge_base_name, "file_
name": filename}

            file_content = file.file.read()  # 读取上传文件的内容
            if (
                    os.path.isfile(file_path)
                    and not override
                    and os.path.getsize(file_path) == len(file_content)
            ):
                file_status = f"文件 {filename} 已存在。"
                logger.warn(file_status)
                return dict(code=404, msg=file_status, data=data)

            if not os.path.isdir(os.path.dirname(file_path)):
                os.makedirs(os.path.dirname(file_path))
            with open(file_path, "wb") as f:
                f.write(file_content)
            return dict(code=200, msg=f"成功上传文件 {filename}", data=data)
        except Exception as e:
            msg = f"{filename} 文件上传失败，报错信息为: {e}"
            logger.error(f"{e.__class__.__name__}: {msg}")
            return dict(code=500, msg=msg, data=data)
```

```
    params = [
        {"file": file, "knowledge_base_name": knowledge_base_
name, "override": override}
        for file in files
    ]
    for result in run_in_thread_pool(save_file, params=params):
        yield result
```

• 函数 upload_docs 的功能是上传文件至知识库，可选是否进行向量化处理，并允许设置向量化的分段大小及重叠长度，同时支持自定义文档内容及覆盖已有文件的选项。

```
def upload_docs(
        files: List[UploadFile] = File(..., description="上传文件，支持多文件"),
        knowledge_base_name: str = Form(
            ..., description="知识库名称", examples=["samples"]
        ),
        override: bool = Form(False, description="覆盖已有文件"),
        to_vector_store: bool = Form(True, description="上传文件后是否进行向量化"),
        chunk_size: int = Form(Settings.kb_settings.CHUNK_SIZE, description="知识库中
单段文本最大长度"),
        chunk_overlap: int = Form(Settings.kb_settings.OVERLAP_SIZE, description="知
识库中相邻文本重合长度"),
        zh_title_enhance: bool = Form(Settings.kb_settings.ZH_TITLE_
ENHANCE, description="是否开启中文标题加强"),
        docs: str = Form("", description="自定义的docs，需要转为json字符串"),
        not_refresh_vs_cache: bool = Form(False, description="暂不保存向量库（用于
FAISS）"),
) -> BaseResponse:
    """
    API接口：上传文件，并/或向量化
    """
    if not validate_kb_name(knowledge_base_name):
        return BaseResponse(code=403, msg="Don't attack me")

    kb = KBServiceFactory.get_service_by_name(knowledge_base_name)
    if kb is None:
        return BaseResponse(code=404, msg=f"未找到知识库 {knowledge_base_name}")

    docs = json.loads(docs) if docs else {}
    failed_files = {}
    file_names = list(docs.keys())

    # 先将上传的文件保存到磁盘
    for result in _save_files_in_thread(
            files, knowledge_base_name=knowledge_base_name, override=override
    ):
        filename = result["data"]["file_name"]
        if result["code"] != 200:
            failed_files[filename] = result["msg"]

        if filename not in file_names:
            file_names.append(filename)

    # 对保存的文件进行向量化
    if to_vector_store:
        result = update_docs(
            knowledge_base_name=knowledge_base_name,
            file_names=file_names,
            override_custom_docs=True,
            chunk_size=chunk_size,
            chunk_overlap=chunk_overlap,
            zh_title_enhance=zh_title_enhance,
```

```
            docs=docs,
            not_refresh_vs_cache=True,
        )
        failed_files.update(result.data["failed_files"])
        if not not_refresh_vs_cache:
            kb.save_vector_store()

    return BaseResponse(
        code=200, msg="文件上传与向量化完成", data={"failed_files": failed_files}
    )
```

• 函数 update_docs 的功能是更新知识库中的文档内容，可基于现有文件生成新的向量化文档或更新自定义文档内容；支持设置分段长度、中文标题增强等功能，同时会保存或刷新向量缓存。

```
def update_docs(
        knowledge_base_name: str = Body(
            ..., description="知识库名称", examples=["samples"]
        ),
        file_names: List[str] = Body(
            ..., description="文件名称，支持多文件", examples=[["file_name1", "text.
txt"]]
        ),
        chunk_size: int = Body(Settings.kb_settings.CHUNK_SIZE, description="知识库中
单段文本最大长度"),
        chunk_overlap: int = Body(Settings.kb_settings.OVERLAP_SIZE, description="知
识库中相邻文本重合长度"),
        zh_title_enhance: bool = Body(Settings.kb_settings.ZH_TITLE_
ENHANCE, description="是否开启中文标题加强"),
        override_custom_docs: bool = Body(False, description="是否覆盖之前自定义的
docs"),
        docs: str = Body("", description="自定义的docs，需要转为json字符串"),
        not_refresh_vs_cache: bool = Body(False, description="暂不保存向量库（用于
FAISS）"),
) -> BaseResponse:
    """
    更新知识库文档
    """
    if not validate_kb_name(knowledge_base_name):
        return BaseResponse(code=403, msg="Don't attack me")

    kb = KBServiceFactory.get_service_by_name(knowledge_base_name)
    if kb is None:
        return BaseResponse(code=404, msg=f"未找到知识库 {knowledge_base_name}")

    failed_files = {}
    kb_files = []
    docs = json.loads(docs) if docs else {}

    # 生成需要加载docs的文件列表
    for file_name in file_names:
        file_detail = get_file_detail(kb_name=knowledge_base_name, filename=file_name)
        # 如果该文件之前使用了自定义docs，则根据参数决定略过或覆盖
        if file_detail.get("custom_docs") and not override_custom_docs:
            continue
        if file_name not in docs:
            try:
                kb_files.append(
                    KnowledgeFile(
                        filename=file_name, knowledge_base_name=knowledge_base_name
                    )
```

```
                )
            except Exception as e:
                msg = f"加载文档 {file_name} 时出错：{e}"
                logger.error(f"{e.__class__.__name__}: {msg}")
                failed_files[file_name] = msg

    # 从文件生成docs，并进行向量化。
    # 这里利用了KnowledgeFile的缓存功能，在多线程中加载Document，然后传给KnowledgeFile
    for status, result in files2docs_in_thread(
            kb_files,
            chunk_size=chunk_size,
            chunk_overlap=chunk_overlap,
            zh_title_enhance=zh_title_enhance,
    ):
        if status:
            kb_name, file_name, new_docs = result
            kb_file = KnowledgeFile(
                filename=file_name, knowledge_base_name=knowledge_base_name
            )
            kb_file.splited_docs = new_docs
            kb.update_doc(kb_file, not_refresh_vs_cache=True)
        else:
            kb_name, file_name, error = result
            failed_files[file_name] = error

    # 将自定义的docs进行向量化
    for file_name, v in docs.items():
        try:
            v = [x if isinstance(x, Document) else Document(**x) for x in v]
            kb_file = KnowledgeFile(
                filename=file_name, knowledge_base_name=knowledge_base_name
            )
            kb.update_doc(kb_file, docs=v, not_refresh_vs_cache=True)
        except Exception as e:
            msg = f"为 {file_name} 添加自定义docs时出错：{e}"
            logger.error(f"{e.__class__.__name__}: {msg}")
            failed_files[file_name] = msg

    if not not_refresh_vs_cache:
        kb.save_vector_store()

    return BaseResponse(
        code=200, msg=f"更新文档完成", data={"failed_files": failed_files}
    )
```

⑤ 文件 kb_summary_api.py 是一个用于生成知识库摘要的函数集合，涵盖了根据不同输入条件（如知识库名称、文件名称或文档 ID）生成知识库摘要的功能。每个函数都通过不同的方式处理输入，使用 LLM 生成摘要，并将结果添加到知识库中。同时，函数集合包含详细的异常处理和日志记录，确保流程的稳定性和可追踪性。

```
def recreate_summary_vector_store(
    knowledge_base_name: str = Body(..., examples=["samples"]),
    allow_empty_kb: bool = Body(True),
    vs_type: str = Body(Settings.kb_settings.DEFAULT_VS_TYPE),
    embed_model: str = Body(get_default_embedding()),
    file_description: str = Body(""),
    model_name: str = Body(None, description="LLM 模型名称。"),
    temperature: float = Body(0.01, description="LLM 采样温度", ge=0.0, le=1.0),
    max_tokens: Optional[int] = Body(
        None, description="限制LLM生成Token数量，默认None代表模型最大值"
    ),
```

```
):
    """
    重建单个知识库文件摘要
    """
    if max_tokens in [None, 0]:
        max_tokens = Settings.model_settings.MAX_TOKENS

    def output():
        try:
            kb = KBServiceFactory.get_service(knowledge_base_name, vs_type, embed_
model)
            if not kb.exists() and not allow_empty_kb:
                yield {"code": 404, "msg": f"未找到知识库 '{knowledge_base_name}'"}
            else:
                ok, msg = kb.check_embed_model()
                if not ok:
                    yield {"code": 404, "msg": msg}
                else:
                    # 重新创建知识库
                    kb_summary = KBSummaryService(knowledge_base_name, embed_model)
                    kb_summary.drop_kb_summary()
                    kb_summary.create_kb_summary()

                    llm = get_ChatOpenAI(
                        model_name=model_name,
                        temperature=temperature,
                        max_tokens=max_tokens,
                        local_wrap=True,
                    )
                    reduce_llm = get_ChatOpenAI(
                        model_name=model_name,
                        temperature=temperature,
                        max_tokens=max_tokens,
                        local_wrap=True,
                    )
                    # 文本摘要适配器
                    summary = SummaryAdapter.form_summary(
                        llm=llm, reduce_llm=reduce_llm, overlap_size=Settings.kb_
settings.OVERLAP_SIZE
                    )
                    files = list_files_from_folder(knowledge_base_name)

                    i = 0
                    for i, file_name in enumerate(files):
                        doc_infos = kb.list_docs(file_name=file_name)
                        docs = summary.summarize(
                            file_description=file_description, docs=doc_infos
                        )

                        status_kb_summary = kb_summary.add_kb_summary(
                            summary_combine_docs=docs
                        )
                        if status_kb_summary:
                            logger.info(f"({i + 1} / {len(files)}): {file_name} 总结完成")
                            yield json.dumps(
                                {
                                    "code": 200,
                                    "msg": f"({i + 1} / {len(files)}): {file_name}",
                                    "total": len(files),
                                    "finished": i + 1,
                                    "doc": file_name,
                                },
                                ensure_ascii=False,
```

```
                            )
                        else:
                            msg = f"知识库'{knowledge_base_name}'总结文件'{file_name}'
时出错。已跳过。"
                            logger.error(msg)
                            yield json.dumps(
                                {
                                    "code": 500,
                                    "msg": msg,
                                }
                            )
                        i += 1
            except asyncio.exceptions.CancelledError:
                logger.warning("streaming progress has been interrupted by user.")
                return

    return EventSourceResponse(output())


def summary_file_to_vector_store(
    knowledge_base_name: str = Body(..., examples=["samples"]),
    file_name: str = Body(..., examples=["test.pdf"]),
    allow_empty_kb: bool = Body(True),
    vs_type: str = Body(Settings.kb_settings.DEFAULT_VS_TYPE),
    embed_model: str = Body(get_default_embedding()),
    file_description: str = Body(""),
    model_name: str = Body(None, description="LLM 模型名称。"),
    temperature: float = Body(0.01, description="LLM 采样温度", ge=0.0, le=1.0),
    max_tokens: Optional[int] = Body(
        None, description="限制LLM生成Token数量，默认None代表模型最大值"
    ),
):
    """
    单个知识库根据文件名称摘要
    """

    def output():
        try:
            kb = KBServiceFactory.get_service(knowledge_base_name, vs_type, embed_
model)
            if not kb.exists() and not allow_empty_kb:
                yield {"code": 404, "msg": f"未找到知识库 '{knowledge_base_name}'"}
            else:
                # 重新创建知识库
                kb_summary = KBSummaryService(knowledge_base_name, embed_model)
                kb_summary.create_kb_summary()

                llm = get_ChatOpenAI(
                    model_name=model_name,
                    temperature=temperature,
                    max_tokens=max_tokens,
                    local_wrap=True,
                )
                reduce_llm = get_ChatOpenAI(
                    model_name=model_name,
                    temperature=temperature,
                    max_tokens=max_tokens,
                    local_wrap=True,
                )
                # 文本摘要适配器
                summary = SummaryAdapter.form_summary(
                    llm=llm, reduce_llm=reduce_llm, overlap_size=Settings.kb_
settings.OVERLAP_SIZE
```

```
                )

                doc_infos = kb.list_docs(file_name=file_name)
                docs = summary.summarize(file_description=file_description, docs=doc_
infos)

                status_kb_summary = kb_summary.add_kb_summary(summary_combine_
docs=docs)
                if status_kb_summary:
                    logger.info(f" {file_name} 总结完成")
                    yield json.dumps(
                        {
                            "code": 200,
                            "msg": f"{file_name} 总结完成",
                            "doc": file_name,
                        },
                        ensure_ascii=False,
                    )
                else:
                    msg = f"知识库'{knowledge_base_name}'总结文件'{file_name}'时出错。
已跳过。"
                    logger.error(msg)
                    yield json.dumps(
                        {
                            "code": 500,
                            "msg": msg,
                        }
                    )
        except asyncio.exceptions.CancelledError:
            logger.warning("streaming progress has been interrupted by user.")
            return

    return EventSourceResponse(output())


def summary_doc_ids_to_vector_store(
    knowledge_base_name: str = Body(..., examples=["samples"]),
    doc_ids: List = Body([], examples=[["uuid"]]),
    vs_type: str = Body(Settings.kb_settings.DEFAULT_VS_TYPE),
    embed_model: str = Body(get_default_embedding()),
    file_description: str = Body(""),
    model_name: str = Body(None, description="LLM 模型名称。"),
    temperature: float = Body(0.01, description="LLM 采样温度", ge=0.0, le=1.0),
    max_tokens: Optional[int] = Body(
        None, description="限制LLM生成Token数量，默认None代表模型最大值"
    ),
) -> BaseResponse:
    """
    单个知识库根据doc_ids摘要
    """
    kb = KBServiceFactory.get_service(knowledge_base_name, vs_type, embed_model)
    if not kb.exists():
        return BaseResponse(
            code=404, msg=f"未找到知识库 {knowledge_base_name}", data={}
        )
    else:
        llm = get_ChatOpenAI(
            model_name=model_name,
            temperature=temperature,
            max_tokens=max_tokens,
            local_wrap=True,
        )
        reduce_llm = get_ChatOpenAI(
```

```
            model_name=model_name,
            temperature=temperature,
            max_tokens=max_tokens,
            local_wrap=True,
        )
        # 文本摘要适配器
        summary = SummaryAdapter.form_summary(
            llm=llm, reduce_llm=reduce_llm, overlap_size=Settings.kb_settings.
OVERLAP_SIZE
        )

        doc_infos = kb.get_doc_by_ids(ids=doc_ids)
        # doc_infos转换成DocumentWithVSId包装的对象
        doc_info_with_ids = [
            DocumentWithVSId(**{**doc.dict(), "id":with_id})
            for with_id, doc in zip(doc_ids, doc_infos)
        ]

        docs = summary.summarize(
            file_description=file_description, docs=doc_info_with_ids
        )

        # 将docs转换成dict
        resp_summarize = [{**doc.dict()} for doc in docs]

        return BaseResponse(
            code=200, msg="总结完成", data={"summarize": resp_summarize}
        )
```

11.2.2 数据管理

在本项目中，“db”目录用于与项目中的数据库进行交互，提供会话管理、模型定义和配置支持关键模块。其中，“db\ models”目录中的程序文件是专门为数据库模型定义而设计的，与知识库系统和对话功能相关。例如文件 knowledge_base_model.py 定义了一个知识库的数据库模型和对应的 Pydantic 模型，用于在系统中表示和管理知识库的相关信息。

```
class KnowledgeBaseModel(Base):
    """
    知识库模型
    """
    __tablename__ = "knowledge_base"
    id = Column(Integer, primary_key=True, autoincrement=True, comment="知识库ID")
    kb_name = Column(String(50), comment="知识库名称")
    kb_info = Column(String(200), comment="知识库简介(用于Agent)")
    vs_type = Column(String(50), comment="向量库类型")
    embed_model = Column(String(50), comment="嵌入模型名称")
    file_count = Column(Integer, default=0, comment="文件数量")
    create_time = Column(DateTime, default=func.now(), comment="创建时间")

    def __repr__(self):
        return f"<KnowledgeBase(id='{self.id}', kb_name='{self.kb_name}',kb_
intro='{self.kb_info} vs_type='{self.vs_type}', embed_model='{self.embed_model}', file_
count='{self.file_count}', create_time='{self.create_time}')>"


# 创建一个对应的 Pydantic 模型
class KnowledgeBaseSchema(BaseModel):
    id: int
    kb_name: str
    kb_info: Optional[str]
```

```
    vs_type: Optional[str]
    embed_model: Optional[str]
    file_count: Optional[int]
    create_time: Optional[datetime]

    class Config:
        from_attributes = True  # 确保可以从 ORM 实例进行验证
```

上述代码的具体说明如下。

• KnowledgeBaseModel：定义了知识库在数据库中的表结构，字段有知识库名称（kb_name）、知识库简介（kb_info）、向量库类型（vs_type）、嵌入模型名称（embed_model）、文件数量（file_count）以及创建时间（create_time）；支持对象表示方法（__repr__）以便调试和日志记录。

• KnowledgeBaseSchema：提供了一个基于 Pydantic 的模型，用于数据校验和序列化，支持从 ORM 实例中直接生成验证模型，便于在 API 层进行数据传输。

11.3 检索增强生成

本项目的 RAG 功能通过集成多种搜索工具（如互联网搜索、知识库查询等）实现了基于外部信息的生成能力。在生成过程中，系统首先从外部数据源检索相关文档或信息，然后将检索结果与语言模型结合，生成更具上下文相关性和准确性的回答。这种方法有效弥补了大模型无法实时访问外部知识的局限性，使生成结果更可靠、更贴近用户需求。

11.3.1 Agent 工具

在本项目的“tools_factory”目录中提供了一系列工具，用于实现不同类型的知识获取、数据处理和任务解决功能。例如，支持信息搜索、地图天气查询、POI 搜索、Arxiv 搜索等功能。这些工具帮助代理在特定任务中更高效地获取、处理和整合不同类型的信息。同时，许多工具的配置项都改成了 YAML 格式，支持更灵活的配置和扩展。

① 文件 amap_weather.py 实现了通过高德地图 API 查询天气信息的功能，包括两个主要步骤：首先根据输入的城市名称获取对应的行政区划代码（adcode）；然后使用该代码查询详细的天气信息（包括实时天气和预报）。代码将此功能封装为一个工具（amap_weather），通过注解注册后，可被代理或其他组件直接调用，用于查询指定城市的天气信息。

```
BASE_DISTRICT_URL = "https://restapi.amap.com/v3/config/district"
BASE_WEATHER_URL = "https://restapi.amap.com/v3/weather/weatherInfo"

def get_adcode(city: str, config: dict) -> str:
    API_KEY = config["api_key"]
    params = {
        "keywords": city,
        "subdistrict": 0,
        "extensions": "base",
        "key": API_KEY
    }
    response = requests.get(BASE_DISTRICT_URL, params=params)
    if response.status_code == 200:
        data = response.json()
        return data["districts"][0]["adcode"]
    else:
```

```
        return None

def get_weather(adcode: str, config: dict) -> dict:
    """Get  weather information."""
    API_KEY = config["api_key"]
    params = {
        "city": adcode,
        "extensions": "all",
        "key": API_KEY
    }
    response = requests.get(BASE_WEATHER_URL, params=params)
    if response.status_code == 200:
        return response.json()
    else:
        return {"error": "API request failed"}

@regist_tool(title="高德地图天气查询")
def amap_weather(city: str = Field(description="城市名")):
    tool_config = get_tool_config("amap")
    adcode = get_adcode(city, tool_config)
    if adcode:
        weather_data = get_weather(adcode, tool_config)
        return BaseToolOutput(weather_data)
    else:
        return BaseToolOutput({"error": "无法获取城市编码"})
```

② 文件 text2image.py 实现了一个基于描述生成图片的工具，通过调用文生图模型（如 OpenAI 提供的模型），将用户输入的文本描述转换为图片。主要功能如下。

• 文生图工具封装：函数 text2images 被封装为一个可注册的工具，允许用户指定文本提示（prompt）、生成图片的数量（n）以及图片的宽度和高度。会根据配置文件获取模型信息，确保正确配置文生图模型。

• 调用生成模型：使用 OpenAI 客户端调用图片生成模型，根据用户输入的文本描述生成一组符合规格的图片，并以 base64 编码的格式返回。

• 保存生成图片：图片被解码并保存到本地文件系统，保存路径按日期组织，生成的文件路径被返回，以方便后续使用。

• 测试与可视化：在主程序中提供了测试代码，用于调用该工具生成图片，并通过 Matplotlib 显示生成结果，验证功能是否正常。

```
@regist_tool(title="文生图", return_direct=True)
def text2images(
    prompt: str,
    n: int = Field(1, description="需生成图片的数量"),
    width: Literal[256, 512, 1024] = Field(512, description="生成图片的宽度"),
    height: Literal[256, 512, 1024] = Field(512, description="生成图片的高度"),
) -> List[str]:
    """根据用户的描述生成图片"""

    tool_config = get_tool_config("text2images")
    model_config = get_model_info(tool_config["model"])
    assert model_config, "请正确配置文生图模型"

    client = openai.Client(
        base_url=model_config["api_base_url"],
        api_key=model_config["api_key"],
        timeout=600,
    )
    resp = client.images.generate(
```

```
            prompt=prompt,
            n=n,
            size=f"{width}*{height}",
            response_format="b64_json",
            model=model_config["model_name"],
        )
        images = []
        for x in resp.data:
            uid = uuid.uuid4().hex
            today = datetime.now().strftime("%Y-%m-%d")
            path = os.path.join(Settings.basic_settings.MEDIA_PATH, "image", today)
            os.makedirs(path, exist_ok=True)
            filename = f"image/{today}/{uid}.png"
            with open(os.path.join(Settings.basic_settings.MEDIA_
    PATH, filename), "wb") as fp:
                fp.write(base64.b64decode(x.b64_json))
            images.append(filename)
        return BaseToolOutput(
            {"message_type": MsgType.IMAGE, "images": images}, format="json"
        )


    if __name__ == "__main__":
        import sys
        from io import BytesIO
        from pathlib import Path

        from matplotlib import pyplot as plt

        sys.path.append(str(Path(__file__).parent.parent.parent.parent))

        prompt = "draw a house with trees and river"
        prompt = "画一个带树、草、河流的山中小屋"
        params = text2images.args_schema.parse_obj({"prompt": prompt}).dict()
        print(params)
        image = text2images.invoke(params)[0]
        buffer = BytesIO(base64.b64decode(image))
        image = Image.open(buffer)
        plt.imshow(image)
        plt.show()
```

③ 文件 search_internet.py 实现了一个支持多搜索引擎的互联网搜索工具，封装了 Searx、Bing、DuckDuckGo 和 Metaphor 的搜索功能，通过配置灵活选择引擎，并支持结果的统一格式化处理，包括内容提取、相关性排序和分块，最终以标准化文档格式输出，以便于在问答系统或知识管理系统中集成使用。

```
def searx_search(text ,config, top_k: int):
    search = SearxSearchWrapper(
        searx_host=config["host"],
        engines=config["engines"],
        categories=config["categories"],
    )
    search.params["language"] = config.get("language", "zh-CN")
    return search.results(text, top_k)

def bing_search(text, config, top_k:int):
    search = BingSearchAPIWrapper(
        bing_subscription_key=config["bing_key"],
        bing_search_url=config["bing_search_url"],
    )
    return search.results(text, top_k)
```

```
def duckduckgo_search(text, config, top_k:int):
    search = DuckDuckGoSearchAPIWrapper()
    return search.results(text, top_k)

def metaphor_search(
    text: str,
    config: dict,
    top_k:int
) -> List[Dict]:
    from metaphor_python import Metaphor

    client = Metaphor(config["metaphor_api_key"])
    search = client.search(text, num_results=top_k, use_autoprompt=True)
    contents = search.get_contents().contents
    for x in contents:
        x.extract = markdownify(x.extract)
    if config["split_result"]:
        docs = [
            Document(page_content=x.extract, metadata={"link": x.url, "title":
x.title})
            for x in contents
        ]
        text_splitter = RecursiveCharacterTextSplitter(
            ["\n\n", "\n", ".", " "],
            chunk_size=config["chunk_size"],
            chunk_overlap=config["chunk_overlap"],
        )
        splitted_docs = text_splitter.split_documents(docs)
        if len(splitted_docs) > top_k:
            normal = NormalizedLevenshtein()
            for x in splitted_docs:
                x.metadata["score"] = normal.similarity(text, x.page_content)
            splitted_docs.sort(key=lambda x: x.metadata["score"], reverse=True)
            splitted_docs = splitted_docs[: top_k]

        docs = [
            {
                "snippet": x.page_content,
                "link": x.metadata["link"],
                "title": x.metadata["title"],
            }
            for x in splitted_docs
        ]
    else:
        docs = [
            {"snippet": x.extract, "link": x.url, "title": x.
title} for x in contents
        ]
    return docs

SEARCH_ENGINES = {
    "bing": bing_search,
    "duckduckgo": duckduckgo_search,
    "metaphor": metaphor_search,
    "searx": searx_search,
}

def search_result2docs(search_results) -> List[Document]:
    docs = []
    for result in search_results:
        doc = Document(
            page_content=result["snippet"] if "snippet" in result.keys() else "",
            metadata={
```

```
                "source": result["link"] if "link" in result.keys() else "",
                "filename": result["title"] if "title" in result.keys() else "",
            },
        )
        docs.append(doc)
    return docs

def search_engine(query: str, top_k:int=0, engine_name: str="", config: dict={}):
    config = config or get_tool_config("search_internet")
    if top_k <= 0:
        top_k = config.get("top_k", Settings.kb_settings.SEARCH_ENGINE_TOP_K)
    engine_name = engine_name or config.get("search_engine_name")
    search_engine_use = SEARCH_ENGINES[engine_name]
    results = search_engine_use(
        text=query, config=config["search_engine_config"][engine_name], top_k=top_k
    )
    docs = [x for x in search_result2docs(results) if x.page_content and x.page_
content.strip()]
    return {"docs": docs, "search_engine": engine_name}
@regist_tool(title="互联网搜索")
def search_internet(query: str = Field(description="query for Internet search")):
    """Use this tool to use bing search engine to search the internet and get
information."""
    return BaseToolOutput(search_engine(query=query), format=format_context)
```

11.3.2 Agent 生成器和输出解析器

在本项目的“agent_factory”目录中，提供了一系列代理生成器和输出解析器的实现程序，用于构建和管理不同类型的代理。例如，QwenChatAgent 和 StructuredGLM3ChatAgent 分别针对不同的语言模型和工具集进行配置，并提供专门的输出解析器来处理代理的交互结果。这些代理可以根据需求来创建、配置和扩展，以支持各种任务，如自动化对话处理、数据处理和复杂的多步骤任务解决方案。

① 文件 agents_registry.py 实现了一个代理注册器（agents_registry），用于根据传入的语言模型类型动态创建适配的代理执行器（AgentExecutor）。具体而言，当语言模型为 GLM 3 或 Qwen 时，分别调用对应的自定义方法 create_structured_glm3_chat_agent 和 create_structured_qwen_chat_agent 来生成代理；否则，使用默认的 LangChain 结构化聊天代理。代码还支持传入工具集（tools）、回调函数（callbacks）和自定义提示模板（prompt），为代理配置灵活的功能组合，以满足不同场景的需求。

```
from langchain import hub
from langchain.agents import AgentExecutor, create_structured_chat_agent
from langchain_core.callbacks import BaseCallbackHandler
from langchain_core.language_models import BaseLanguageModel
from langchain_core.messages import SystemMessage
from langchain_core.prompts import ChatPromptTemplate
from langchain_core.tools import BaseTool

from chatchat.server.agent.agent_factory import create_structured_qwen_chat_agent
from chatchat.server.agent.agent_factory.glm3_agent import (
    create_structured_glm3_chat_agent,
)
from chatchat.server.agent.agent_factory.deepseek_agent import (
    create_structured_deepseek_chat_agent,  # 假设你有一个针对 DeepSeek 的代理创建方法
)
```

```
def agents_registry(
        llm: BaseLanguageModel,
        tools: Sequence[BaseTool] = [],
        callbacks: List[BaseCallbackHandler] = [],
        prompt: str = None,
        verbose: bool = False,
):
    # llm.callbacks = callbacks
    llm.streaming = False  # qwen agent not support streaming

    # Write any optimized method here.
    if "glm3" in llm.model_name.lower():
        # An optimized method of langchain Agent that uses the glm3 series model
        agent = create_structured_glm3_chat_agent(llm=llm, tools=tools)

        agent_executor = AgentExecutor(
            agent=agent, tools=tools, verbose=verbose, callbacks=callbacks
        )

        return agent_executor
    elif "qwen" in llm.model_name.lower():
        return create_structured_qwen_chat_agent(
            llm=llm, tools=tools, callbacks=callbacks
        )
    elif "deepseek" in llm.model_name.lower():
        return create_structured_deepseek_chat_agent(
            llm=llm, tools=tools, callbacks=callbacks
        )
    else:
        if prompt is not None:
            prompt = ChatPromptTemplate.from_messages([SystemMessage(content=
prompt)])
        else:
            prompt = hub.pull("hwchase17/structured-chat-agent")  # default prompt
        agent = create_structured_chat_agent(llm=llm, tools=tools, prompt=prompt)

        agent_executor = AgentExecutor(
            agent=agent, tools=tools, verbose=verbose, callbacks=callbacks
        )

        return agent_executor
```

② 文件 deepseek_agent.py 实现了一个基于 DeepSeek 模型的结构化聊天代理生成器，用于处理与工具交互的任务，并支持复杂的多轮交互式问答场景。解析模型通过自定义的输出解析器 StructuredDeepSeekChatOutputParser 输出并将输出转换为代理动作或最终答案。此外，代码还动态构建了提示模板，结合工具描述和用户输入，通过流水线方式（流式）整合输入消息、提示模板、LLM 处理和输出解析器，形成一个完整的聊天代理流程，支持灵活的工具调用和多轮交互。

```
class StructuredDeepSeekChatOutputParser(AgentOutputParser):
    """Custom output parser for DeepSeek chat agent."""
    def parse(self, text: str) -> Union[AgentAction, AgentFinish]:
        if "Action:" in text:
            action_match = re.search(r"Action:\s*(\w+)", text)
            input_match = re.search(r"Action Input:\s*(.*)", text)
            if action_match and input_match:
                action = action_match.group(1).strip()
                action_input = input_match.group(1).strip()
                try:
                    action_input_json = json.loads(action_input)
```

```
                    return AgentAction(tool=action, tool_input=action_input_json,
log=text)
                except json.JSONDecodeError:
                    return AgentAction(tool=action, tool_input={"query": action_
input}, log=text)
            else:
                return AgentFinish({"output": text}, log=text)
        elif "Final Answer:" in text:
            answer_match = re.search(r"Final Answer:\s*(.*)", text)
            if answer_match:
                return AgentFinish({"output": answer_match.group(1).
strip()}, log=text)
        else:
            return AgentFinish({"output": text}, log=text)

    @property
    def _type(self) -> str:
        return "StructuredDeepSeekChatOutputParser"


def create_structured_deepseek_chat_agent(
    llm: BaseLanguageModel,
    tools: Sequence[BaseTool],
    callbacks: Sequence[Callbacks] = [],
    use_custom_prompt: bool = True
) -> AgentExecutor:
    """Create a structured DeepSeek chat agent."""
    tools_description = "\n".join([
        f"{tool.name}: {tool.description}" for tool in tools
    ])

    if use_custom_prompt:
        prompt_template = f"""System: You are a helpful assistant that uses the
following tools to answer questions:
{tools_description}
Please follow the user's instructions carefully and use the tools when necessary.
When using a tool, you should follow this format:
Action: <tool_name>
Action Input: <tool_parameters_in_json_format>
When you have the final answer, respond with:
Final Answer: <the_final_answer>"""
    else:
        prompt_template = """System: You are a helpful assistant.
User: {input}
{agent_scratchpad}"""

    prompt = ChatPromptTemplate.from_messages([
        ("system", prompt_template),
        ("user", "{input}"),
        ("assistant", "{agent_scratchpad}")
    ])

    output_parser = StructuredDeepSeekChatOutputParser()

    agent = (
        RunnablePassthrough.assign(agent_scratchpad=lambda x: x.get("intermediate_
steps", []))
        | prompt
        | llm.bind(stop=["\nObservation:", "\nAction:", "\nFinal Answer:"])
        | output_parser
    )

    executor = AgentExecutor(agent=agent, tools=tools, callbacks=callbacks)
```

```
    return executor
```

③ 文件 glm3_agent.py 实现了一个适配 GLM3 模型的结构化聊天代理生成器（create_structured_glm3_chat_agent）及其输出解析逻辑。通过自定义的 StructuredGLM3ChatOutputParser 解析模型输出，并将输出转换为代理动作（AgentAction）或最终答案（AgentFinish）。生成器根据工具（tools）的描述和参数动态构建提示模板（ChatPromptTemplate），并通过流水线方式（RunnablePassthrough）将输入消息、提示模板、LLM 处理和输出解析器整合为一个完整的聊天代理，用于支持复杂的工具调用和多轮交互式问答场景。

```
class StructuredGLM3ChatOutputParser(AgentOutputParser):
    base_parser: AgentOutputParser = Field(default_factory=StructuredChatOutputParser)
    output_fixing_parser: Optional[OutputFixingParser] = None

    def parse(self, text: str) -> Union[AgentAction, AgentFinish]:
        print(text)

        special_tokens = ["Action:", "<|observation|>"]
        first_index = min(
            [
                text.find(token) if token in text else len(text)
                for token in special_tokens
            ]
        )
        text = text[:first_index]

        if "tool_call" in text:
            action_end = text.find("'''")
            action = text[:action_end].strip()
            params_str_start = text.find("(") + 1
            params_str_end = text.rfind(")")
            params_str = text[params_str_start:params_str_end]

            params_pairs = [
                param.split("=") for param in params_str.split(",") if "=" in param
            ]
            params = {
                pair[0].strip(): pair[1].strip().strip("'\"") for pair in params_
pairs
            }

            action_json = {"action": action, "action_input": params}
        else:
            action_json = {"action": "Final Answer", "action_input": text}
        action_str = f"""
Action:
'''
{json.dumps(action_json, ensure_ascii=False)}
'''"""
        try:
            if self.output_fixing_parser is not None:
                parsed_obj: Union[
                    AgentAction, AgentFinish
                ] = self.output_fixing_parser.parse(action_str)
            else:
                parsed_obj = self.base_parser.parse(action_str)
            return parsed_obj
        except Exception as e:
            raise OutputParserException(f"Could not parse LLM output: {text}")
from e
```

```
    @property
    def _type(self) -> str:
        return "StructuredGLM3ChatOutputParser"


def create_structured_glm3_chat_agent(
    llm: BaseLanguageModel, tools: Sequence[BaseTool]
) -> Runnable:
    tools_json = []
    for tool in tools:
        tool_schema = model_schema(tool.args_schema) if tool.args_schema else {}
        description = (
            tool.description.split(" - ")[1].strip()
            if tool.description and " - " in tool.description
            else tool.description
        )
        parameters = {
            k: {sub_k: sub_v for sub_k, sub_v in v.items() if sub_k != "title"}
            for k, v in tool_schema.get("properties", {}).items()
        }
        simplified_config_langchain = {
            "name": tool.name,
            "description": description,
            "parameters": parameters,
        }
        tools_json.append(simplified_config_langchain)
    tools = "\n".join(
        [json.dumps(tool, indent=4, ensure_ascii=False) for tool in tools_json]
    )

    prompt = ChatPromptTemplate(
        input_variables=["input", "agent_scratchpad"],
        input_types={
            "chat_history": typing.List[
                typing.Union[
                    langchain_core.messages.ai.AIMessage,
                    langchain_core.messages.human.HumanMessage,
                    langchain_core.messages.chat.ChatMessage,
                    langchain_core.messages.system.SystemMessage,
                    langchain_core.messages.function.FunctionMessage,
                    langchain_core.messages.tool.ToolMessage,
                ]
            ]
        },
        messages=[
            langchain_core.prompts.SystemMessagePromptTemplate(
                prompt=langchain_core.prompts.PromptTemplate(
                    input_variables=["tools"], template=SYSTEM_PROMPT
                )
            ),
            langchain_core.prompts.MessagesPlaceholder(
                variable_name="chat_history", optional=True
            ),
            langchain_core.prompts.HumanMessagePromptTemplate(
                prompt=langchain_core.prompts.PromptTemplate(
                    input_variables=["agent_scratchpad", "input"],
                    template=HUMAN_MESSAGE,
                )
            ),
        ],
    ).partial(tools=tools)

    llm_with_stop = llm.bind(stop=["<|observation|>"])
```

```
    agent = (
        RunnablePassthrough.assign(
            agent_scratchpad=lambda x: x["intermediate_steps"],
        )
        | prompt
        | llm_with_stop
        | StructuredGLM3ChatOutputParser()
    )
    return agent
```

④ 文件 qwen_agent.py 定义了一种基于 Qwen 模型的结构化聊天代理，用于处理与工具交互的任务，同时支持自定义和标准输出解析。此外，还实现了同步和异步的代理规划方法，允许根据不同的需求高效地处理中间步骤和最终结果。

```
# 检查 JSON 数据是否有效
def validate_json(json_data: str):
    try:
        json.loads(json_data)
        return True
    except ValueError:
        return False

# 代理规划方法，无需流式处理
def _plan_without_stream(
    self: RunnableAgent,
    intermediate_steps: List[Tuple[AgentAction, str]],
    callbacks: Callbacks = None,
    **kwargs: Any,
) -> Union[AgentAction, AgentFinish]:
    inputs = {**kwargs, **{"intermediate_steps": intermediate_steps}}
    return self.runnable.invoke(inputs, config={"callbacks": callbacks})

# 异步规划方法，无需流式处理
async def _aplan_without_stream(
    self: RunnableAgent,
    intermediate_steps: List[Tuple[AgentAction, str]],
    callbacks: Callbacks = None,
    **kwargs: Any,
) -> Union[AgentAction, AgentFinish]:
    inputs = {**kwargs, **{"intermediate_steps": intermediate_steps}}
    return await self.runnable.ainvoke(inputs, config={"callbacks": callbacks})

# 自定义 Qwen 聊天代理输出解析器
class QwenChatAgentOutputParserCustom(StructuredChatOutputParser):
    """Output parser with retries for the structured chat agent with custom qwen
prompt."""

    def parse(self, text: str) -> Union[AgentAction, AgentFinish]:
        if s := re.findall(
            r"\nAction:\s*(.+)\nAction\sInput:\s*(.+)", text, flags=re.DOTALL
        ):
            s = s[-1]
            json_string: str = s[1]
            json_input = None
            try:
                json_input = json.loads(json_string)
            except:
                if not json_string.endswith('"}'):
                    print("Attempting to fix incorrectly formatted JSON output:" +
json_string)
                    fixed_json_string = (json_string + '"}').replace("'", '"')
```

```
                    fixed = True
                    if not validate_json(fixed_json_string):
                        fixed_json_string = (re.sub(r'//.*', '', (json_
string + '"}').replace("'", '"'))
                                             .strip()
                                             .replace('\n', ''))
                        if not validate_json(fixed_json_string):
                            fixed = False
                            print("Failed to fix JSON format:" + json_string)
                    if fixed:
                        json_string = fixed_json_string
                        print("Fixed JSON output:" + json_string)

                    json_input = json.loads(json_string)
                if "command" in json_input:
                    json_input["query"] = json_input.pop("command")

                return AgentAction(tool=s[0].strip(), tool_input=json_input, log=text)
            elif s := re.findall(r"\nFinal\sAnswer:\s*(.+)", text, flags=re.DOTALL):
                s = s[-1]
                return AgentFinish({"output": s}, log=text)
            else:
                return AgentFinish({"output": text}, log=text)

    @property
    def _type(self) -> str:
        return "StructuredQWenChatOutputParserCustom"

# 结构化 Qwen 聊天代理创建函数
def create_structured_qwen_chat_agent(
    llm: BaseLanguageModel,
    tools: Sequence[BaseTool],
    callbacks: Sequence[Callbacks],
    use_custom_prompt: bool = True,
) -> AgentExecutor:
    if use_custom_prompt:
        prompt = "qwen"
        output_parser = QwenChatAgentOutputParserCustom()
    else:
        prompt = "structured-chat-agent"
        output_parser = QwenChatAgentOutputParserLC()

    tools = [t.copy(update={"callbacks": callbacks}) for t in tools]
    template = get_prompt_template("action_model", prompt)
    prompt = QwenChatAgentPromptTemplate(
        input_variables=["input", "intermediate_steps"], template=template, tools=
tools
    )

    agent = (
        RunnablePassthrough.assign(agent_scratchpad=itemgetter("intermediate_
steps"))
          | prompt
          | llm.bind(
              stop=["<|endoftext|>", "<|im_start|>", "<|im_end|>", "\nObservation:"]
          )
          | output_parser
    )
    executor = AgentExecutor(agent=agent, tools=tools, callbacks=callbacks)
    executor.agent.__dict__["plan"] = partial(_plan_without_stream, executor.agent)
    executor.agent.__dict__["aplan"] = partial(_aplan_without_stream, executor.
agent)

    return executor
```

11.3.3 优化检索结果

文件 reranker.py 实现了一个基于 CrossEncoder 模型的文档重排序工具，用于提升文档与查询的相关性。LangchainReranker 类接收一组文档和查询，将每个文档与查询组合为句子对，通过模型计算每个句子对的相关性分数，并根据分数选出最相关的前 top_n 个文档。重排序后的文档会附加相关性分数以供进一步使用。该工具适用于需要从大量文档中筛选出与查询内容最相关的文档的场景，如问答系统或信息检索任务。

```
class LangchainReranker(BaseDocumentCompressor):
    """使用 'Cohere Rerank API' 的文档压缩工具。"""

    model_name_or_path: str = Field()
    _model: Any = PrivateAttr()
    top_n: int = Field()
    device: str = Field()
    max_length: int = Field()
    batch_size: int = Field()
    num_workers: int = Field()

    def __init__(
        self,
        model_name_or_path: str,
        top_n: int = 3,
        device: str = "cuda",
        max_length: int = 1024,
        batch_size: int = 32,
        num_workers: int = 0,
    ):
        self._model = CrossEncoder(
            model_name=model_name_or_path, max_length=max_length, device=device
        )
        super().__init__(
            top_n=top_n,
            model_name_or_path=model_name_or_path,
            device=device,
            max_length=max_length,
            batch_size=batch_size,
            num_workers=num_workers,
        )

    def compress_documents(
        self,
        documents: Sequence[Document],
        query: str,
        callbacks: Optional[Callbacks] = None,
    ) -> Sequence[Document]:
        """
        使用 Cohere 的 rerank API 压缩文档。

        参数：
            documents: 需要压缩的一组文档。
            query: 用于压缩文档的查询。
            callbacks: 在压缩过程中运行的回调函数。

        返回：
            压缩后的一组文档。
        """
        if len(documents) == 0:  # 避免空的 API 调用
            return []
        doc_list = list(documents)
```

```
        _docs = [d.page_content for d in doc_list]
        sentence_pairs = [[query, _doc] for _doc in _docs]
        results = self._model.predict(
            sentences=sentence_pairs,
            batch_size=self.batch_size,
            num_workers=self.num_workers,
            convert_to_tensor=True,
        )
        top_k = self.top_n if self.top_n < len(results) else len(results)

        values, indices = results.topk(top_k)
        final_results = []
        for value, index in zip(values, indices):
            doc = doc_list[index]
            doc.metadata["relevance_score"] = value
            final_results.append(doc)
        return final_results
```

11.3.4　基于文档的 RAG

本项目的“file_rag”目录主要实现基于文档的 RAG 流程，包括文档加载、文本分割、信息检索等核心环节，并支持灵活的配置方式和多模型集成，提供了处理多模态数据（如图片对话）的能力。

（1）文档加载

“file_rag\document_loaders”目录提供了针对多种文档类型（如 CSV、PDF、Word、PPT、图片）的加载和解析工具，结合 OCR 等技术，支持灵活的配置和多模态数据处理，为后续的检索和生成任务提供统一的输入接口。“file_rag\document_loaders”目录中包含的程序文件如下。

- FilteredCSVLoader.py：用于加载和筛选 CSV 文档，支持对数据进行过滤和预处理。
- mydocloader.py：专注于加载和解析 Word 文档（.doc/.docx）。
- myimgloader.py：实现对图片的加载，能结合 OCR 技术提取文字内容。
- mypdfloader.py：用于加载和解析 PDF 文档，支持将内容转为结构化文本，并支持 YAML 配置和图片对话功能。
- mypptloader.py：处理 PowerPoint 文档（.ppt/.pptx），提取幻灯片内容。
- ocr.py：实现 OCR 功能，用于从图像中提取文字信息。

下面简单介绍几个主要文档加载文件的实现过程。

① 文件 FilteredCSVloader.py 定义了继承自 CSVLoader 的类 FilteredCSVLoader，用于从 CSV 文件中加载指定列的数据，并将其转化为 Document 对象列表。FilteredCSVLoader 类的功能如下。

- 列筛选：通过 columns_to_read 参数指定需要读取的列。
- 元数据提取：可选地从文件中提取指定的元数据列，并添加到文档的元数据中。
- 编码处理：支持手动设置文件编码或自动检测编码，以处理不同编码格式的 CSV 文档。
- 行追踪：记录每一行的索引位置，并将其添加到文档的元数据中。
- 错误处理：在加载和解析文档时处理编码错误和缺失列等异常。

```
class FilteredCSVLoader(CSVLoader):
    def __init__(
        self,
        file_path: str,
        columns_to_read: List[str],
```

```
        source_column: Optional[str] = None,
        metadata_columns: List[str] = [],
        csv_args: Optional[Dict] = None,
        encoding: Optional[str] = None,
        autodetect_encoding: bool = False,
    ):
        super().__init__(
            file_path=file_path,
            source_column=source_column,
            metadata_columns=metadata_columns,
            csv_args=csv_args,
            encoding=encoding,
            autodetect_encoding=autodetect_encoding,
        )
        self.columns_to_read = columns_to_read

    def load(self) -> List[Document]:
        """从CSV文档中加载数据到文档对象中。"""

        docs = []
        try:
            with open(self.file_path, newline="", encoding=self.encoding) as csvfile:
                docs = self.__read_file(csvfile)
        except UnicodeDecodeError as e:
            if self.autodetect_encoding:
                detected_encodings = detect_file_encodings(self.file_path)
                for encoding in detected_encodings:
                    try:
                        with open(
                            self.file_path, newline="", encoding=encoding.encoding
                        ) as csvfile:
                            docs = self.__read_file(csvfile)
                            break
                    except UnicodeDecodeError:
                        continue
            else:
                raise RuntimeError(f"Error loading {self.file_path}") from e
        except Exception as e:
            raise RuntimeError(f"Error loading {self.file_path}") from e

        return docs

    def __read_file(self, csvfile: TextIOWrapper) -> List[Document]:
        docs = []
        csv_reader = csv.DictReader(csvfile, **self.csv_args)  # type: ignore
        for i, row in enumerate(csv_reader):
            content = []
            for col in self.columns_to_read:
                if col in row:
                    content.append(f"{col}:{str(row[col])}")
                else:
                    raise ValueError(
                        f"Column '{self.columns_to_read[0]}' not found in CSV file."
                    )
            content = "\n".join(content)
            # 提取可用的源
            source = (
                row.get(self.source_column, None)
                if self.source_column is not None
                else self.file_path
            )
            metadata = {"source": source, "row": i}
```

```
            for col in self.metadata_columns:
                if col in row:
                    metadata[col] = row[col]

            doc = Document(page_content=content, metadata=metadata)
            docs.append(doc)

        return docs
```

② 文件 mypdfloader.py 定义了类 RapidOCRPDFLoader，用于处理 PDF 文档。主要功能如下。

• 图像旋转处理：rotate_img 函数实现了图像旋转功能，支持不同角度的旋转。

• 文本提取与 OCR：pdf2text 函数通过使用 fitz（来自 pyMuPDF 库）提取 PDF 文档中的文本，并使用 OCR 技术（get_ocr 和 ocr）处理页面中的图像，以获取识别的文字信息。

• 分页处理：该类处理 PDF 文档的每一页，通过 OCR 识别每一页中的图像内容，并将其合并到提取的文本中。

• 分割文本：提取的文本通过 partition_text 函数进行分段处理，生成结构化的文档对象。

• 主函数：程序的入口通过 RapidOCRPDFLoader 类实例化，并加载 PDF 文档以生成文档对象。

```
class RapidOCRPDFLoader(UnstructuredFileLoader):
    def _get_elements(self) -> List:
        def rotate_img(img, angle):
            """
            img   --image
            angle --rotation angle
            return--rotated img
            """

            h, w = img.shape[:2]
            rotate_center = (w / 2, h / 2)
            # 获取旋转矩阵
            # 参数1为旋转中心点;
            # 参数2为旋转角度,正值-逆时针旋转;负值-顺时针旋转
            # 参数3为各向同性的比例因子,1.0原图，2.0变成原来的2倍，0.5变成原来的0.5倍
            M = cv2.getRotationMatrix2D(rotate_center, angle, 1.0)
            # 计算图像新边界
            new_w = int(h * np.abs(M[0, 1]) + w * np.abs(M[0, 0]))
            new_h = int(h * np.abs(M[0, 0]) + w * np.abs(M[0, 1]))
            # 调整旋转矩阵以考虑平移
            M[0, 2] += (new_w - w) / 2
            M[1, 2] += (new_h - h) / 2

            rotated_img = cv2.warpAffine(img, M, (new_w, new_h))
            return rotated_img

        def pdf2text(filepath):
            import fitz  # pyMuPDF里面的fitz包，不要与pip install fitz混淆
            import numpy as np

            ocr = get_ocr()
            doc = fitz.open(filepath)
            resp = ""

            b_unit = tqdm.tqdm(
                total=doc.page_count, desc="RapidOCRPDFLoader context page index: 0
```

```
"
            )
            for i, page in enumerate(doc):
                b_unit.set_description(
                    "RapidOCRPDFLoader context page index: {}".format(i)
                )
                b_unit.refresh()
                text = page.get_text("")
                resp += text + "\n"

                img_list = page.get_image_info(xrefs=True)
                for img in img_list:
                    if xref := img.get("xref"):
                        bbox = img["bbox"]
                        # 检查图片尺寸是否超过设定的阈值
                        if (bbox[2] - bbox[0]) / (page.rect.width) < Settings.kb_
settings.PDF_OCR_THRESHOLD[
                            0
                        ] or (bbox[3] - bbox[1]) / (
                            page.rect.height
                        ) < Settings.kb_settings.PDF_OCR_THRESHOLD[1]:
                            continue
                        pix = fitz.Pixmap(doc, xref)
                        samples = pix.samples
                        if int(page.rotation) != 0:  # 如果Page有旋转角度，则旋转图片
                            img_array = np.frombuffer(
                                pix.samples, dtype=np.uint8
                            ).reshape(pix.height, pix.width, -1)
                            tmp_img = Image.fromarray(img_array)
                            ori_img = cv2.cvtColor(np.array(tmp_img), cv2.COLOR_
RGB2BGR)
                            rot_img = rotate_img(img=ori_img, angle=360 - page.
rotation)
                            img_array = cv2.cvtColor(rot_img, cv2.COLOR_RGB2BGR)
                        else:
                            img_array = np.frombuffer(
                                pix.samples, dtype=np.uint8
                            ).reshape(pix.height, pix.width, -1)

                        result, _ = ocr(img_array)
                        if result:
                            ocr_result = [line[1] for line in result]
                            resp += "\n".join(ocr_result)

                # 更新进度
                b_unit.update(1)
            return resp

        text = pdf2text(self.file_path)
        from unstructured.partition.text import partition_text

        return partition_text(text=text, **self.unstructured_kwargs)


if __name__ == "__main__":
    loader = RapidOCRPDFLoader(file_path="/Users/tonysong/Desktop/test.pdf")
    docs = loader.load()
    print(docs)
```

（2）检索模块

“file_rag/retrievers”目录用于实现从文档中高效检索相关信息的功能，集中处理向量存储、检索器以及相关组件的修复和更新操作。

① 文件 ensemble.py 实现了类 EnsembleRetrieverService，提供了一个基于多个检索器的集成检索服务。该类支持从向量存储中创建一个复合检索器，结合了基于相似性得分的 FAISS 检索器和基于 BM25 的检索器，用户可以根据不同的检索需求（如得分阈值）来调整检索器的性能。此外，还支持通过查询获取最相关的文档，并返回前 top_k 个结果。

```
class EnsembleRetrieverService(BaseRetrieverService):
    def do_init(
        self,
        retriever: BaseRetriever = None,
        top_k: int = 5,
    ):
        """
        初始化检索器服务。

        retriever -- 基础检索器对象。
        top_k -- 返回的相关文档数量。
        """
        self.vs = None
        self.top_k = top_k
        self.retriever = retriever

    @staticmethod
    def from_vectorstore(
        vectorstore: VectorStore,
        top_k: int,
        score_threshold: int | float,
    ):
        """
        从向量存储中创建一个集成检索器服务。

        vectorstore -- 向量存储对象。
        top_k -- 返回的相关文档数量。
        score_threshold -- 相似性得分阈值，用于过滤检索结果。
        """
        faiss_retriever = vectorstore.as_retriever(
            search_type="similarity_score_threshold",
            search_kwargs={"score_threshold": score_threshold, "k": top_k},
        )

        # TODO: 换个不用torch的实现方式
        # from cutword.cutword import Cutter
        import jieba

        # cutter = Cutter()
        docs = list(vectorstore.docstore._dict.values())
        bm25_retriever = BM25Retriever.from_documents(
            docs,
            preprocess_func=jieba.lcut_for_search,
        )
        bm25_retriever.k = top_k
        ensemble_retriever = EnsembleRetriever(
            retrievers=[bm25_retriever, faiss_retriever], weights=[0.5, 0.5]
        )
        return EnsembleRetrieverService(retriever=ensemble_retriever, top_k=top_k)

    def get_relevant_documents(self, query: str):
        """
        获取与查询相关的文档。

        query -- 查询字符串。
        """
        return self.retriever.get_relevant_documents(query)[: self.top_k]
```

上述代码的具体说明如下。

• 方法 do_init：用于初始化集成检索服务，设置检索器和返回文档数量的限制 top_k。

• 静态方法 from_vectorstore：从向量存储中创建一个集成检索器服务，结合 FAISS 检索器和 BM25 检索器。通过得分阈值过滤检索结果。

• 方法 get_relevant_documents：提供了根据查询获取最相关文档的功能，并限制返回的文档数量为 top_k。

② 文件 milvus_vectorstore.py 定义了类 MilvusRetriever 和 MilvusVectorstoreRetrieverService，用于从 Milvus 向量存储中检索相关文档。具体说明如下。

• MilvusRetriever：支持不同的检索类型，如相似度检索、基于得分阈值的检索以及最大边际相关性（MMR）检索。对于基于得分阈值的检索，过滤得分低于设定阈值的文档，并对相似性得分进行警告检查。

• MilvusVectorstoreRetrieverService：提供了初始化功能，并通过 from_vectorstore 方法创建 MilvusRetriever。提供基于查询获取相关文档的方法，并限制返回的文档数量为 top_k。

```
class MilvusRetriever(VectorStoreRetriever):
    def _get_relevant_documents(
        self, query: str, *, run_manager: CallbackManagerForRetrieverRun
    ) -> List[Document]:
        """
        从Milvus向量存储中获取相关文档。

        query -- 查询字符串。
        run_manager -- 回调管理器。
        """
        if self.search_type == "similarity":
            docs = self.vectorstore.similarity_search(query, **self.search_kwargs)
        elif self.search_type == "similarity_score_threshold":
            docs_and_similarities = self.vectorstore.similarity_search_with_
score(query, **self.search_kwargs)
            score_threshold = self.search_kwargs.get("score_threshold", None)

            if any(
                similarity < 0.0 or similarity > 1.0
                for _, similarity in docs_and_similarities
            ):
                warnings.warn(
                    "Relevance scores must be between"
                    f" 0 and 1, got {docs_and_similarities}"
                )

            if score_threshold is not None:  # can be 0, but not None
                docs_and_similarities = [
                doc
                for doc, similarity in docs_and_similarities
                if similarity >= score_threshold
            ]
            if len(docs_and_similarities) == 0:
                warnings.warn(
                    "No relevant docs were retrieved using the relevance score"
                    f" threshold {score_threshold}"
                )
            return docs_and_similarities
        elif self.search_type == "mmr":
            docs = self.vectorstore.max_marginal_relevance_search(
                query, **self.search_kwargs
            )
        else:
```

```
            raise ValueError(f"search_type of {self.search_type} not allowed.")
        return docs

    async def _aget_relevant_documents(
        self, query: str, *, run_manager: AsyncCallbackManagerForRetrieverRun
    ) -> List[Document]:
        """
        异步从Milvus向量存储中获取相关文档。

        query -- 查询字符串。
        run_manager -- 异步回调管理器。
        """
        if self.search_type == "similarity":
            docs = await self.vectorstore.asimilarity_search(
                query, **self.search_kwargs
            )
        elif self.search_type == "similarity_score_threshold":
            docs_and_similarities = (
                await self.vectorstore.asimilarity_search_with_score(query, **self.
search_kwargs)
            )
            score_threshold = self.search_kwargs.get("score_threshold", None)

            if any(
                similarity < 0.0 or similarity > 1.0
                for _, similarity in docs_and_similarities
            ):
                warnings.warn(
                    "Relevance scores must be between"
                    f" 0 and 1, got {docs_and_similarities}"
                )

            if score_threshold is not None:  # can be 0, but not None
                docs_and_similarities = [
                (doc, similarity)
                for doc, similarity in docs_and_similarities
                if similarity >= score_threshold
            ]
            if len(docs_and_similarities) == 0:
                warnings.warn(
                    "No relevant docs were retrieved using the relevance score"
                    f" threshold {score_threshold}"
                )
            return docs_and_similarities
        elif self.search_type == "mmr":
            docs = await self.vectorstore.amax_marginal_relevance_search(
                query, **self.search_kwargs
            )
        else:
            raise ValueError(f"search_type of {self.search_type} not allowed.")
        return docs

class MilvusVectorstoreRetrieverService(BaseRetrieverService):
    def do_init(
        self,
        retriever: BaseRetriever = None,
        top_k: int = 5,
    ):
        """
        初始化Milvus向量存储检索服务。

        retriever -- 基础检索器对象。
        top_k -- 返回的相关文档数量。
```

```
        """
        self.vs = None
        self.top_k = top_k
        self.retriever = retriever

    @staticmethod
    def from_vectorstore(
        vectorstore: VectorStore,
        top_k: int,
        score_threshold: int or float,
    ):
        """
        从向量存储中创建Milvus检索器服务。

        vectorstore -- 向量存储对象。
        top_k -- 返回的相关文档数量。
        score_threshold -- 相似性得分阈值，用于过滤检索结果。
        """
        retriever = MilvusRetriever(vectorstore=vectorstore,
                                    search_type="similarity_score_threshold",
                                    search_kwargs={"score_threshold": score_
threshold, "k": top_k}
                                    )

        return MilvusVectorstoreRetrieverService(retriever=retriever, top_k=top_k)

    def get_relevant_documents(self, query: str):
        """
        获取与查询相关的文档。

        query -- 查询字符串。
        """
        return self.retriever.get_relevant_documents(query)[: self.top_k]
```

③ 文件 vectorstore.py 提供了基于向量存储的文档检索服务，通过不同的检索器实现从向量存储中检索相关文档，支持根据相似性得分或分数阈值筛选，并可限制返回的文档数量(top_k)。同时，提供了同步和异步两种检索方式。

```
class VectorstoreRetrieverService(BaseRetrieverService):
    def do_init(
        self,
        retriever: BaseRetriever = None,
        top_k: int = 5,
    ):
        self.vs = None
        self.top_k = top_k
        self.retriever = retriever

    @staticmethod
    def from_vectorstore(
        vectorstore: VectorStore,
        top_k: int,
        score_threshold: int | float,
    ):
        retriever = vectorstore.as_retriever(
            search_type="similarity_score_threshold",
            search_kwargs={"score_threshold": score_threshold, "k": top_k},
        )
        return VectorstoreRetrieverService(retriever=retriever, top_k=top_k)

    def get_relevant_documents(self, query: str):
        return self.retriever.get_relevant_documents(query)[: self.top_k]
```

（3）文本分割模块

在“file_rag\text_splitter”目录中包含了多种文本分割器，分别针对不同的需求进行优化。能够将大段文本分割成较小的片段，方便后续的检索和生成操作。此模块也支持 YAML 配置、图片对话及模型自动检测功能。

① 文件 ali_text_splitter.py 定义了类 AliTextSplitter，用于分割文本，支持使用达摩院开源的文档语义分割模型进行中文文档的自动切分。通过选择 pdf=True，可以处理 PDF 文档，进行多段落的清理和合并。此外，类中包含模型加载和文本分割的逻辑，支持低配置设备上的 CPU 计算，确保高效的文本处理功能。

```
class AliTextSplitter(CharacterTextSplitter):
    def __init__(self, pdf: bool = False, **kwargs):
        super().__init__(**kwargs)
        self.pdf = pdf

    def split_text(self, text: str) -> List[str]:
        # 参数use_document_segmentation用于指定是否用语义切分文档，此处采取的文档语义分割模型为达摩院开源的nlp_bert_document-segmentation_chinese-base
        # 如果使用模型进行文档语义切分，那么需要安装modelscope[nlp]: pip install "modelscope[nlp]" -f https://modelscope.oss-cn-beijing.aliyuncs.com/releases/repo.html
        # 考虑到使用了三个模型，可能对于低配置gpu不太友好，因此这里将模型load进cpu计算，有需要的话可以替换device为自己的显卡id
        if self.pdf:
            text = re.sub(r"\n{3,}", r"\n", text)
            text = re.sub("\s", " ", text)
            text = re.sub("\n\n", "", text)
        try:
            from modelscope.pipelines import pipeline
        except ImportError:
            raise ImportError(
                "Could not import modelscope python package. "
                "Please install modelscope with 'pip install modelscope'. "
            )

        p = pipeline(
            task="document-segmentation",
            model="damo/nlp_bert_document-segmentation_chinese-base",
            device="cpu",
        )
        result = p(documents=text)
        sent_list = [i for i in result["text"].split("\n\t") if i]
        return sent_list
```

② 文件 chinese_recursive_text_splitter.py 实现了类 ChineseRecursiveTextSplitter，用于处理中文文档的递归分割。此类支持自定义分隔符，能够根据指定的分隔符来递归分割文本，并且提供了处理大型文本分割时的自动合并和过滤功能。分割过程中，支持正则表达式分隔符匹配，确保切割出的段落符合预期长度，同时去除冗余段落。

```
def _split_text_with_regex_from_end(
    text: str, separator: str, keep_separator: bool
) -> List[str]:
    # Now that we have the separator, split the text
    if separator:
        if keep_separator:
            # The parentheses in the pattern keep the delimiters in the result.
            _splits = re.split(f"({separator})", text)
            splits = ["".join(i) for i in zip(_splits[0::2], _splits[1::2])]
            if len(_splits) % 2 == 1:
```

```
                splits += _splits[-1:]
            # splits = [_splits[0]] + splits
        else:
            splits = re.split(separator, text)
    else:
        splits = list(text)
    return [s for s in splits if s != ""]

class ChineseRecursiveTextSplitter(RecursiveCharacterTextSplitter):
    def __init__(
        self,
        separators: Optional[List[str]] = None,
        keep_separator: bool = True,
        is_separator_regex: bool = True,
        **kwargs: Any,
    ) -> None:
        """Create a new TextSplitter."""
        super().__init__(keep_separator=keep_separator, **kwargs)
        self._separators = separators or [
            "\n\n",
            "\n",
            "。|！|？",
            "\.\s|\!\s|\?\s",
            "；|;\s",
            "，|,\s",
        ]
        self._is_separator_regex = is_separator_regex

    def _split_text(self, text: str, separators: List[str]) -> List[str]:
        """Split incoming text and return chunks."""
        final_chunks = []
        # Get appropriate separator to use
        separator = separators[-1]
        new_separators = []
        for i, _s in enumerate(separators):
            _separator = _s if self._is_separator_regex else re.escape(_s)
            if _s == "":
                separator = _s
                break
            if re.search(_separator, text):
                separator = _s
                new_separators = separators[i + 1 :]
                break

        _separator = separator if self._is_separator_regex else re.
escape(separator)
        splits = _split_text_with_regex_from_end(text, _separator, self._keep_
separator)

        # Now go merging things, recursively splitting longer texts.
        _good_splits = []
        _separator = "" if self._keep_separator else separator
        for s in splits:
            if self._length_function(s) < self._chunk_size:
                _good_splits.append(s)
            else:
                if _good_splits:
                    merged_text = self._merge_splits(_good_splits, _separator)
                    final_chunks.extend(merged_text)
                    _good_splits = []
                if not new_separators:
                    final_chunks.append(s)
                else:
```

```
                other_info = self._split_text(s, new_separators)
                final_chunks.extend(other_info)
        if _good_splits:
            merged_text = self._merge_splits(_good_splits, _separator)
            final_chunks.extend(merged_text)
        return [
            re.sub(r"\n{2,}", "\n", chunk.strip())
            for chunk in final_chunks
            if chunk.strip() != ""
        ]


if __name__ == "__main__":
    text_splitter = ChineseRecursiveTextSplitter(
        keep_separator=True, is_separator_regex=True, chunk_size=50, chunk_
overlap=0
    )
    ls = [
        """中国对外贸易形势报告（75页）。前 10 个月，一般贸易进出口 19.5 万亿元，增
长 25.1%， 比整体进出口增速高出 2.9 个百分点，占进出口总额的 61.7%，较去年同期提升 1.6 个百分点。
其中，一般贸易出口 10.6 万亿元，增长 25.3%，占出口总额的 60.9%，提升 1.5 个百分点；进口8.9万亿
元，增长24.9%，占进口总额的62.7%， 提升 1.8 个百分点。加工贸易进出口 6.8 万亿元，增长 11.8%， 占
进出口总额的 21.5%，减少 2.0 个百分点。其中，出口增长 10.4%，占出口总额的 24.3%，减少 2.6 个百
分点；进口增长 14.2%，占进口总额的 18.0%，减少 1.2 个百分点。此外，以保税物流方式进出口 3.96 万亿
元，增长 27.9%。其中，出口 1.47 万亿元，增长 38.9%；进口 2.49 万亿元，增长 22.2%。前三季度，中
国服务贸易继续保持快速增长态势。服务进出口总额 37834.3 亿元，增长 11.6%；其中服务出口 17820.9 亿
元，增长 27.3%；进口 20013.4 亿元，增长 0.5%，进口增速实现了疫情以来的首次转正。服务出口增幅大于进
口 26.8 个百分点，带动服务贸易逆差下降 62.9%至 2192.5 亿元。服务贸易结构持续优化，知识密集型服务进
出口 16917.7 亿元， 增长 13.3%，占服务进出口总额的比重达到 44.7%，提升 0.7 个百分点。二、中国对
外贸易发展环境分析和展望全球疫情起伏反复，经济复苏分化加剧，大宗商品价格上涨、能源紧缺、运力紧张及发达
经济体政策调整外溢等风险交织叠加。同时也要看到，我国经济长期向好的趋势没有改变，外贸企业韧性和活力不断
增强，新业态新模式加快发展，创新转型步伐提速。产业链供应链面临挑战。美欧等加快出台制造业回迁计划，加速
产业链供应链本土布局，跨国公司调整产业链供应链，全球双链面临新一轮重构，区域化、近岸化、本土化、短链化
趋势凸显。疫苗供应不足，制造业"缺芯"、物流受限、运价高企，全球产业链供应链面临压力。全球通胀持续高位运
行。能源价格上涨加大主要经济体的通胀压力，增加全球经济复苏的不确定性。世界银行今年10月发布《大宗商品市
场展望》指出，能源价格在 2021年大涨逾 80%，并且仍将在 2022 年小幅上涨。IMF 指出，全球通胀上行风险加
剧，通胀前景存在巨大不确定性。""",
    ]
    # text = """"""
    for inum, text in enumerate(ls):
        print(inum)
        chunks = text_splitter.split_text(text)
        for chunk in chunks:
            print(chunk)
```

③ 文件 chinese_text_splitter.py 定义了类 ChineseTextSplitter，用于处理中文文本的分割。此类支持处理 PDF 格式的文本，并提供了多种分隔符规则（如句号、问号、引号等）来有效分割长文本。该类还支持根据指定的最大句子长度（sentence_size）进一步分割过长的句子，确保每个段落的长度符合预期。

```
class ChineseTextSplitter(CharacterTextSplitter):
    def __init__(self, pdf: bool = False, sentence_size: int = 250, **kwargs):
        super().__init__(**kwargs)
        self.pdf = pdf
        self.sentence_size = sentence_size

    def split_text1(self, text: str) -> List[str]:
        if self.pdf:
            text = re.sub(r"\n{3,}", "\n", text)
            text = re.sub("\s", " ", text)
            text = text.replace("\n\n", "")
```

```
        sent_sep_pattern = re.compile(
            '([·；？！.。！？]["'"」』]{0,2}|(?=["'"「『]{1,2}|$))'
        )  # del ：；
        sent_list = []
        for ele in sent_sep_pattern.split(text):
            if sent_sep_pattern.match(ele) and sent_list:
                sent_list[-1] += ele
            elif ele:
                sent_list.append(ele)
        return sent_list

    def split_text(self, text: str) -> List[str]:  ##此处需要进一步优化逻辑
        if self.pdf:
            text = re.sub(r"\n{3,}", r"\n", text)
            text = re.sub("\s", " ", text)
            text = re.sub("\n\n", "", text)

        text = re.sub(r"([;；.!?。！？\?])([^"'])", r"\1\n\2", text)  # 单字符断句符
        text = re.sub(r'(\.{6})([^"'"」』])', r"\1\n\2", text)  # 英文省略号
        text = re.sub(r'(\…{2})([^"'"」』])', r"\1\n\2", text)  # 中文省略号
        text = re.sub(
            r'([;；!?。！？\?]["'"」』]{0,2})([^;；!?，。！？\?])', r"\1\n\2", text
        )
        # 如果双引号前有终止符，那么双引号才是句子的终点，把分句符\n放到双引号后，注意前面的几句都
小心保留了双引号
        text = text.rstrip()  # 段尾如果有多余的\n就去掉它
         # 很多规则中会考虑分号;，但是这里把它忽略不计，破折号、英文双引号等同样忽略，需要的再做些
简单调整即可。
        ls = [i for i in text.split("\n") if i]
        for ele in ls:
            if len(ele) > self.sentence_size:
                ele1 = re.sub(r'([,，.]["'"」』]{0,2})([^,，.])', r"\1\n\2", ele)
                ele1_ls = ele1.split("\n")
                for ele_ele1 in ele1_ls:
                    if len(ele_ele1) > self.sentence_size:
                        ele_ele2 = re.sub(
                            r'([\n]{1,}| {2,}["'"」』]{0,2})([^\s])',
                            r"\1\n\2",
                            ele_ele1,
                        )
                        ele2_ls = ele_ele2.split("\n")
                        for ele_ele2 in ele2_ls:
                            if len(ele_ele2) > self.sentence_size:
                                ele_ele3 = re.sub(
                                    '( ["'"」』]{0,2})([^ ])', r"\1\n\2", ele_ele2
                                )
                                ele2_id = ele2_ls.index(ele_ele2)
                                ele2_ls = (
                                    ele2_ls[:ele2_id]
                                    + [i for i in ele_ele3.split("\n") if i]
                                    + ele2_ls[ele2_id + 1 :]
                                )
                        ele_id = ele1_ls.index(ele_ele1)
                        ele1_ls = (
                            ele1_ls[:ele_id]
                            + [i for i in ele2_ls if i]
                            + ele1_ls[ele_id + 1 :]
                        )

                id = ls.index(ele)
                ls = ls[:id] + [i for i in ele1_ls if i] + ls[id + 1 :]
        return ls
```

④ 文件 zh_title_enhance.py 用于验证中文标题，能够检查文本是否是标题，包括对长度、非字母字符比例、数字比例等多方面的验证。通过 zh_title_enhance 函数应用这些验证规则对文档进行处理，生成带有“category”元数据的标题文档。

```
def under_non_alpha_ratio(text: str, threshold: float = 0.5):
    if len(text) == 0:
        return False

    alpha_count = len([char for char in text if char.strip() and char.isalpha()])
    total_count = len([char for char in text if char.strip()])
    try:
        ratio = alpha_count / total_count
        return ratio < threshold
    except:
        return False


def is_possible_title(
    text: str,
    title_max_word_length: int = 20,
    non_alpha_threshold: float = 0.5,
) -> bool:

    # 文本长度为0的话，肯定不是title
    if len(text) == 0:
        print("Not a title. Text is empty.")
        return False

    # 文本中有标点符号，就不是title
    ENDS_IN_PUNCT_PATTERN = r"[^\w\s]\Z"
    ENDS_IN_PUNCT_RE = re.compile(ENDS_IN_PUNCT_PATTERN)
    if ENDS_IN_PUNCT_RE.search(text) is not None:
        return False

    # 文本长度不能超过设定值，默认20
    if len(text) > title_max_word_length:
        return False

    # 文本中数字的占比不能太高，否则不是title
    if under_non_alpha_ratio(text, threshold=non_alpha_threshold):
        return False

    # NOTE(robinson) - Prevent flagging salutations like "To My Dearest Friends,"
as titles
    if text.endswith((",", ".", "，", "。")):
        return False

    if text.isnumeric():
        print(f"Not a title. Text is all numeric:\n\n{text}")  # type: ignore
        return False

    # 开头的字符内应该有数字，默认5个字符内
    if len(text) < 5:
        text_5 = text
    else:
        text_5 = text[:5]
    alpha_in_text_5 = sum(list(map(lambda x: x.isnumeric(), list(text_5))))
    if not alpha_in_text_5:
        return False

    return True
```

```
def zh_title_enhance(docs: Document) -> Document:
    title = None
    if len(docs) > 0:
        for doc in docs:
            if is_possible_title(doc.page_content):
                doc.metadata["category"] = "cn_Title"
                title = doc.page_content
            elif title:
                doc.page_content = f"下文与({title})有关。{doc.page_content}"
        return docs
    else:
        print("文件不存在")
```

11.4 Web 主页

本项目的 Web 模块提供了一个用户友好的界面，支持多会话管理、系统提示词定制和多种模型接入。通过基于 Streamlit 的 WebUI，用户可以轻松地与系统交互，使用 LLM 对话、知识库管理、文件检索和数据库对话等功能。此外，Web 模块还支持本地与在线模型的集成，使用户能够在离线部署中使用主流的大模型，如 DeepSeek V3、GLM-4-Chat、Qwen2-Instruct 等，结合不同的模型推理框架，如 Xinference、Ollama 和 FastChat，提供更灵活的解决方案。例如，文件 webui.py 是一个基于 Streamlit 的 Web 应用程序，旨在为用户提供一个简洁易用的界面，来管理和进行多功能对话、RAG 对话以及知识库管理。通过使用不同的页面选项，用户可以轻松切换功能，提升工作效率，同时集成了流畅的用户交互和实时数据展示。

```
import sys

import streamlit as st
import streamlit_antd_components as sac

from chatchat import __version__
from chatchat.server.utils import api_address
from chatchat.webui_pages.dialogue.dialogue import  dialogue_page
from chatchat.webui_pages.kb_chat import kb_chat
from chatchat.webui_pages.knowledge_base.knowledge_base import knowledge_base_page
from chatchat.webui_pages.utils import *

api = ApiRequest(base_url=api_address())

if __name__ == "__main__":
    is_lite = "lite" in sys.argv  # TODO: remove lite mode

    st.set_page_config(
        "Langchain-Chatchat WebUI",
        get_img_base64("chatchat_icon_blue_square_v2.png"),
        initial_sidebar_state="expanded",
        menu_items={
            "Get Help": "https://github.com/chatchat-space/Langchain-Chatchat",
            "Report a bug": "https://github.com/chatchat-space/Langchain-Chatchat/
issues",
            "About": f"""欢迎使用 Langchain-Chatchat WebUI {__version__}! """,
        },
        layout="centered",
    )
```

```
    # use the following code to set the app to wide mode and the html markdown to
increase the sidebar width
    st.markdown(
        """
        <style>
        [data-testid="stSidebarUserContent"] {
            padding-top: 20px;
        }
        .block-container {
            padding-top: 25px;
        }
        [data-testid="stBottomBlockContainer"] {
            padding-bottom: 20px;
        }
        """,
        unsafe_allow_html=True,
    )

    with st.sidebar:
        st.image(
            get_img_base64("logo-long-chatchat-trans-v2.png"), use_column_
width=True
        )
        st.caption(
            f"""<p align="right">当前版本：{__version__}</p>""",
            unsafe_allow_html=True,
        )

        selected_page = sac.menu(
            [
                sac.MenuItem("多功能对话", icon="chat"),
                sac.MenuItem("RAG 对话", icon="database"),
                sac.MenuItem("知识库管理", icon="hdd-stack"),
            ],
            key="selected_page",
            open_index=0,
        )

        sac.divider()

    if selected_page == "知识库管理":
        knowledge_base_page(api=api, is_lite=is_lite)
    elif selected_page == "RAG 对话":
        kb_chat(api=api)
    else:
        dialogue_page(api=api, is_lite=is_lite)
```

由于篇幅有限，有关 Web 模块的实现和部署知识这里不再赘述。

11.5 运行测试

11.5.1 安装 LangChain-Chatchat

确保安装最新版本的 LangChain-Chatchat。打开终端或命令提示符，执行以下命令：

```
pip install langchain-chatchat -U
```

如果需要使用 Xinference 框架，则执行下面的命令：

```
pip install "langchain-chatchat[xinference]" -U
```

建议使用官方 Pypi 源或清华源以确保安装最新版本，并将 LangChain-Chatchat 和模型部署框架放在不同的 Python 虚拟环境中，以避免依赖冲突。

11.5.2 加载 DeepSeek 模型

（1）模型推理框架并加载模型

从 0.3.0 版本起，LangChain-Chatchat 支持常见的模型推理框架，如 Xinference、Ollama、LocalAI、FastChat、One API 等。以 Xinference 为例，需先进行框架部署与模型加载。具体步骤可参考 Xinference 官方文档。

（2）初始化项目配置与数据目录

设置 Chatchat 存储配置文件和数据文件的根目录（可选）：

```
# Linux 或 macOS
export CHATCHAT_ROOT=/path/to/chatchat_data

# Windows
set CHATCHAT_ROOT=D:\path\to\chatchat_data
```

如果不设置该环境变量，则自动使用当前目录，然后执行下面的初始化命令，创建所需的数据目录、复制样本知识库内容、生成默认的 YAML 配置文件。

```
chatchat init
```

（3）修改配置文件

重点修改模型文件 model_settings.yaml，以适配 DeepSeek 模型。

```
# 默认选用的 LLM 名称
DEFAULT_LLM_MODEL: deepseek-chat  # 修改为 DeepSeek 模型名称

# 默认选用的 Embedding 名称
DEFAULT_EMBEDDING_MODEL: deepseek-embedding  # 修改为 DeepSeek Embedding 模型名称

# LLM 模型配置
LLM_MODEL_CONFIG:
  deepseek-chat:  # 添加 DeepSeek 模型配置
    NAME: DeepSeek Chat
    MODEL_TYPE: deepseek
    MODEL_PATH: path/to/deepseek/chat/model  # DeepSeek 模型路径

# 模型平台配置
MODEL_PLATFORMS:
  deepseek:
    TYPE: DeepSeek
    ADAPTER: platform.adapter.DeepSeekAdapter  # 指定 DeepSeek 的适配器
```

也可以在配置文件 basic_settings.yaml 中修改知识库的路径（可选）：

```
# 知识库默认存储路径
KB_ROOT_PATH: D:\chatchat-data\knowledge_base

# 数据库默认存储路径。如果使用 SQLite，可以直接修改 DB_ROOT_PATH；如果使用其它数据库，请直接修
改 SQLALCHEMY_DATABASE_URI。
DB_ROOT_PATH: D:\chatchat-data\knowledge_base\info.db

# 知识库信息数据库连接 URI
SQLALCHEMY_DATABASE_URI: sqlite:///D:\chatchat-data\knowledge_base\info.db
```

（4）初始化知识库

确保已启动模型推理框架及对应的 embedding 模型，并完成模型接入配置，然后执行以下命令初始化知识库：

```
chatchat kb -r
```

执行成功后，出现类似以下日志信息：

```
--------------------------------------------------------------------------------
-----------------
知识库名称      : samples
知识库类型      : faiss
向量模型:       : bge-large-zh-v1.5
知识库路径      : /root/anaconda3/envs/chatchat/lib/python3.11/site-packages/
chatchat/data/knowledge_base/samples
文件总数量      : 47
入库文件数      : 42
知识条目数      : 740
用时             : 0:02:29.701002
--------------------------------------------------------------------------------
-----------------
总计用时         : 0:02:33.414425
```

11.5.3 使用 DeepSeek 模型进行测试

配置完成后，即可使用 DeepSeek 模型进行测试。可以通过 LangChain-Chatchat 提供的接口或命令与知识库进行交互，测试 DeepSeek 模型的问答能力。运行成功后，在 Web 页面的执行效果如图 11-1 所示。

图 11-1 Web 页面的执行效果